高等职业教育"十四五"规划教材

牛病防治

侯引绪　刘国芹　主编

中国农业大学出版社
·北京·

内容简介

本教材以培养牛病防治一线的高素质新型技术技能型动物医学专业人才为目标;紧扣规模化养牛产业兽医岗位人才规格和岗位技术技能需求,通过对知识、能力、素质三大方面的需求分析,将教材内容分为8个项目:项目一规模化牧场牛病防治基本体系;项目二牛常见传染病诊断与防控;项目三奶牛围产后期健康监控;项目四奶牛围产期主要疾病防治;项目五奶牛乳房疾病;项目六犊牛疾病防治;项目七牛肢蹄病防治;项目八牛病防治用药原则及治疗技术。

本教材可作为高等职业院校动物医学专业及相关专业的专业课教材,也可作为大型规模化牧场兽医岗位的指导教材和岗位培训教材。

图书在版编目(CIP)数据

牛病防治 / 侯引绪,刘国芹主编. --北京:中国农业大学出版社,2022.12
ISBN 978-7-5655-2830-9

Ⅰ.①牛… Ⅱ.①侯… ②刘… Ⅲ.①牛病-防治-高等职业教育-教材 Ⅳ.①S858.23

中国版本图书馆 CIP 数据核字(2022)第 130605 号

书　　名 牛病防治
作　　者 侯引绪　刘国芹　主编

策　　划	张　玉	**责任编辑**	张　玉
封面设计	郑　川		
出版发行	中国农业大学出版社		
社　　址	北京市海淀区圆明园西路2号	**邮政编码**	100193
电　　话	发行部 010-62733489,1190	读者服务部	010-62732336
	编辑部 010-62732617,2618	出　版　部	010-62733440
网　　址	http://www.caupress.cn	**E-mail**	cbsszs@cau.edu.cn
经　　销	新华书店		
印　　刷	运河(唐山)印务有限公司		
版　　次	2023年3月第1版　　2023年3月第1次印刷		
规　　格	185 mm×260 mm　　16开本　　14.75印张　　370千字		
定　　价	43.00元		

图书如有质量问题本社发行部负责调换

编审人员

主　编　侯引绪　刘国芹

副主编　郭　彤　王传彬　郭欣怡

编　者　王传彬（中国动物疫病预防控制中心）
刘国芹（邯郸科技职业学院）
孙　健（北京农业职业学院）
侯引绪（北京农业职业学院）
郭江鹏（北京市畜牧总站）
郭　彤（北京农业职业学院）
郭欣怡（杨凌职业技术学院）
鲁　琳（北京农学院）

主　审　冯小宇（北京市动物疫病预防控制中心）

前　言

消费者最关心的是牛产品质量安全，养牛人最关心的是牛病防治，没有健康的牛就没有高质量的牛产品，就没有养牛业的健康高效和可持续发展。养牛业在我国畜牧养殖业中占有重要地位，其产业链长，产出效益高，牛产品已成为我国城镇居民“菜篮子”中的优质健康畜牧食品，养牛业也是我国许多地区乡村振兴战略实施中的重要支柱产业。

随着我国养牛产业养殖模式的发展变化，牛的生产性能得以大幅度提升，牛的传染病、牛乳房炎、代谢病、繁殖疾病、蹄病等发病率显著增加；随着民众对公共卫生安全关注度提升，牛场面对的牛传染病防控压力不断增大，不断提升牛的健康保健和疾病防治工作是我国现代化养牛业面对的一项重要课题，也是养牛业提质增效的一个重要方面。牛病防治是高等职业教育动物医学专业及相关专业的一门专业核心课，本教材就是针对当前我国奶牛、肉牛养殖者在牛体保健与疾病防治方面的具体技术、技能需求和岗位人才需求而编写的。

随着我国职业教育“校企合作，工学结合”人才培养模式改革不断深入，理实一体化教学模式为进一步提升高素质工匠型人才培养水平提供了良好途径。本教材充分融入了理实一体化教学理念，坚持“工作过程导向原则”，以培养生产一线高素质技术技能型专门人才为目标。根据我国牛病防治工作岗位素质和专业技术需求，设计项目和任务式体例结构，全书包括8个项目。本书的编写思路和内容特点如下：

1.以牛场面对的多发性、共性、难点性疾病防治问题为主线，以理论知识够用为原则，以实现知识与技术融会贯通为目标，遵守知识具有保质期，产业技术、流程、工艺更新加速之特点，介绍了牛病临床防治方面的新知识、新技术和疑难病症诊治技术，力图为养牛一线的技术人员在牛体保健、疾病防治方面提供科学实用、针对性强、与时俱进的新知识、新技术、新内容。

2.本教材并未按传统模式编写，而是结合我国现代养牛业面临的牛病特点和牛病防治特点，进行了精心取舍，在吸纳传统牛病防治知识理念、技术的基础上，以问题为导向，对困扰牛病防治的新问题、难点问题和共性问题，从病原、流行病学、症状、剖检、诊断、防控、净化等方面进行叙述，对传统的常发病，根据情况缩减了内容，这样既突出了重点，节省了篇幅，又为生产提供了急需的资料，避免了与同类教材的内容重复。

3.按照“以能力为本位，以职业实践为主线，工学结合，‘教、学、做一体’”的总体设计要求，以“突出培养学生岗位实际操作能力、自主学习能力和良好的职业道德”为基本目标，紧紧围绕工作任务需要组织教学内容，突出任务与知识的紧密性、一体性。

4.校企共同设计开发，邀请兄弟院校教师及行业专家共同进行课程设计，丰富了教材内容，扩大了教材面向，提升了教材质量。

5.本教材注重将“课程思政”与专业教学有机融合。党的二十大报告指出：教育是国之大计、党之大计。培养什么人、怎样培养人、为谁培养人是教育的根本问题。育人的根本在于立德。全面贯彻党的教育方针，落实立德树人根本任务，培养德智体美劳全面发展的社会主义建设者和接班人。教材将工匠精神、质量意识、环境意识等有机融入教学项目，强化价值引领。

本教材项目一由北京农业职业学院侯引绪编写，项目二由中国动物疫病预防控制中心王传彬编写，项目三由北京农业职业学院郭彤、杨凌职业技术学院郭欣怡编写，项目四由北京农业职业学院郭彤、北京市畜牧总站郭江鹏编写，项目五由北京农业职业学院侯引绪、北京农学院鲁琳编写，项目六由邯郸科技职业学院刘国芹编写，项目七由杨凌职业技术学院郭欣怡、邯郸科技职业学院刘国芹编写，项目八由北京农业职业学院郭彤、孙健编写。全书由北京农业职业学院侯引绪统稿，北京市动物疫病预防控制中心冯小宇审稿。

本书在编写过程中得到了我国著名奶牛疾病防治专家齐长明教授的悉心指导，得到了现代农业产业技术体系北京市奶牛创新团队专家和华秦源动物药业同仁、兄弟院校专业老师及产业一线专家的热情支持与帮助，本教材在编写过程中参考了大量的相关资料，吸取了许多同仁的宝贵经验，在此致以诚挚的感谢！

由于编者水平有限、成稿时间仓促、知识和实践存在局限，书中不妥之处在所难免，敬请各位同仁不吝赐教，敬请广大读者批评指正。

编　者

2022年9月

目　　录

项目一

规模化牧场牛病防治基本体系

任务一 规模化牧场牛病预防与控制措施

【知识目标】

- 学习规模化牧场牛病预防的基本原则、方法与理念。
- 融会贯通牛病防控“养、防、治一体化”理念。
- 明确我国牛传染性疾病的分类原则及防控要求。
- 掌握牛健康保健和疾病防控先进理念。
- 掌握我国养牛产业目前面临的主要疾病类型及其危害。

【能力目标】

- 能熟练掌握牛场的基础性免疫接种和检疫检测技术。
- 能熟练掌握牛场驱虫及日常卫生消毒和环境保护专业技术。
- 能掌握《中华人民共和国动物防疫法》的基本内容和基本要求。
- 能完成牛场防疫员岗位的专业技术工作。

【素质目标】

- 培养严谨的科学认知和良好的职业品德。
- 培养爱护动物、重视动物福利的职业素养。
- 培养好学敬业、精益求精和吃苦耐劳的劳动精神。
- 培养爱农业、爱农村、积极投身乡村振兴的情怀。
- 培养自我学习和自我成长能力，提高修养、增加本领。

【相关知识】

子任务一 “养、防、治一体化”牛病防控理念

乳品质量安全是乳业健康发展的核心，奶源安全是乳品安全的关键，牛体健康是生鲜乳优质、安全的前提和保障，我们给奶牛健康，奶牛还人类健康。疾病对奶牛养殖所造成的危害最为直观，不少人对此有过切身之痛，疾病不仅会使牛的生产性能受到严重影响，还会危及牛的生命安全，甚至会对牛场造成毁灭性打击。因此，做好牛病防控工作是实现健康养殖、绿色养殖、保护人类健康，生产高品质有机牛奶、有机产品，牛场实现经营目标，防止或减轻环境污染的核心内容之一。

在牛疾病防治工作中，相当一部分人更多地将目光盯在了具体疾病的诊断和治疗上，疏忽或淡化了饲养和预防在疾病防控上的重要性，没有树立起“养、防、治一体化”理念，甚至将三者割裂看待，从而导致牛体健康状况难以改善，生产性能难以得到充分发挥，发病率居高不下，饲养药费居高不下等问题。笔者在奶牛疾病防治一线工作近 30 年，深深体会到转变观念的重要性，欲更好地提升牛的健康养殖水平，就必须树立“养、防、治一体化”疾病防控理念。

一、“养”是基础

（一）良好的饲养是培植牛主动和被动免疫力的基础

任何疾病的发生都是有原因的，尽管许多疾病我们目前仍然未能揭示其发病原因，但没有原因的疾病是不存在的。牛是否会患病决定于两个方面：一是致病因素的致病力强弱，二是自身的免疫力水平高低，这二者的力量对比变化是牛是否患病的决定性因素；在同等致病因素作用下，机体的免疫力高则发病率低，机体免疫力低则发病率高。牛作为一个有机整体，全身的免疫水平下降会表现在局部器官上，从而导致了乳腺、生殖器官、肢蹄、肝脏等器官的免疫力下降而发病。

牛免疫力高低或正常与否，与饲养管理有十分密切的关系。要让机体维持较高的免疫水平，对致病因素有较强的抵抗力，就必须给牛提供充足、科学搭配的营养物质，让机体细胞保持正常的生理代谢功能。例如，日粮中蛋白质水平低下，就会导致抗体生成障碍、免疫球蛋白合成不足；饲料中碳水化合物不足，就会导致细胞生理功能下降；饲料中维生素 A 缺乏，就会影响上皮细胞的分泌和体液调节功能；饲料中 Cu^{2+} 缺乏会影响机体的免疫水平和细胞的体液调节功能。此外，日粮中蛋白水平过高又会导致奶牛酮病、痛风、妊娠毒血症等疾病发生；干奶牛日粮中 Ca^{2+} 过高会促使产后瘫痪疾病发生。所以，丰富而搭配科学的日粮是培养牛免疫力的前提和保障；让机体维持良好的免疫力，对致病因素有较强的抵抗力，是防止疾病或减少疾病发生的关键所在。

（二）牛的许多疾病是由人养出来的

在规模化饲养条件下，牛已经从自然界的野生物种变成了人类谋取经济利益的机器，它们不再自食其力、自由选食，舍饲使牛的采食完全变成了养殖者的一种生产活动，牛的食谱受到饲养者经济实力、当地饲料资源、日粮配制技术、管理水平等因素的限制，饲养者给牛提供什么，牛只能吃什么。另外，舍饲使奶牛的生长、发育、发情、配种、妊娠、分娩、泌乳、干奶等过程

完全处在人为掌控之中，牛群的健康与高产很大程度上是由人来决定的。喂得好，奶牛就高产、就健康；喂得不好，奶牛就低产、就易发病。由此可见，牛的疾病是人喂出来的，也是人养出来的。

养牛应该重点养什么呢？养鱼先养水，养牛先养胃。牛所吃的东西主要在瘤胃中消化，所以，我们在配制日粮时一定要充分考虑瘤胃的生理特性和生理功能，让瘤胃保持健康的功能才能提高饲料的利用率，才能充分保证奶牛健康。从养着手来防控疾病，将疾病防治延伸到饲养管理过程之中，这是对疾病防治理念的科学延伸，良好的饲养是预防牛病发生的前提条件。

二、“防”是重点

在提高养牛效益和质量的任何计划中，牛群防疫保健工作都占有十分重要的地位。“预防为主”是动物防疫防控工作的基本方针。《中华人民共和国动物防疫法》第五条规定：“国家对动物疫病实行预防为主的方针。”这一基本方针不仅适用于传染病，也适用于牛的一般内科病、外科病、产科病和代谢性疾病，预防是保证牛只健康与疾病防控工作的重点。现代兽医工作者必须学习掌握预防兽医学的基本知识。在奶牛四大疾病的预防工作中，要坚持“一个中心，四个基本点”，即以养好奶牛瘤胃为中心，做好乳房、繁殖器官、肢蹄和肝脏这四个方面的保健工作。

现代兽医学按其研究的范畴可划分为基础兽医学、临床兽医学和预防兽医学三大部分。现代兽医工作者必须掌握基础兽医学的基本知识和临床兽医学的基本技术技能；不能仅仅是一名临床兽医师，只注重单个动物疾病的治疗，还应该是一名预防医学技术应用方面的优秀工作者；必须与时俱进地学习、掌握预防兽医学的基本理论和技术，坚持“预防为主、防重于治”这一原则。当前中国养牛业正处在一个飞速发展阶段，新技术、新工艺、新理念不断产生，兽医工作者必须不断学习，不断成长提高，才能跟得上产业发展的步伐。事有所成，必是学有所成，业有所立，必是学有所长。

对于牛场来说，提高牛群整体健康水平，防止外来疫病传入牛场，控制与净化群体中已有疫病，防止或减少一般性疾病发生，将疾病消灭在萌芽之前，才是保证牛场健康发展和最大限度实现经营效益的科学之路。事实证明，用于牛病预防的开支总低于治疗疾病所需要的开支。在牛的疫病预防上要从消灭病原、防止病原传入、切断病原传播途径、提高牛体免疫力四个方面进行重点防控。

三、“治”是一种补救性措施

虽然治疗对于挽救个体病牛至关重要，但对于挽救或提升整个牛场生产效益来说，预防则更为重要。治疗是在各种各样的生产损失已经发生后，被迫采取的一种补救性措施。

在牛疾病防控方面，千万不要将工作重点放在单一的治疗上，这是一种极其短视的做法，也是一种治标不治本的做法，甚至会导致越治病越多的局面，最终会影响养牛业的健康可持续发展。

在做好牛疾病防控和保障奶牛健康方面，“养、防、治”这三个方面密切关联，互相依赖，不能只重视某一方面，而忽视了良好的饲养管理在疾病防治上的重要作用。在日常饲养管理过程中，应该将“养、防、治一体化”理念认真落实到日常饲养管理的每一个环节中，这样才能更好地保障牛只健康，才可实现养牛业的安全、健康、高产、优质、可持续发展，“养、防、治一体化”是有效防控牛疾病的根本出路。

子任务二　规模化牛场的防疫与检疫

随着社会进步及人类健康意识的不断提升，人类对畜产品质量安全的重视程度越来越高，兽医及动物防疫员的重要性进一步提高。牛场兽医及防疫员不仅是牛体健康的守卫者，也是人类健康的保卫者。牛奶是一类特殊食品，奶牛健康与人类健康之间有着十分重要的关联，牛布鲁氏菌病、牛结核病、疯牛病等多种疫病属于人兽共患传染病，防疫检疫缺失会对民众健康和公共卫生安全造成危害，牛场兽医、防疫员是牛奶安全生产环节上的一个重要角色。做好日常防疫工作是提高和实现牛场经济效益的一个重要技术保障，防疫、免疫人员的工作在牛场生产中占有十分重要的地位。

一、牛传染病分类

按传染病的危害程度国际上将动物传染病分为 A 类和 B 类两大类；我国将动物疫病分为三类，即一类疫病、二类疫病、三类疫病。A 类疫病和 B 类疫病基本与我国的一类、二类疫病相对应，三类疫病是指对养殖业危害较大的疫病。

1. 一类疫病

指超越国界，具有快速传播能力，能引起严重的社会和公共卫生安全后果，并对动物或动物产品的国际贸易有重大影响的传染病。其特点是危害大、暴发性强、传播快、扑灭难度大。

对一类疫病需要采取紧急、严厉的强制预防、控制、扑灭等措施，对病死牛要严格进行无害化处理。

牛的一类传染病为：口蹄疫、牛瘟、牛传染性胸膜肺炎、疯牛病、蓝舌病。

1955 年，牛瘟在我国范围内被肃清，2008 年，我国获得无牛瘟世界动物卫生组织（OIE）认证，2010 年 10 月 14 日，联合国粮食及农业组织宣布这种病毒已经绝迹。这是自天花绝迹以来，人类历史上消灭的第二个病毒性疾病，是兽医史上最大的成就之一。

针对牛传染性胸膜肺炎（牛肺疫），1949 年后，我国在全国范围内启动了疫苗免疫、隔离、扑杀等综合性防控措施，终于有效控制住了牛传染性胸膜肺炎疫情。1996 年，我国宣布消灭了牛传染性胸膜肺炎。2011 年 5 月 24 日，世界动物卫生组织（OIE）第 79 届年会通过决议，认可中国为无牛传染性胸膜肺炎国家，中国成为继美国、澳大利亚、瑞士、葡萄牙、博茨瓦纳和印度等国之后第 7 个获得 OIE 承认的无牛传染性胸膜肺炎的国家，这也是我国获得的第二个 OIE 无疫认证。

疯牛病是近年来新出现的一种人兽共患病，我国海关及相关部门对疯牛病有严格的检疫和防控措施。目前，疯牛病主要存在于欧美地区，我国尚无此病。

蓝舌病是反刍动物感染蓝舌病毒而引起的一种严重传染病，此病主要感染绵羊，牛很少感染此病，相对而言肉牛的感染率高于奶牛。

由此可见，我国在一类疫病的防控上主要面对的是口蹄疫，口蹄疫成了牛场需要高度重视，严格免疫、监控、扑灭的一种疫病。

2. 二类疫病

指对本国社会经济或公共卫生安全具有明显影响，并对动物或动物产品国际贸易有很大影响的传染病或寄生虫病。对二类疫病需要采取严格控制、扑灭措施。

牛的二类传染病为：牛传染性鼻气管炎、牛恶性卡他热、牛白血病、牛结核病、炭疽病、布鲁氏菌病、牛出血性败血症、牛焦虫病、牛日本血吸虫病、牛椎虫病、牛副结核病、牛弓形体病、牛棘球蚴病、钩端螺旋体病、牛副丝虫病。

结合我国牛场面对疫病威胁的实际情况，对于二类疾病而言，目前牛场主要面对的防控压力来自牛布鲁氏菌病、牛传染性鼻气管炎、牛结核病、牛副结核病、牛炭疽病、牛出血性败血病、牛焦虫病。

3. 三类疫病

指对生产危害较大的疫病。对三类疫病需要采取相应的控制、净化措施。

牛的三类传染病主要为：牛流行热、牛病毒性腹泻/黏膜病、牛生殖器官弯曲杆菌病、牛毛滴虫病、牛皮蝇蚴病。

结合我国牛场面对疫病威胁的实际情况，对于三类疫病而言，目前的重点防控和净化对象为牛流行热、牛病毒性腹泻/黏膜病。

首先，随着科技的不断进步，抗生素及防控寄生虫的新药不断出现，人兽共患病对人体健康影响程度也在发生变化，总体而言，人兽共患病对民众健康的不良影响在明显下降。但随着民众健康观念、幸福观念的不断提升，民众对人兽共患病变得更加敏感、更加重视，对人兽共患病的防控提出了更高的要求，兽医工作者必须把人兽共患病的防控工作放在第一位。

其次，随着全球一体化水平快速提升，一些非人兽共患病对养殖业的危害显著上升，造成的经济损失巨大 ，对国际贸易及人员交流影响变大。所以，对传播速度快、扑灭难度大、传染性强的牛疫病，尽管其不属于人兽共患病，我们也要高度重视，不断提升我们的监控和扑灭能力。

另外，牛传染病的分类也随着科技进步及发病情况变化而变化，并不是一成不变的，不要教条、机械地理解牛传染病的分类。

二、牛场的免疫

免疫接种是给动物接种免疫原（菌苗、疫苗、类毒素）或免疫血清（抗细菌、抗病毒、抗毒素），使机体自身产生特异性免疫力或被动获得特异性免疫力。免疫是预防控制传染病的一种重要手段，有组织有计划地进行免疫接种，是预防和控制动物传染病的一个重要措施。

疫苗接种是预防牛发生传染性疾病的一个重要措施，尽管对不同牛场及不同年龄阶段的牛群来说，免疫程序不尽相同，但牛场日常进行的免疫内容在主体上存在相似性或一致性。我们应该结合牛场的具体情况、周边疫情等因素制定出适合本场或本地区情况的免疫程序，切不可生搬硬套，适合于任何地方的万能免疫措施是不存在的。现将牛场的重点免疫疾病内容及措施归纳介绍如下。

（一）口蹄疫

口蹄疫是牛的一类传染疫病，是牛场必须重点防控的重点疫病，此病属于强制免疫疫病之列，必须采取紧急、严厉的强制预防、控制、扑灭等措施。用于口蹄疫免疫的疫苗有 A 型、O

型、单联疫苗和相应的二联疫苗。经全国动物防疫专家委员会评估，我国亚洲Ⅰ型口蹄疫目前已达到全国免疫无疫标准，自2018年7月1日起，我国在全国范围内停止亚洲Ⅰ型口蹄疫免疫。

1.免疫方法

针对口蹄疫的免疫方法是，对3月龄以上犊牛每年强制性免疫3～4次，选购疫苗时，可根据相应的感染类型选用A型单联疫苗或O型单联疫苗，或A型的二联疫苗进行接种免疫，接种疫苗后7～21 d产生抗体，免疫保护期一般为2～6个月，可通过抗体检测，衡量免疫效果。牛场周边地区发生口蹄疫时，应该立即进行紧急免疫接种预防。

2.注意事项

(1)免疫程序需要根据当地具体情况制定，有些国家和地区成年牛每年免疫一次，后备牛每6个月免疫一次。另一些国家和地区，如南非、沙特阿拉伯等，至少每4个月免疫一次。

(2)所选定疫苗应与本次口蹄疫暴发的病毒毒株或血清型同型或同源。

(3)利用新毒株制备的疫苗，应当针对分离出新毒株亚型的地区先生产使用，不可盲目地全面使用。

(4)我国季节变化较为明显，从历史记录来看，夏季我国很少有牛发生口蹄疫的记录。所以，根据具体情况夏季可以不做口蹄疫免疫接种，这样可以减少因免疫应激造成的不良影响，也节省资源；我国牛场目前采用每年3～4次免疫接种的免疫方式。

(5)用口蹄疫疫苗免疫后，不要盲目地进行加强免疫，应该以免疫后的抗体抽样检测结果为依据，免疫效果并不与免疫接种次数呈正比。频繁的免疫接种及强化免疫会对牛的免疫系统造成损害，导致免疫系统抑制，当然也会对牛的生产性能造成不良影响。

(二) 炭疽病

炭疽是由炭疽杆菌引起的一种人兽共患的急性、烈性传染病，以发病快、死亡率高为特点，对牛和人类危害巨大。此病被列入二类疫病，必须采取严格的控制措施，定期进行疫苗接种。

1.免疫方法

每年春季或秋季用炭疽芽孢2号苗或无毒炭疽芽孢苗预防注射1次，不论牛只大小，一律皮下注射1 mL，7～14 d产生免疫力，免疫保护期为1年。

2.注意事项

(1)炭疽病一般发生于多雨季节，虽然可以在春季或秋季进行免疫，但各地区可以根据本地的降水情况，确定是在春季或秋季进行免疫。对于北方地区来说，一般夏季多雨水，免疫就可以选择在雨季来临前的春季进行，这样免疫更为科学有效。

(2)随着社会、经济、环境等因素的不断改善，此病得到了很好的控制。目前，此疫病在我国个别地区偶尔发生，或几乎难以看到，但本病是一种人兽共患的急性、烈性传染病，对民众生命安全和健康影响巨大，对社会安定影响巨大；全球对动物炭疽病的防控及扑灭要求的严厉程度远高于对口蹄疫的防控扑灭要求。因此，牛场应当持之以恒地做好此病的免疫、防控工作，切不可对此病放松警戒，应该把在我国区域内清除此疫病作为最终目标，忽视此病的免疫预防会给牛场带来毁灭性打击。

我国研制生产的动物用炭疽疫苗安全、高效、毒副作用小，保护期为1年，为我国有效防控此疫病提供了良好的技术保障。近年来，由于此病在我国几近消失，有不少牛场对此病的防控重视程度有所降低，此病免疫在一定数量牛场的例行免疫计划中已被删除，这是一种潜在的严重风险，应该引起高度重视，防止旧病新发。

（三）布鲁氏菌病

布鲁氏菌病简称布病，是由布鲁氏菌属细菌引起的牛、羊、猪、鹿、犬等哺乳动物和人类共患的一种传染病。我国将其列为二类疫病。20 世纪 50 年代布鲁氏菌病曾在我国广泛流行，疫情严重地区人、畜感染率达 50%。近年来，随着我国家畜饲养量不断增加，动物及其产品流通频繁，部分地区布病呈持续上升势头，不仅严重影响畜牧养殖生产，也严重危及人民身体健康和公共卫生安全。《国家中长期动物疫病防治规划（2012—2020 年）》颁布后，对迅速遏制疫情上升态势起到了积极作用。其根据畜间和人间布病发生和流行程度，综合考虑家畜流动实际情况及布病防治整片推进的防控策略，对家畜布病防治实行区域化管理。农业农村部会同国家卫生健康委将全国划分为三类区域，针对不同地区的感染情况，分别采取相应的防控措施、设定不同防控目标。

一类地区：人间报告发病率超过 1/10 万或畜间疫情未控制县数占总县数 30% 以上的省份，包括北京、天津、河北、山西、内蒙古、辽宁、吉林、黑龙江、山东、河南、陕西、甘肃、青海、宁夏、新疆及新疆生产建设兵团。

二类地区：本地有新发人间病例，且报告发病率低于或等于 1/10 万或畜间疫情未控制县数占总县数 30% 以下的省份，包括上海、江苏、浙江、安徽、福建、江西、湖北、湖南、广东、广西、重庆、四川、贵州、云南、西藏。

三类地区：无本地新发人间病例和畜间疫情省份，目前只有海南省。本计划所指家畜为牛、羊，其他易感家畜参照实施。

一类地区防控措施：

①坚定实施“强制免疫策略”和免疫标识制度；

②弱化检测、只扑杀发病动物；

③对早产、流产等疑似病例及血清学阳性牛及时确诊；向二类地区调运动物、屠宰动物要点对点；

④开展无疫（净化）场群考核。

二类地区防控措施：

①建立监测体系，逐步淘汰阳性动物；

②坚持自繁自养、封闭饲养、维持无疫；

③禁止从一类地区（免疫区）引进牛只；

④坚持实施检测和扑杀。

三类地区防控措施：采用一年两次检疫的防控方式，对检出的阳性牛，一律及时进行无害化处理，采用综合防控措施，保持无疫场群健康良好。

三、牛场的检疫

防疫是奶牛场全年一刻也不能放松的工作，树立全年防疫意识对保护奶牛健康及正常生产至关重要。每个牛场都必须按国家的检疫要求落实场群检疫规定。检疫是牛场防疫内容的一部分，检疫一般在每年的春、秋两季完成，通过检疫可以了解牛群是否感染了某种特定传染病及感染程度，也可以为净化特定传染病提供诊断依据。奶牛场检疫主要针对的是对奶牛生产危害严重的传染病和人兽共患病。

(一)牛布鲁氏菌病检疫

牛布鲁氏菌病是一种人兽共患病,对公共卫生安全威胁巨大,被国家列入二类疫病,必须按《国家中长期动物疫病防治规划(2012—2020年)》要求进行检疫。布鲁氏菌病检测工作由相应的动物疫病预防控制中心或动物疫病监督管理单位完成,每年春季和秋季采血化验一次,布病阳性奶牛一律及时进行无害化处理。目前,较常用的牛布鲁氏菌病检疫方法有以下几种。

1.试管凝集反应

此诊断法是我国现行的法定诊断方法,奶牛的判定标准为凝集价大于1∶100为阳性,布鲁氏菌病在慢性期的阳性检出率较低。可疑牛应该在10～25 h后重复检查一次。此诊断方法适合于实验室操作。

2.琥红平板凝集试验

此方法简单快捷,4 min内观察反应结果,凝集者为阳性,不发生凝集者为阴性。此方法可作为阳性牛的初步筛选方法,对初检阳性牛最后再进行试管凝集反应确诊。

3.牛布病快速诊断试纸条(胶体金诊断法)

这是我国最新研发的新型快速诊断方法,此方法简单、快速、特异性高,与试管凝集试验的符合率高达97.6%。牛场防疫员可用该诊断方法进行牛群布病的随时初检。具体操作方法如下:

取生理盐水3.9 mL,向其中加入待检牛血清0.1 mL。取出牛布病快速诊断试纸条,将箭头端浸入其中,浸入深度不可超过试纸条上的标记线,当看到水印向上伸延时,将试纸条取出进行观察。3～5 min内,如果试纸条中间的白色反应区内出现两条红色反应线,则说明此待检牛为布鲁氏菌病阳性,反之为阴性。

4.ELISA检测法

此方法虽然不是我国的法定诊断方法,但此方法以量化的OD值来判断牛是否感染布鲁氏菌,结果判定简单、直观,误差小,是一种准确率较高的诊断方法。

ELISA抗体检测法相对于试管凝集反应诊断、琥红平板凝集试验而言,在阳性和阴性牛的判定上更加客观,降低了以人肉眼观察判定的不确定性和随机性,是一种实用、高效、准确的诊断方法。

(二)牛结核病检疫

牛结核病是一种人兽共患病,对公共卫生安全危害巨大,被国家列入二类疫病,必须采取行严格的检疫、净化措施,牛结核病检测工作由相应的动物疫病控制中心或牛场兽医完成,检出的阳性牛在2 d内无害化处理,可疑反应的牛进行隔离复检。牛场兽医必须深刻理解、准确掌握牛结核病的检疫方法,牛结核病检疫的方法步骤如下:

1.检测部位

牛的颈中上部是本病检疫的注射部位,3月龄以内的犊牛可选择肩胛部。注射部位先除毛,一般为直径10 cm大小,具体部位见图1-1。

目前,一些大型牛场将尾根腹侧面无被毛处作为检疫部位,在此病的检疫上可起到节省人力、降低工作强度的作用。

图 1-1　牛结核病检疫注射部位示意图

（侧颈部白色椭圆区域）

2. 测皮厚

除毛后将皮肤捏提成一双层皱褶，用游标卡尺测量皮厚，并做好记录。

3. 注射牛提纯结核菌素（PPD）

不论牛大小，用酒精棉球对注射部位进行擦拭后，一律皮内注射 10 000 IU 牛提纯结核菌素，一般将其稀释成 10 000 IU/mL 溶液，皮内注射 0.1 mL。皮内注射后 72 h 用游标卡尺测量皮厚，并观察结果。

4. 结果判定

（1）注射部位出现明显的红、肿者判定为阳性（+）。

（2）注射部位两次皮厚差大于 4 mm 者判定为阳性（+），进口牛皮厚差大于 2 mm 者判定为阳性（+）。

（3）皮厚差在 2.1～3.9 mm 者判定为可疑。

（4）注射部位无炎症反应，皮厚差在 2 mm 及 2 mm 以下者判定为阴性（－）。

（5）凡判定为可疑的牛，在第一次检疫 30 d 后进行复检，第二次结果为阳性者则判定为阳性，仍然为可疑者也判定为阳性，阴性者判定为阴性。

5. 注意事项

（1）注射牛提纯结核菌素前后的两次皮厚测量工作应该由同一人操作完成，这样可以减少操作误差。

（2）对结核阳性牛一定要果断地按照相关规定处理，千万不可姑息。

（3）注射剂量要足够，严禁打空针。

（4）注射为皮内注射，一定要注射到皮内，如果注射在皮下则检测无效。

（三）牛副结核病检疫

牛副结核病又叫副结核性肠炎，是由副结核杆菌引起的一种慢性接触性传染病，其病程漫长，尚无有效的治疗方法，死淘率为 100%。

20 世纪 90 年代我国大型牛场已经开始了对本病的检疫净化工作，获得了良好的防控效果。近年来，由于牛只流动性加大，人们对此病危害的认识有所淡化，从而导致本病有所抬头。

以前对此病的检疫采用的是牛副结核菌素皮内反应法，其方法与牛结核检疫基本相同，所不同的是皮内注射的为牛副结核菌素而不是牛结核菌素，可以和结核检疫同时进行，每年春、秋各检疫一次。

目前，牛场应该高度重视牛副结核病的检疫和净化工作。可用变态反应或酶联免疫吸附试验进行检疫，每年检疫 4 次(每 3 个月 1 次)，阳性者立刻淘汰，连续 3 次检疫不出现阳性牛时，可视为无副结核健康牛群，要单独饲养，不要与感染牛群混养；对于有临床症状的患病牛要果断淘汰。另外，牛场在净化此病时也可以参照这一做法。

四、牛场免疫、检疫注意事项

牛场根据自身情况，应将病毒性腹泻/黏膜病、传染性鼻气管炎、白血病等逐步列入每年的常规检疫内容，检出的阳性牛按相关规定处理。

疫苗接种预防要坚持“一严、二准、三不漏”，即严格执行预防接种制度；接种疫苗剂量要严格、部位要准确；保证一头不漏。

每次检疫结束后，应立即对牛舍内外及用具等进行一次清扫、消毒。

做好牛的防疫、检疫工作不仅对保护牛体健康、提高经济效益有重要意义，而且对保护人类自身健康、保护环境意义重大。随着空气质量、环境质量的恶化，人类深刻体会到“人类与环境是息息相关的共同命运体”。

奶牛的主要产品是牛奶，牛奶不耐高温，牛奶的消毒过程时间短、温度低；奶牛饲养过程中人和牛直接接触时间长，这就大大增加了牛、人共患病相互传染的机会，牛的布鲁氏菌病、结核病等对人类有巨大的危害。另外，牛奶的主要消费对象是老人、儿童、体质较差的人群，这就要求奶牛养殖者更应肩负起社会责任和使命——我们给奶牛健康，奶牛还人类健康。

任务二　牛场寄生虫病防控技术

【知识目标】

- 掌握牛寄生虫病防治的基础知识和基本理论。
- 掌握常见寄生虫的致病机理和流行病学知识。
- 掌握牛场常见寄生虫的生活史和流行特点。
- 掌握牛场防控寄生虫的基本理论和驱虫新理念。

【能力目标】

- 能掌握牛场寄生虫的检测技术。
- 能掌握牛场常见寄生虫的鉴别诊断技术。
- 能掌握牛场制订驱虫方案的基本原则。
- 能掌握牛场主要寄生虫病的诊断和治疗技术。

【素质目标】

- 培养良好的职业道德和吃苦耐劳精神。
- 培养在实践中发现问题、分析问题、解决问题的综合素质。
- 培养在生产实践中不断学习、不断成长的乐观精神。

寄生虫病危害牛和人类健康，可给养牛产业造成严重的经济损失，防治寄生虫病是关系人、畜健康和提高养牛经济效益的一项重要工作。

在养牛生产过程中，我们发现各牛场的驱虫计划（驱虫时间、驱虫方式与所用药物等）各不相同，有些规模化奶牛场甚至不进行定期驱虫，这种现象给奶牛寄生虫病防控工作带来了不少隐患，使人们对牛场寄生虫病防控缺乏清晰的防控原则和技术思路。

在这种情况下，科学把握牛寄生虫病的防控原则和专业技术，结合本场具体情况制定相应的寄生虫病防控原则，是提高牛寄生虫病防控的关键。

【相关知识】

子任务一　牛场是否进行定期驱虫的基本原则

不必要的药费投入和管理成本支出，不仅会导致牛生产成本增加，也会对奶牛、肉牛的生产性能造成不同程度的影响，甚至会影响牛产品的质量。

牛群是否进行定期驱虫，决定于牛体内外是否存在寄生虫感染。如果牛体存在寄生虫感染问题，当然要及时驱除，否则就会影响牛生产性能和经营效益，甚至会导致牛患病或死亡。我国现代化规模牛场，采用严格的圈养模式，长期坚持封闭的饲养管理，不随意引进牛只，十分重视牛群寄生虫防治工作。现代化大型奶牛场在寄生虫病防控方面获得了很好的防控效果，在特定的牛场甚至消灭了有害性寄生虫的感染和危害，因此一些特定的牛场已经不做定期驱虫。

由此可见，驱虫的前提条件是确定牛是否感染了寄生虫，为了确定牛体是否感染寄生虫，牛场就必须进行牛群寄生虫监测工作。如果牛体无寄生虫感染，当然就不存在定期驱虫的问题。在做好牛群寄生虫监测工作的前提下，牛场是否进行定期驱虫的基本原则就是：有则驱，无则不驱。

子任务二　牛场寄生虫监测方法

对于规模化牛场来说，寄生虫监测可以借助化验手段来完成，也可以通过牛场兽医的临床观测来完成。有现代化的化验条件当然更好，但我们也不能因为没有相应的化验条件而放弃牛场寄生虫的监测工作。寄生虫相对于细菌来说，体积较大，有不少寄生虫的虫体、节片或虫卵依靠肉眼就可以观察到，这一特点为牛场兽医进行寄生虫监测创造了条件。我们可以根据牛场的具体条件选择相应的监测方法，对牛的寄生虫感染情况进行定期或不定期的监测排查。

一、虫体检查法

在消化道内寄生的绦虫常以含卵节片整节排出体外，一些蠕虫的完整虫体也可直接排出体外。粪便中的节片和虫体，其中较大的很易发现，对于较小的，应先将粪便收集于容器内，加入5～10倍的清水，搅拌均匀，静置待自然沉淀，然后将上层液倾去。重新加入清水，搅拌沉淀，反复操作，直到上层液体清亮为止。最后将上层液倾去，取沉渣置较大玻璃器皿内，在白色背景和黑色背景上，用肉眼或借助放大镜寻找虫体，发现虫体后用毛笔挑出进行进一步检查。

二、虫卵检查法

（1）沉淀法。取粪便5 g，加清水100 mL以上，搅匀，通过40～60目铜筛过滤，滤液收集于三角瓶或烧杯中，静置沉淀20～40 min，倾去上层液，保留沉渣，再加水混匀，再沉淀，如此反复操作，直到上层液体清亮后，吸取沉渣在显微镜下进行检查。此法更适合于线虫卵的检查。

（2）漂浮法。取粪便10 g，加饱和食盐水10 mL，混合，通过60目铜筛，过滤液收集于烧杯中，静置30 min，则虫卵上浮；用直径5～10 mm的铁丝网环，与液面平行接触以蘸取表面液膜，抖落于载玻片上，在显微镜下检查。

（3）从平时的临床病例中收集牛群寄生虫信息。牛场兽医可通过牛群平时的发病情况，对牛群是否存在寄生虫感染，以及寄生虫的种类做出临床判断。由此可见，在牛场兽医的日常工作中，通过临床病例收集牛群寄生虫感染信息，也是牛场兽医观测、了解、掌握牛群寄生虫感染情况的一项重要手段，是牛场兽医日常工作内容之一。

（4）从平时的病理解剖或屠宰过程中收集牛群寄生虫信息。对淘汰牛进行屠宰或对病牛进行病理剖检时，兽医应该对牛的肝脏、胆囊、真胃内容物、肠内容物、气管、食道等进行细致的检查，以判定牛群是否有寄生虫感染及感染类型。一般情况下，牛场感染的体内寄生虫主要为：捻转血毛线虫、蛔虫、绦虫、肝片吸虫、华支睾吸虫等，且大多可通过肉眼观察发现，通过病牛剖检方式及日常检测方式，收集牛场寄生虫感染信息，是检测牛群是否有寄生虫感染的一种实用的有效措施。

子任务三　驱虫药选用原则

牛体内的寄生虫存在着种类差异（吸虫、绦虫、蠕虫等）和阶段差异（卵、蚴虫、成虫），不同种类和不同阶段的寄生虫对驱虫药的敏感性存在较大差异，所以，选用的驱虫药必须与寄生虫的种类和所处阶段相对应。

一、牛场驱虫药物的选定及用量

（一）消化道线虫

左旋咪唑：剂量为每千克体重4～5 mg，一次性皮下或肌内注射，每千克体重6 mg，一次性口服。

噻苯达唑：剂量为每千克体重70～110 mg，配成10%混悬液，一次性灌服。

丙硫苯咪唑：剂量为每千克体重5～10 mg，拌入饲料中一次性喂服，或配成10 %混悬液，一次性灌服。

1%伊维菌素注射剂：剂量为每千克体重0.02 mL，一次性皮下注射。

(二)绦虫

可选用吡喹酮、氯硝柳胺(灭绦灵),不宜选用伊维菌素。

吡喹酮:剂量为每千克体重 10～35 mg,一次性口服。

氯硝柳胺(灭绦灵):剂量为每千克体重 2～3 g,一次性口服。

(三)吸虫

三氯苯唑(肝蛭净)剂量为每千克体重 10～12 mg,一次性口服。本药对成虫和童虫均有杀灭作用。

硝氯酚粉:剂量为每千克体重 3～4 mg,一次性口服;注射剂量为每千克体重 0.5～1.0 mg,一次性肌内注射。

二、驱虫药选用注意事项

选择驱虫药时,选用的驱虫药必须与寄生虫的种类和所处阶段相对应,不建议长期使用同一种驱虫药进行牛群驱虫。

例如,伊维菌素注射剂是一种使用方便,既能驱除体表寄生虫又能驱除体内寄生虫的一种驱虫药,但伊维菌素对绦虫的杀灭作用较差,所以不要长期使用伊维菌素进行牛群驱虫,长期使用可导致绦虫在体内繁殖感染。为消除这一问题,可选用对绦虫有效的驱虫药,也可联合使用伊维菌素与阿苯达唑进行驱虫,这样效果会更好。

子任务四　牛场驱虫时间确定

驱虫是一种治疗措施,也是一种积极的预防措施,驱虫应该在采取一定卫生条件措施的情况下进行,因为驱虫药很难完全杀死蠕虫或已经排入消化道或呼吸道的虫卵,驱虫后含有崩解虫体的排泄物随意散布会对环境造成严重污染。

对于规模化牛场来说,由于牛场占地条件受到限制,驱虫时很难提供专门的场地或隔离条件,驱虫一般是在牛平时生活的圈舍中进行的。在这种现状下,选择合适的驱虫时间就显得尤为重要。选择虫卵或幼体不易存活、发育的季节或外部条件,减少排到体外的虫卵或虫体对环境的污染及再感染其他个体,是我们确定驱虫时间的基本原则。

选择合适的驱虫时间或季节,需依据寄生虫的生活史和流行病学特点及药物的性能等因素而定。对于大多数蠕虫来说,在秋、冬季(11—12 月)驱虫较好。秋、冬季不适宜虫卵和幼虫发育,大多数寄生虫的卵和幼虫在气温低时是不能发育的,所以秋冬季驱虫可以大大减少寄生虫对环境的污染。另外,秋、冬季驱虫也可减少寄生虫借助蚊蝇昆虫进行传播。

对肝片吸虫来说,肝片吸虫从食入囊蚴到虫体成熟开始排卵,约需 3 个月,其感染的高峰季节是在 7—9 月,因此,不能在 7—9 月进行驱虫。我们可以选在 11 月进行首次驱虫,翌年 1—2 月再驱虫 1 次即可获得较好效果。为了避免驱虫药在牛奶中残留,奶牛驱虫一般选择在干奶期进行。

近年来,驱虫药的研制有了很大进步,出现了一些能够杀死某些蠕虫的移行幼虫的药物,如硝氯酚可以杀死 4 周龄以上的肝片吸虫幼虫,苯硫咪唑可以杀死在组织和血管内移行的一些线虫的幼虫。如能掌握蠕虫精确的流行病学资料,将相应的药物应用于幼虫成熟前,可获得更加显著的防治效果。

【思考与练习】

一、简答题

1. 请总结分析“养、防、治”在牛群健康及牛病防治上的关系及意义。

2. 牛疫苗接种预防要坚持“一严、二准、三不漏”，请解释这三原则的具体含意与要求。

3. 牛传染病分为一类疫病、二类疫病和三类疫病，请总结阐述一类传染病具有哪些特点。

4. 威胁我国养牛业的一类传染性疫病有哪些？

5. 为了有效提高牛场的驱虫效果，确定牛体是否感染寄生虫，牛场必须进行牛群寄生虫监测工作，具体的监测方法有哪些？

二、填空题

1. 动物疫病预防控制部门要求牛场必须做好“两病”防控，这“两病”是指________和________。

2. 牛副结核病又叫________，是由副结核杆菌引起的一种慢性接触性传染病。

3. 1996 年，我国宣布消灭了________，并获得世界动物卫生组织（OIE）认证。

4. 1955 年，________在我国范围内被肃清，2008 年我国获得无此病 OIE 认证。

项目一答案

三、判断题

1. 牛炭疽病属于人畜共患病。（　　）

2. 驱除牛体内绦虫可选择伊维菌素。（　　）

3. 对于大多数寄生虫而言，在秋、冬季（11—12 月）驱虫较好。（　　）

课程思政

“养、防、治一体化”牛病防治体系，是规模化牧场在“以防为主、防治结合”基础上在实践中形成的一种牛病防治新体系、新理念，将牛病防治延伸到“饲养”，强调了“养”对提升牛体免疫力、科学防控牛病的重要性，为现代化养牛业提供了科学的新技术、新理念。在牛病防治上“养”是基础，“防”是重点，治疗是一种有效的补救措施。本节主要培养学生系统分析问题、解决问题的专业素养，与时俱进学习新技术、新理念的科学发展素养。

党的二十大报告指出：必须坚持系统观念。万事万物是相互联系、相互依存的。只有用普遍联系的、全面系统的、发展变化的观点观察事物，才能把握事物发展规律。

项目二

牛常见传染病诊断与防控

任务一　牛常见病毒性传染病诊断与防控

【知识目标】

- 掌握牛传染性鼻气管炎致病机理及流行病学知识。
- 掌握牛病毒性腹泻病原特点、致病机理及流行病学知识。
- 掌握牛流行热的病原特点、致病机理及流行病学知识。
- 掌握牛白血病的病原特点、致病机理及流行病学知识。
- 掌握牛口蹄疫病原特点、致病机理及防控扑灭方面的政策要求。

【能力目标】

- 能掌握牛传染性鼻气管炎临床症状特点及诊治技术。
- 能掌握牛病毒性腹泻的临床症状特点及诊治技术。
- 能掌握牛流行热的诊断与治疗技术。
- 能掌握牛白血病的临床诊断与防控技术。
- 能掌握牛口蹄疫的临床诊断与防控技术。

项目二彩图

【素质目标】

- 培养严谨的科学态度和良好的职业道德。
- 培养学生分析问题、解决问题的工匠精神。
- 培养好学敬业、热爱劳动和善于研究、乐于奉献的时代精神。

【相关知识】

子任务一　牛传染性鼻气管炎

牛传染性鼻气管炎(IBR)是由牛Ⅰ型疱疹病毒引起的一种急性、热性、接触性传染病，又称“红鼻病”“坏死性鼻炎”、牛传染性脓疱性外阴/阴道炎，是牛呼吸道疾病综合征（BRDC）之一。我国将其列为二类疫病，以高热、呼吸困难、鼻炎、鼻窦炎和上呼吸道炎症为特征。

1950 年，此病在美国最先发生，现已经在世界范围内流行，于 20 世纪 80 年代传入我国。2012 年，对北京、天津等地 11 个奶牛场进行的流行病学调查表明，群体抗体阳性率为 77.8%，个体抗体阳性率为 0～55%。目前，此病已经成为严重影响奶牛养殖效益的疾病之一。

一、病原

该病毒属于疱疹病毒科牛疱疹病毒Ⅰ型属的单纯疱疹病毒（BHV-1）。目前，世界各地的分离株有数十个，但只有一个血清型，按照限制性内切酶分析可分为 BHV-1.1、BHV-1.2、BHV-1.3 三个亚型，各型之间存在交叉免疫性。

该病毒是疱疹病毒中抵抗力较强的一种，在 pH 7.2 的细胞液中最稳定，56 ℃作用 21 min 即可使其灭活；在 22 ℃条件下可保存 5 d，4 ℃以下稳定，可保存 30 d；－70 ℃保存可存活多年。BHV-1 感染牛后可潜伏在三叉神经节或荐神经节细胞中，使病牛长期携带病毒，并在一定条件下潜伏病毒可被激活（如运输应激因素导致免疫力下降），通过呼吸道排毒，导致大范围感染。此外，BHV-1 还可引起免疫抑制，继发其他呼吸道病原感染，导致牛呼吸道疾病综合征。

二、流行病学

迄今为止，世界各大洲都有发生牛传染性鼻气管炎的报道，本病在各国都有不同程度的感染或流行，国内也有本病的相关报道，其也成为牛场疫病防控的一个重点疾病。

自然感染宿主主要是牛，尤其是肉牛感染最为常见，其次是奶牛。各品种及各年龄的牛均易感。犊牛最易感的阶段为 20～60 日龄。

病牛和带毒牛为主要传染源，病毒存在于牛的鼻腔、气管、眼睛及流产胎儿和胎盘等组织内。牛感染后可不定期排毒，通过空气、媒介物与牛接触而传播，也可通过胎盘感染胎儿，导致流产和死亡。隐性带毒牛危害最大，当环境或机体因素改变时，潜伏于机体中的病毒可激活并向外排毒。

视频 1　牛传染性鼻气管炎神经症状

此病在秋、冬寒冷季节容易流行，呼吸型 IBR 发病率较高，死亡率较低，继发病毒性腹泻或巴氏杆菌病时死亡率高。

牛传染性鼻气管炎患病牛，在临床症状消失后仍可不定期排毒，特别是隐性经过的种公牛危害更大。病毒在牛群中难以根除，病牛有持久的潜伏期和长时间的间歇性排毒，带毒牛往往因应激反应而排毒。

三、临床症状

由于 BHV-1 可对呼吸系统、生殖系统、神经系统、眼结膜等组织器官造成侵害，所以感染发病后的症状呈现多样性，临床差异较大。轻者无临床症状或仅表现轻微临床症状，重者可引起鼻气管炎症状。根据临床表现可分为以下五种类型。

（一）呼吸道型

呼吸道感染是最常见的症状，多发于冬季，病情轻重不一。牛病初发热 40～42 ℃，精神沉郁、厌食、呼吸急促、困难，并伴随鼻腔和气管黏液或脓性分泌物流出，鼻孔张开，偶尔局部气道阻塞导致张口呼吸。鼻甲骨和鼻镜充血变红，又称“红鼻子病”。在鼻镜、鼻腔、咽、喉、气管和较大的支气管均呈卡他性炎症变化。黏膜高度充血、潮红、肿胀、有出血斑，出血点和散在的灰黄色小豆粒大脓疱，溃破后形成糜烂和溃疡，也可伴有腹泻或结膜炎症状。

（二）生殖道型

传染性脓疱性外阴阴道炎病例，阴道黏膜充血、出血、溃疡，会阴部水肿，有黏液性分泌物，阴唇和阴道黏膜，特别是阴道前庭黏膜潮红、肿胀、散在大头针帽到小米粒大灰白色透明水疱，以后变成脓疱，脓疱破裂后形成糜烂和溃疡，黏膜表面附着大量黏液样渗出物，重者黏膜表面形成弥散性干酪样假膜，在阴道和子宫黏膜上可见点状、条纹状出血，附着大量黏脓性无臭分泌物，局部淋巴结肿胀。

（三）流产型

妊娠母牛感染 BHV-1 时，病毒可通过胎盘感染胎儿，胎儿感染多呈急性经过，可发生于母牛妊娠的任何时期，常见于 4～8 月龄，多数流产发生于母牛感染 BHV-1 后的第 20～50 d，患病母牛常无先兆表现，流产后一般不出现胎衣不下，流产胎儿多已经发生自溶。IBR 引起的流产常见于呼吸道型而非流产型。

（四）脑膜炎型

主要发生于 3～6 月龄的犊牛，6 月龄以上少见，呈现脑膜炎病理变化。病牛表现共济失调，口吐白沫，兴奋和沉郁交替出现，乱撞、转圈、四肢划动，站立不起，视力障碍，抬头望天（图 2-1、图 2-2）。病程多为一周，多以死亡告终。

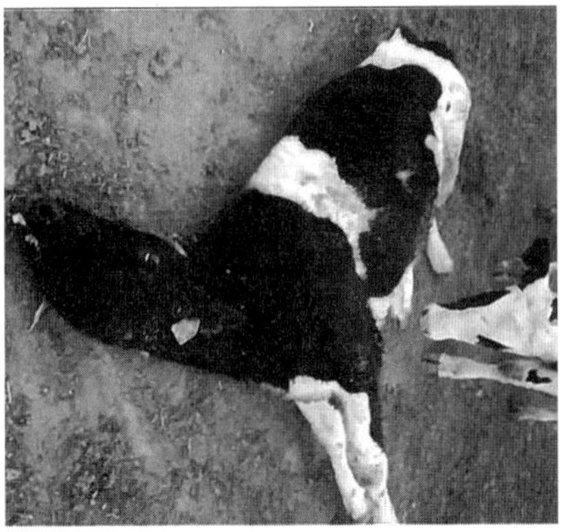

图 2-1　IBR 病牛的异常神经症状

（侯引绪摄）

图 2-2　IBR 病牛的共济失调姿势

（侯引绪摄）

（五）结膜炎型

多由病毒沿鼻内管上行扩散感染所致，初期眼睑浮肿，结膜高度充血，流泪，后期变为脓性分泌物，角膜混浊，结膜坏死，呈颗粒样变化。病牛一般无明显的全身性反应。

四、病理变化

牛感染 BHV-1 后，临床症状不同，所呈现的病理变化也有所不同。剖检变化主要表现为呼吸道黏膜上覆盖灰色恶臭、脓性分泌物，有的病例可见化脓性肺炎、脾脏脓肿，肾脏包膜下有散在性坏死灶、肝脏可见坏死灶，脑膜炎、鼻和口腔黏膜溃疡、出血性肠炎。气管和支气管黏膜呈红色，可见充血、出血、瘀血，真胃和小肠黏膜脱落。

五、诊断

根据该病的流行病学、临床症状和病理剖检等特点可进行初步诊断。在疫区要确诊本病应该进行病毒分离鉴定或抗原检测。目前，利用牛传染性鼻气管炎竞争 ELISA(IgB)抗体检测试剂盒检测或诊断此病，是临床上较为常用的一种诊断方法。

诊断注意事项：

(1)由于牛传染性鼻气管炎在我国牛场具有较高的感染率，并且一定数量的牛场使用疫苗进行了免疫预防，许多场群抗体检测阳性率高达 90%。所以，单纯依靠检测抗体及抗体检测阳性结果，无法确诊牛传染性鼻气管炎。

笔者于 2013 年，对 140 份疑似犊牛传染性鼻气管炎的血清做 IBR 抗体检测，其结果为阳性 137 头，阴性 3 头；同时，对 140 头犊牛中具有代表性的 36 头病牛鼻腔分泌物进行了病原检测，结果均为阴性。在我国的奶牛群中，血清 IBR 抗体阳性已经达到一个很高的水平(20%～90%)，但抗体阳性并不代表该牛体内就存在病原，血清 IBR 抗体阳性结果并不能说明该牛所患疾病就是 IBR，确诊传染性鼻气管炎应该以抗原检查结果作为最终依据。

(2)病原侵入上呼吸道黏膜，可使鼻甲骨和鼻镜充血、变红、发炎，甚至鼻镜上出现溃烂灶或溃烂斑，所以又名“红鼻子病”。在寒冷的冬天，由于犊牛易患呼吸系统疾病(如犊牛感冒等)及一些消化系统疾病。当发生上述疾病时，犊牛会出现发烧或脱水症状，在发烧或脱水的情况下犊牛鼻镜干燥、干裂，犊牛不断用舌头舔鼻镜、鼻孔，就容易导致犊牛鼻镜、鼻孔黏膜充血变红，犊牛鼻镜、鼻孔黏膜上也可出现溃烂灶或溃烂斑，这很容易让兽医将上述症状与 IBR 的相应临床症状混淆。

(3)在 IBR 的诊断上，其病理解剖对本病与其他疾病的区别诊断具有重要意义，肺部病理变化和气管黏膜的出血、溃疡等特征病理变化是诊断本病的重要临床指标，兽医临床诊断本病时应该充分参考，最后综合临床表现、病理变化、实验室病原监测等才可做出准确的诊断。

六、防控措施

(1)潜伏感染和长期排毒成为消灭和根除本病的主要问题。预防本病应在加强饲养管理的基础上，加强冷冻精液检疫、管理和牛只引进制度。

(2)在生产过程中，应定期对牛群进行血清学抗原检测，发现阳性感染牛应及时淘汰。

(3)疫区或受威胁牛群，可对未被感染牛用灭活疫苗免疫接种。

(4)经常开展血清学检查，发现少数病牛或个别血清抗原阳性时应当淘汰处理，并加强监测。

(5)牛群感染情况不明时，建议先进行抗原检测，摸清牛场的感染情况，然后确定是否进行疫苗免疫，是否进行净化。

(6)由于该病危害巨大，又无特效治疗办法，我国一些大型牛场，已经在牛群中开始了针对此疫病的净化工作。

此病目前尚无特效治疗方法，对症治疗和加强护理可以减轻症状，增强机体抵抗力，促进病牛康复。

子任务二　牛病毒性腹泻/黏膜病

牛病毒性腹泻/黏膜病又叫黏膜病，也叫牛病毒性腹泻。该病是由病毒性腹泻/黏膜病病毒（BVDV）引起的一种急性、热性、接触感染性传染病，可造成感染牛严重的消化系统、生殖系统、呼吸系统损害和免疫抑制。该病的临床特征是体温升高、腹泻、口腔黏膜糜烂、流产及胎儿发育异常。

该病于 1946 年首先在美国的奶牛中发现，并于 1957 年分离得到病毒。1953 年 Ramsey 和 Chiver 对以严重的消化道糜烂和溃疡为特征性病理变化的病例进行了研究观察，并称其为黏膜病（MD）。随后的研究表明，牛病毒性腹泻和黏膜病由同一种病毒引起，1971 年美国兽医协会将这两种疾病统一命名为牛病毒性腹泻/黏膜病。

一、病原

BVDV 属于黄病毒科瘟病毒属，在 pH 5.7～9.3 时保持稳定。低温不影响病毒毒力，温度高于 40 ℃时会降低病毒感染力。BVDV 只有一种血清型，但研究表明，BVDV 各毒株之间存在抗原的多样性。通过对基因组序列测定和比较分析，将 BVDV 分为两种基因型，即 BVDV-1 型和 BVDV-2 型。这两类病毒在抗原变异和毒力上存在较大差异。BVDV-2 型与严重的急性 BVDV 感染有关，BVDV-1 弱毒疫苗能诱导产生针对 BVDV-2 型毒株的抗体，但抗体滴度很低。

目前，进一步的研究将 BVDV-1 型、BVDV-2 型分为若干亚型，BVDV-1 型分为 1a、1b、1m、1o、1p 等 11 种，不同亚型可能对不同组织器官的侵嗜性不同，例如，BVDV-1a 型毒株可能在动物妊娠后期胎盘感染中起主导作用，BVDV-1b 毒株可能在呼吸道疾病中占主导地位。BVDV-2 型毒株可分为 4 个亚型。

根据 BVDV 细胞培养时是否产生细胞病变，将 BVDV 分为致细胞病变型（CP）和非致细胞病变型（NCP）。致细胞病变型病毒在动物体内并非都是具有高致病力的病毒，而非致细胞病变型的毒力一般都很强。研究表明，NCP 型 BVDV 才能导致持续感染牛（PI）产生，但 CP 型毒株也可以通过胎盘屏障感染胎儿。因为 CP 型毒株不会导致持续感染牛（PI）产生，PI 牛也叫僵尸牛，生长发育迟缓，可以向外界环境长期排出病毒，污染环境，是导致牛感染此病的一个重要途径。

目前，使用 CP 型 BVDV 毒株生产疫苗。有研究表明，感染一种 BVDV 生物型的动物，通过野毒感染或疫苗接种接触到另一种 BVDV 型时，可导致突然发病，造成死亡。

二、流行病学

牛病毒性腹泻/黏膜病广泛存在于许多养殖业发达的国家。目前，本病在我国的发生、流行呈上升趋势，已成为影响我国养牛业发展的一种重要疾病。BVD/MD 的临床特征是体温升高、腹泻、口腔黏膜糜烂、流产及胎儿发育异常。BVDV 具有高度传染性但其症状较轻，发病率高、死亡率低；而 MD 传染性不高，以偶发或慢性持续感染为主，发病率低、发病急、死亡率高。

BVDV 可感染多种偶蹄动物，如奶牛、水牛、黄牛、牦牛、山羊、绵羊、猪、鹿等，野生动物也可感染。各年龄阶段的牛都可感染，其中 6～18 月龄的牛最为易感。全年均可发生，无明显季节性，感染后症状不明显，大多呈亚临床症状或只有轻微临床症状。

此病毒主要通过垂直和水平两个途径传播。水平传播往往为急性、一过性感染。传染源是患病动物或持续性感染动物的口鼻分泌物与排泄物中的病原。妊娠 30～150 d 胎儿免疫系统还不完善，此时母牛感染 BVDV，病毒可通过胎盘感染胎儿，胎儿将病毒视为自身物质，从而产生免疫耐受，出生后即成为 PI 牛。PI 牛终生带毒、排毒，将成为牛群的重要传播源。另外，PI 母牛怀孕生下的犊牛也是 PI 牛。PI 牛死亡率高，存活时间短，生长发育迟缓，往往在 2 岁前被主动或被动淘汰。还有 10% 的 PI 牛生长发育及生产性能无异常表现。所以，在牛场防控 BVD 过程中，及时检测、净化 PI 牛，是防控 BVD 的一个有效且重要的内容。

视频 2　牛病毒性腹泻临床症状与病理表现

三、临床症状及病理变化

牛感染 BVDV 后的临床症状差异很大，有的隐性感染，有的出现明显临床症状，但其感染类型主要分为一过性感染（TI）和持续感染（PI）两类。BVDV 对牛的影响可表现为流产、胎儿畸形、腹泻和免疫抑制等，是以发热、黏膜糜烂溃疡、腹泻等为主要特征的一种复杂又呈多临床表现类型的传染病。

（一）黏膜病型

在自然情况下黏膜病发病率低，症状明显，病变严重，死亡率较高。此类型主要侵害犊牛和青年牛，潜伏期一般为 7～9 d，发病突然，体温升高至 40～42 ℃，精神沉郁，食欲丧失，反刍停止，产乳量下降或停乳。

发病 2～3 d 后，唇、腭、齿龈、口腔黏膜上出现浅表性烂斑，大量流涎，呼气恶臭。随后出现腹泻，最初呈水样，恶臭。最后因脱水而死亡。发病率 2%～50%，犊牛的死亡率可达 90%。白细胞减少、流涕（浆）咳嗽，有些病例鼻黏膜出血。

（二）腹泻型

以腹泻为主，具有高度传染性，发病率高，而死亡率低，犊牛发病率和死率很高。其症状和黏膜病型相似，但症状和病理变化比黏膜病型轻。病牛发热或体温正常或呈周期性波动，食欲下降或不食。

腹泻初期粪便呈水样，后期带血和黏液，并排出带片的黏膜。病程长达数月，间歇性发生，消瘦，可见间歇拉稀，最后因脱水、衰竭而死亡，死亡率一般不超过 5%。

其病理变化主要为食道、前胃、真胃、小肠、大肠黏膜充血、出血、水肿、糜烂坏死和溃疡。鼻镜、鼻孔、牙床、舌、腭、口腔黏膜糜烂，身体消瘦。肠系膜淋巴结肿大坏死，心内外膜常有出血点、斑。趾（指）间皮肤溃疡。流产胎儿口腔、食道、真胃有出血斑和溃疡，严重者小脑发育不全、运动失调。

四、诊断

可以结合临床症状和实验室检测做出诊断。

当病牛临床上出现发热、腹泻、口腔黏膜损伤、蹄炎和趾间糜烂等病理变化或症状时；牛群出现流产、“木乃伊”、胎儿先天畸形、受胎率下降，后备牛出现慢性、反复性疾病时应该怀疑为

BVDV 感染。及时进行实验室检测，确认或排除此病。

实验室诊断本病的方法有好几种，目前用 BVDV 双抗夹心 ELISA 抗原检测试剂盒，利用全血、血清、血浆、耳组织、细胞培养物诊断此病，是一种较为常用的诊断手段。

五、防控措施

以前我国分离鉴定到的 BVDV 毒株多数为 BVDV-1 型，BVDV-2 型流行区域较少，但随着国际动物及动物性产品交易活动和国内牛群地区间流动的增加，我国多数地区分离出了 BVDV-2 型毒株。目前国外主要采用疫苗接种，加强监测、淘汰 BVDV-PI 等措施防控此病。

我国大多数地区尚缺乏针对此病的系统性综合防控计划，只有少数大型奶牛场开始了此病的疫苗接种和 PI 监测、净化工作。我国对此病的防控还处在初步探索阶段，任务艰巨。

到目前为止，我国只有 BVDV-1 型灭活疫苗，没有 BVDV-2 型疫苗，国外的实验表明，BVDV-1 型灭活疫苗免疫牛群后，无法针对 BVDV-2 型产生保护作用。

子任务三　牛 流 行 热

牛流行热是由牛流行热病毒引起的一种急性、非接触性传染病，依据该病的流行特点和临床症状特点又被称为“三日热”、暂时热、僵硬病。

1983—2009 年此病在我国曾流行过 8 次，波及全国十多个省份，平均发病率为 39.61%，平均死亡率 2.61%，奶牛产奶量平均下降 51%。在 2004—2005 年的流行过程中，死亡率高达到 18%，2011 年的流行过程中死亡率为 5%。近年来，全国性大流行的情况基本消失，但地方性流行时有发生，总体发病率呈上升趋势，牛流行热的临床症状等也出现了新的变化。

一、牛流行热的新变化

牛流行热病程短、发病率高、死亡率低，一般会错误地认为流行热对牛造成的损失不很严重，其实这是一个认识误区。牛流行热的高发季节恰在每年的 7～10 月，这一时期我国大部分地区处于高温、高湿的严重热应激时期，对高产奶牛而言，高温、高湿天气是一种严重的应激因素，对奶牛的免疫能力及健康影响很大。这时候发生牛流行热，牛体温升高到 41～42 ℃，可致使牛体迅速脱水、产奶量急剧下降 50%，虚弱衰竭，死淘率显著升高。

（一）牛流行热死亡率不高，但死淘率高

奶牛患流行热后，因全身肌肉和四肢关节疼痛，牛只步态僵硬、跛行，有些出现关节肿胀，严重者后肢麻痹，因起立困难而瘫痪。特别是出现关节肿胀和后肢麻痹而致瘫痪的牛，往往很难再度站立起来，而被迫淘汰。

（二）牛流行热会造成一定数量妊娠母牛流产和死胎

这不仅会造成本胎次养殖经济效益下降，还会延迟下一产奶周期的到来及造成繁殖能力下降，延长胎间距，降低生产效益。所以，牛流行热病虽然死亡率不高，但对奶牛养殖造成的经济损失却是严重的。

二、病原

牛流行热病毒属于弹状病毒科流行热病毒属的典型代表，一般认为该属病毒只有 1 种血

清型(或无血清型),该病毒可以在脊椎动物和昆虫体内增殖。在 −20 ℃ 以下低温保存可长期保持毒力,−40 ℃贮存的冻干感染血样仍然含毒,抗凝的病牛血液于 2～4 ℃ 贮存 8 d 后仍有感染性。流行热病毒对外界抵抗力不强,一般的常用消毒药物均可杀灭该病毒;牛流行热病毒对热敏感,56 ℃、10 min,或 37 ℃、18 h 即可灭活,pH 2.5 以下或 pH 8.0 以上 10 min 内可使之灭活。

三、流行病学

该病可感染奶牛、黄牛、水牛、肉牛,羚羊、绵羊也可感染,并产生抗体,奶牛最为易感,对于不同年龄阶段的牛群来说其易感性依次为成乳牛＞青年牛＞育成牛＞犊牛。

该病流行具有明显的季节性,夏季是本病的高发季节,北京地区多发生于 7～10 月,南方地区发病时间提前,可在 7 月以前发病。传播途径以吸血昆虫(伊蚊、库蚊)的叮咬传播为主,发病期间病牛是本病的主要传染源,病毒存在于病牛的血液中,也可以通过针头传染本病。本病呈现跳跃式流行特点,同一牛群、同一牛棚、同槽相邻牛不一定同时发病。流行上具有一定的周期性,3～5 年大流行一次。本病传播迅速,短期内可致大批奶牛感染发病,发病率高达 20%～80%,病牛多为良性经过,死亡率一般为 1%～3%。

2006 年以后,此病的流行情况出现新变化,此病以前在流行病学上呈现的 3～5 年大流行一次的周期性特点消失,主要表现为地方性流行或散发,可在一个地区或牛场连续 2 年发病。在已经发生该病及注射过疫苗的地区或牛场,多呈零星散发。患病牛体温升高至 40～42.5 ℃,一般持续 3 d 后体温恢复正常,临床症状开始好转,这也是流行热被称为"三日热"的缘由,患病牛经过传统的对症治疗 1～2 周内基本恢复正常。

近年来,牛流行热从流行过程来看,流行时间变长,病程变长,病程可达 20 d 左右,流行过程可历时 2 个月,治疗过程中体温有反复升高现象,发病率显著降低(8%～10%),严重呼吸困难者可在出现临床症状后几小时死亡,死淘率显著升高,高达 10%～20%。

四、临床症状

视频 3 牛流行热病牛的跛行、僵硬症状

(一)类型与症状

牛流行热具有较多且典型的临床症状,由于牛群饲养管理、免疫状况不相同,临床表现也有一定差异。根据临床特征,传统上将牛流行热分为 4 个类型。

肺炎型:突然发病,精神沉郁,低头呆立,反应迟钝,不愿走动,食欲减退或废绝。体温高达 40.0～42.5 ℃ ,维持 2～3 d 后降至正常,也可反复。心跳加快,呼吸变快、喘。随病情加重,病牛腹部扇动,鼻孔开张,伸颈,舌头紫色,张口呼吸,可见鼻孔流含血液的分泌物。病牛眼球突出,目光直视,后期上、下眼睑肿胀,眼结膜潮红,流泪,烦躁不安,站立不安,患病牛颈部肿大,颈部和胸前皮下气肿,按摩有捻发音。病牛步态僵硬,肌肉震颤,跛行,走路蹒跚、易摔倒,卧地不起。

神经型:该类型的流行热,患病牛以兴奋、紧张、敏感、狂暴、痉挛、抽搐、角弓反张等为主要临床症状。

图 2-3 瘫痪型牛流行热病牛卧地不起、瘫痪
（侯引绪摄）

瘫痪型：以运动障碍，步态不稳，走路蹒跚，迈步僵硬（僵硬病），易摔倒为特点。有的病牛初期体温升高，卧地不起、瘫痪（图 2-3），后期体温下降。病情严重的病例四肢伸直、平躺于地，眼紧闭，呼吸微弱，食欲废绝。

消化型：消化型牛流行热以胃肠炎为主要症状，食欲下降或废绝，站立时两后肢交替负重，踢腹，眼球凹陷，口角有清亮口水流出，呈拉线样，或口角有清亮泡沫样液体流出，粪便黑而干少。

（二）牛流行热临床症状新特点

从近年来的牛流行热临床类型来看，呼吸型占50%以上，消化型约占 30%，但临床症状明显减轻，瘫痪型占 15%左右，神经型所占比例略有提升，在3%左右。另外，奶牛流行热病例中，乳房炎发病率明显上升，表现乳房炎的患病牛约占 15%。患病牛呈严重眼球突出症状者，主要为肺炎型流行热。

五、病理变化

急性死亡多因严重肺炎、窒息所致，病理剖检可见气管、支气管黏膜出血，气管内充满大量泡沫，泡沫中含血丝，肺肿胀变大、肺间质气肿。另外，还有一定程度的胃肠黏膜出血、瘀血炎性病理变化，心内膜及冠状沟点状出血。

六、诊断

该病流行病学特点明显，临床症状跛行、高热、呼吸困难、神经症状、瘫痪等特点突出，依据临床症状和流行病学特点可做出诊断。另外，利用间接 ELISA 试剂盒，通过检测血清中牛流行热病毒抗体来确诊牛流行热，也是一种快速有效的诊断方法。

七、治疗

牛流行热由病毒感染引起，无特效疗法，治疗采取对症治疗、支持疗法，阻止病情恶化、防止继发感染是促进康复的有效办法，可获得较好的治疗效果。

在总结临床防治本病的实践基础上，在此为大家提供一个治疗处方，供参考。

【处方】

1. 硫酸头孢噻呋注射液或头孢喹肟注射液　　20 mL
2. 5%氟尼辛葡甲胺注射液　　20 mL

用药方法：肌内注射，1 天 1 次，连续 3 天

3. 维生素 ADE 注射液　　20 mL

用药方法：每天肌内注射 1 次，连续 3 天

说明：

(1)治疗过程中一头牛用一只针头，杜绝传染。

(2)如果病牛不吃不喝，要输液治疗，输糖、复方生理盐水等。

(3)饮用多维电解质液体。

八、预防措施

(1)对未发病牛要进行1天2次的体温监测，凡体温升高者立即进行隔离治疗。做到早发现、早隔离、早治疗、用药准、剂量足，对防控本病有重要意义。

(2)牛流行热病毒依靠吸血昆虫为媒介进行传播，可在蚊蝇活动频繁季节每周1～2次用环保型灭蚊蝇药物进行灭蚊蝇工作，切断传播途径。

(3)患病牛所产牛奶不能用于犊牛哺乳，否则会导致犊牛感染牛流行热。

(4)保持环境卫生，及时清理牛舍周围杂草污物、粪沟和污水沟，保持环境卫生，防止蚊蝇等吸血昆虫滋生。

(5)免疫预防。免疫接种是控制本病的有效措施之一。目前，我国已经研制出针对本病进行免疫防控的疫苗，在本病流行之前，对易感牛进行免疫接种，可产生较好的保护作用。

在本病多发季节前一个月，在牛颈部皮下用疫苗免疫接种一次，或免疫注射2次，2次间隔期为21 d，免疫剂量为每次每头牛4 mL，6月龄以下犊牛免疫剂量减半。在牛流行热暴发地区，可用本病疫苗对牛群进行紧急预防接种，有良好的防控效果。

子任务四　牛白血病

牛白血病是一种致死性恶性肿瘤性疾病。本病首先发现于德国，近20年来发病地区不断扩大，现波及世界许多国家，20世纪80年代初在我国发现本病，现在许多地方的牛群中已有本病发生。目前，牛白血病已成为世界养牛业和公共卫生方面的一大威胁。

牛白血病也叫淋巴肉瘤、恶性淋巴瘤、牛白血病复合症。其特点为患病牛淋巴细胞增生持续性升高和形成淋巴肉瘤，多数病例先有淋巴细胞增生，而后出现淋巴瘤，所以有人认为淋巴细胞增生可能是牛白血病的亚临床型，但有35%的牛白血病只出现淋巴瘤而不表现淋巴细胞持续增生。

一、病原

该病的病原为牛白血病病毒(BLV)，牛白血病病毒呈C型病毒粒子的典型形态，病毒粒子基本呈球形，也有呈杆状的，直径90～120 nm，电镜下可见有双层膜，外层膜即囊膜，囊膜上有纤突，纤突长10～15 nm，核衣壳呈二十面体对称，膜内含有丝状和点状结构。此病毒对外界环境的抵抗力较弱，对温度较敏感，56 ℃下30 min大多数毒株被灭活，60 ℃以上迅速失去感染力，用巴氏消毒法可杀灭牛奶中的病毒。对乙醚等敏感，pH 4.5时一些普通消毒药也能使其失去活性，紫外线照射、反复冻融以及低浓度的甲醛等对病毒均有较强的灭活作用。

二、流行病学

牛白血病主要发生于牛，绵羊、瘤牛、水牛和水豚也能感染。人工接种除牛外，绵羊、山羊、黑猩猩、猪、兔、蝙蝠、野鹿均能感染发病。该病主要发生于成年牛，尤以4～8岁的牛最常见。潜伏期长，可达2～10年。一般来说，奶牛对BLV的感染率较高，但其发病率较低。其主要感染途径如下：

1. 胎内感染

母体可通过胎盘将病毒传染给犊牛而得病，有人将37头产自患病母牛的犊牛产后立即隔离，进行实验室诊断，结果发现35头犊牛患了牛白血病。

2. 生乳感染

犊牛吃了病牛的牛奶可导致本病水平传播，但如果将牛奶进行巴氏消毒后再喂犊牛，则犊牛不会感染此病。

3. 接触感染

健康牛和患病牛相互接触，可发生本病。一些实验表明，夏季的接触传染率高于其他季节，所以有人推测，昆虫与牛白血病的传播有一定的相关性。

4. 精液感染

患病公牛的精液也可传播牛白血病。

三、牛白血病类型及临床特征

牛白血病根据其临床特征可分为四种类型，即犊牛型、青年型（胸腺型）、成年型和皮肤型，前三种类型与年龄有关，后一种与年龄无关。

1. 犊牛型

也叫幼年型，多发生于6月龄以内的牛，奶牛的发病率高于肉牛，多呈零星发病，很少同时发生。患病犊牛常外表正常，但体重减轻，全身淋巴结肿大，精神沉郁，体弱无力，少数病牛体温高，心动过速，后躯麻痹，多在出现症状后2～8周死亡。

2. 青年型

也叫胸腺型，主要发生于6～18月龄的青年牛，肉牛的发病率明显高于奶牛。此型多散发，肿瘤多发生于颈的腹侧及胸腔入口处。病牛常表现呼吸困难，瘤胃臌气。其肿瘤易与颈腹侧的脓肿和蜂窝织炎相混淆。

3. 皮肤型

主要发生于3岁以上的牛，其他年龄的牛也可患此病。皮肤上出现荨麻疹或皮肤肿块，直径1～5 cm（图2-4），常发部位为颈部、背部、臀部和大腿部，肿块随后脱毛、破溃、坏死，上面形成一层灰白色痂皮，个别病例皮肤病变消失后可复发。

4. 成年型

奶牛中最常见的一种类型，既可散发也可呈地方性流行，在我国此类型最为多见。其主要临床特征是贫血，短期迅速消瘦，食欲下降，产奶下降，体温正常或稍高；体表淋巴结显著肿大，尤其以肩前、膝前和乳上淋巴结肿大较为突出（10 cm×16 cm），触摸时似红薯大小。直肠检查时会发现骨盆腔入口周围或盆腔内有较大的肿块，无痛、无热，也不敏感。

奶牛白血病以4～8岁奶牛多发，多数感染牛不呈现临床症状，以在血液中存在白血病抗

图 2-4 皮肤型牛白血病的皮肤肿结

（肖定汉摄）

体并出现持续的淋巴细胞增多症和异常淋巴细胞为特征。只有生成肿瘤之后，才出现体表或颈浅淋巴结及内脏淋巴结肿大，直肠检查可触摸到肿大的内脏淋巴结。

肿瘤部位机械性损伤和压迫作用，使病牛呈现一系列与之相对应的临床症状。病牛食欲不振，体重减轻，发育不良，全身乏力，泌乳性能明显降低，可视黏膜苍白或黄染，前胃弛缓和瘤胃臌气等。当侵害心脏时，心搏动亢进，心跳加快，心音异常，出现瘤块压迫性呼吸、吞咽困难，全身出汗，眼球突出，胸前浮肿。腹泻，粪如泥样，有恶臭味，混有血液，尿频或排尿困难。当骨盆腔及后腹部发生肿瘤时，病牛呈现共济失调、跛行、起立困难。子宫肿瘤病牛，可发生流产、难产或屡配不孕。

由于肿瘤发生的部位不同，所表现的临床症状也有所差异。如肿瘤发生于脾，脾破裂时有内出血的症状，如肿瘤压迫脊髓或神经就会出现后躯麻痹或瘫痪，肿瘤在鼻腔时会出现常流鼻血的症状，肿瘤在真胃时会出现煤焦油样粪便。

剖检时可见病牛全身淋巴结均出现不同程度的肿大，切面灰白色并有局灶性坏死和出血；内脏器官、肠系膜、心脏等上面有淋巴肉瘤，腹腔液增多，有粉红色胶冻样物。

肿瘤结节除增生外会有程度不同的变性坏死。此外，剖检的全部病例消化道黏膜出现程度不同的出血，内含有体积不等的血样液。肿瘤细胞之间有网状上皮和网状纤维所支持的网架。有时见到少数毛细血管，其中充满大量瘤细胞。肿瘤内也有少数淋巴管，有的瘤细胞核浓缩和崩解。

四、诊断

此病的诊断方法有血清学诊断、染色体分析、生化诊断等，在临床上主要以临床症状结合血液学诊断和活体淋巴穿刺进行诊断。

1. 血液学诊断

主要通过检查外周血液中的白细胞总数及淋巴细胞所占比例来进行诊断确诊，白细胞总数显著增高，个别可增高 7～10 倍，淋巴细胞所占比例大于 70%。

2. 淋巴结穿刺诊断

活体采取淋巴细胞涂片、染色（瑞氏或吉姆萨染色），通过观察淋巴细胞形态来进行诊断。可见幼稚淋巴细胞明显增多，胞体大小不一，胞浆少、蓝染，有些出现裸核，多呈分裂状。

五、防控措施

由于目前尚不完全了解牛白血病的病因及发生、发展规律，缺少及时可靠的诊断方法，所以，国内外对本病尚无有效的防治措施。

该病的发生呈慢性、持续性特点，防控该病首先要加强监测和检疫，明确本场奶牛有无地方性牛白血病以及感染程度。采取相应的措施进行防控。根据检疫和监测的结果隔离饲养或淘汰感染牛，可将牛群分为健康群、假定健康群、感染群及隔离群。不断淘汰阳性牛，对感染不严重的牛群通过血清学筛查进行白血病净化，夏季定期消灭吸血昆虫、蚊蝇等。除此之外，在防控或净化过程中要注意如下几点：

(1)对确诊为本病的奶牛立即进行屠宰掩埋、无害化处理。

(2)定期进行血清学检查，半年 1 次，发现阳性牛立即隔离观察或淘汰，加强净化工作，做好平时监测、监控，重视无 BLV 感染牛群培育。

(3)初步的实验表明，饲料中添加氯化镁及亚硒酸钠可减少本病的感染发生，氯化镁添加剂量为每千克体重 60 mg，亚硒酸钠每千克体重 0.1 mg。

子任务五　口　蹄　疫

口蹄疫(foot and mouth disease)是由口蹄疫病毒引起的偶蹄兽的一种急性、热性、高度接触性传染病。其特征为传播速度快，成年牛的口腔黏膜和鼻、蹄、乳房等部位形成水疱和烂斑，犊牛多因心肌受损而死亡。本病是世界性传染病，人和非偶蹄动物偶有感染，但症状较轻。本病传播性强，在一个牛群中发病率可达 90%，往往造成广泛流行，引起巨大的经济损失，被 OIE 列为 A 类家畜传染病。又因该病毒具有多型性和易突变的特性，使诊断和防治更加困难。

另外，需要强调的是，此病不属于人兽共患传染病，其临床病理表现(丘疹、疱疹等)虽然与儿童“手足口”病很是相似，但二者却是两种完全不同的疫病。“手足口”病的病原为肠道病毒(20 多种)，此病于 1981 年首次出现在我国；而口蹄疫的病原为口蹄疫病毒，其发生历史悠长。所以，口蹄疫与儿童“手足口”病是两个完全独立的疫病，牛口蹄疫不传染人，儿童喝牛奶与患“手足口”病无关。

一、病原

(一)口蹄疫病毒类型

口蹄疫病毒已知有 A 型，O 型，C 型，亚洲Ⅰ型，南非 1、2、3 型，共 7 个主型。每个主型又有许多亚型(变型)，目前总计已有 65 个亚型(变型)之多。

其中 O 型有 10 个亚型(变型)，C 型有 5 个亚型(变型)，亚洲Ⅰ型有 3 个亚型(变型)，南非 1、2、3 型分别有 6、3、4 个亚型(变型)。

在我国流行的口蹄疫病毒主要是 A 型、O 型、亚洲Ⅰ型。从近年的发病统计来看来，A 型流行渐广；而 O 型的流行递减；亚洲Ⅰ型口蹄疫很少出现。

自 2011 年 6 月以来，全国未检出亚洲Ⅰ型口蹄疫病原学阳性样品。经全国动物防疫专家委员会评估，我国亚洲Ⅰ型口蹄疫已达到全国免疫无疫标准。我国从 2018 年起调整亚洲Ⅰ型口蹄疫防控策略，实施以监测扑杀为主的综合防控措施。自 2018 年 7 月 1 日起，在全国范围内停止亚洲Ⅰ型口蹄疫免疫，停止生产销售含有亚洲Ⅰ型口蹄疫病毒组分的疫苗。

（二）口蹄疫病毒的抵抗力

该病毒在 −70～ −50 ℃可保存几年，病毒对酸碱敏感：

pH 6.5，4 ℃，14 min，灭活 90%

pH 6.0，4 ℃，1 min，灭活 90%

pH 5.0，4 ℃，1 s，灭活 90%

pH 9.0 以上，4 ℃，迅速灭活

pH 7.0～7.5，4 ℃，很稳定

日光直射可迅速杀死该病毒，这就是此病冬季日照短时多发的原因。口蹄疫病毒不耐较强的酸碱环境，针对口蹄疫进行环境消杀时，选用过氧乙酸、次氯酸钠、氢氧化钠等效果较好。

（三）牛口蹄疫传播与流行特点

1. 传播途径

主要通过消化道传播感染（如粪、尿、奶）；呼吸道传播感染（如呼吸道分泌物、飞沫）；直接接触感染（如挤奶机、手、兽医、饲养员等）。另外，其通过人工授精及飞鸟也能传播感染。

2. 传染源

病牛和病后牛是主要的病毒传染源；感染牛在临床症状出现前，咽、呼吸道、乳房中已有此病毒存在。感染后恢复期的牛在一定时间内带毒，排毒时间长达 6～24 个月。

3. 发病季节

在我国大部分地区，冬季、春季多发（即每年的 10 月 1 日至翌年 5 月 1 日这段时间）。

二、临床症状及病理变化

口蹄疫临床症状及病理变化以发热和口蹄部出现水疱为共同特征。症状及病理变化程度因免疫状态和病毒毒力不同而有所区别。犊牛常突然死于急性心力衰竭。

自然感染牛的潜伏期为 2～5 d，但也有报道潜伏期长达 2～3 周。病牛体温高达 40～41 ℃，犊牛尤为显著。病牛精神不振，食欲减退，产乳量突然下降。

口腔黏膜潮红，几分钟后在唇、齿龈、舌面和颊部黏膜上出现水疱，水疱迅速增大，破溃后在齿龈等表面形成溃烂斑（图 2-5、图 2-6），或露出红色糜烂区，患病牛出现流涎，因病灶进一步感染可导致舌黏膜坏死、剥离、脱落，严重者可出现舌头穿孔、断裂。

蹄部水疱与口腔水疱同时发生，蹄冠、蹄底、指（趾）间隙皮肤均可见到水疱，水疱破裂后，形成痂块，感染后会导致趾（指）间皮肤溃烂、坏死。病牛疼痛，跛行，呆立或卧地不起。水疱痊愈后，瘢痕可保留数周。严重的病例，由于水疱延至蹄匣内，使真皮与角质分离，导致角质蹄匣脱落。

牛患口蹄疫时，乳房及乳头上出现大小不一的水疱，水疱破溃感染可导乳房和乳头皮肤溃烂，挤奶困难，若发生乳房炎，产奶量一般下降 1/8～3/4，整个泌乳期都受到影响，严重者或停止泌乳。

犊牛患口蹄疫时主要表现为心肌炎和胃肠炎，心率快、心悸亢进、口腔水疱和糜烂明显，但

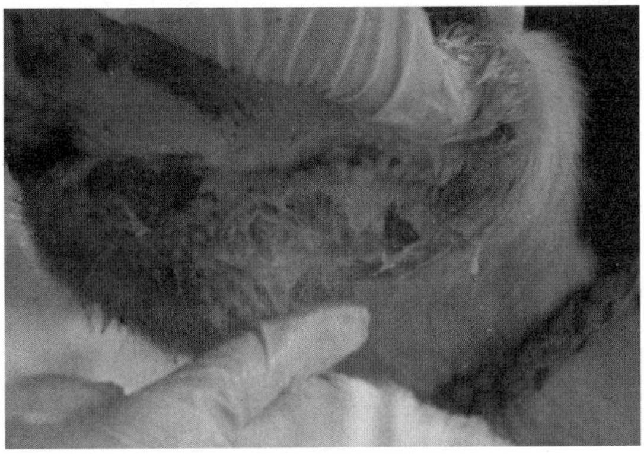

图 2-5　患病牛唇部水疱破溃形成的唇黏膜溃烂

（侯引绪摄）

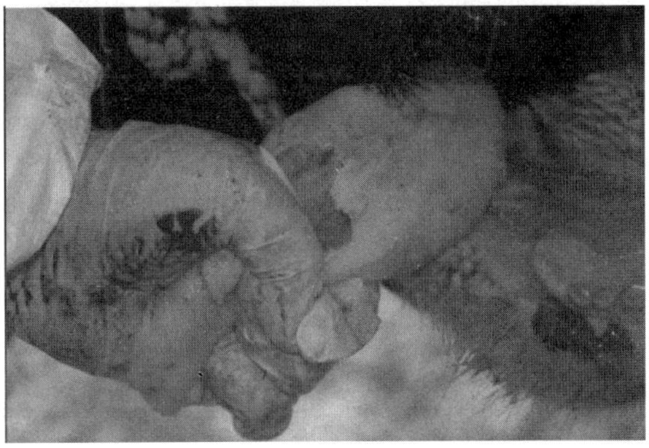

图 2-6　患病牛舌面水疱破溃形成的舌黏膜溃烂

（侯引绪摄）

蹄部和皮肤水疱症状不明显。全身症状以高热、衰弱为主，常见下痢，视诊病犊精神尚好，但听诊心音亢进者常在 1～2 d 内死于心肌炎。犊牛恶性型口蹄疫的死亡率高达 50%～70%。成年牛的症状较轻，多取良性经过，但怀孕母牛经常流产。若无继发细菌感染，致死率一般在 3%以下。

视频 4　口蹄疫病牛的口腔溃烂、流涎症状

三、牛口蹄疫防控存在的难点与问题分析

（一）疫苗毒株与流行毒株匹配是保证疫苗防控效果的关键

牛口蹄疫免疫时，必须使用与本地流行毒株匹配的病毒型、亚型的灭活苗。使用疫苗的毒株与当地流行毒株匹配，才能获得良好的防疫效果。这是因为各型、各亚型之间没有交叉免疫性，同血清型的各亚型或基因型之间仅有部分交叉免疫性。

目前，我国主要流行 3 个基因型毒株，即 Cathy 型毒株（中国型毒株）、Mya-98 型毒株（缅甸 98 毒株）、ME-SA 型毒株（中东-南亚型毒株）。

A 型口蹄疫病毒根据基因型和流行地区分为欧洲-南美型、亚洲型、非洲型 3 个基因型。因此，当面对口蹄疫威胁时，相关单位应该及时确定口蹄疫病毒类型，及时为牛场提供相应的与流行毒株匹配的灭活苗。牛场不可盲目使用疫苗进行紧急接种，要多咨询、了解。

（二）科学制订免疫程序

免疫次数决定于疫苗的免疫期长短，并不是免疫次数越多越好，不可随意加强免疫。免疫次数增加，口蹄疫频发的现象应该引起大家反思。

我国生产的口蹄疫灭活苗，免疫期 4～6 个月；2～3 周产生免疫力。

免疫程序：传统的免疫方法是对 3 月龄以上犊牛每年免疫 3～4 次，受口蹄疫威胁地区可每年注射 3～4 次疫苗进行预防；牛场周边地区发生口蹄疫时，应该立即进行紧急接种预防免疫。临床监测我国常用的三种疫苗抗体及综合思考认为，一年 3 次的常态免疫较好。另外，利用新毒株制备疫苗时，应当针对分离出新毒株亚型的地区进行试用，不可盲目全面使用。

（三）免疫效果评价及监测

免疫血清抗体滴度≥128 判定为免疫合格，疫苗抗体效价合格率达到 90%以上，此时可达

到 99%的保护率。免疫监测时间为免疫后 21 d。

四、牛口蹄疫免疫操作技术

(一)免疫剂量及免疫途径

严格按疫苗标签上标定的特定年龄动物及特定免疫途径及一次接种疫苗的剂量使用。

(二)疫苗选用

(1)选择与流行毒株相同血清型口蹄疫疫苗用于预防接种,疫苗产品说明书上标有相应的毒株和血清型。

(2)根据牛群数量,准备足够完成一次免疫所需的指定厂家生产的同一批次的疫苗。

(三)疫苗的运输和贮存

(1)疫苗应包装良好,2～8 ℃冷藏运输,冬季运输要注意防冻。

(2)疫苗应避光保存。

(3)疫苗的运输和保存应有完善的管理制度。

(4)疫苗的入库和发放必须做好记录。

(5)每批次疫苗应留样保存。

(四)疫苗使用要求

1.对牛的要求

接种疫苗的牛经临床观察应未见异常;凡有病、体弱的牛不应接种,待病牛康复后再按规定接种;干奶牛不予接种;对犊牛免疫,应严格按疫苗使用说明书要求进行。

2.疫苗检查

(1)疫苗使用前要仔细检查外包装是否完好,标签是否完整,包括疫苗名称、生产批号、批准文号、保存期或失效日期、生产厂家等。

(2)出现瓶盖松动、疫苗瓶裂损、超过保存期、色泽与说明不符、瓶内有异物、发霉的疫苗,不得使用。

(3)接种前将疫苗升至室温,充分混合均匀,但要防止产生气泡,影响免疫剂量的准确性。

(五)免疫接种器械

1.针头和注射器

针头,牛使用 16～20 号(4.0 cm)针头。注射器和针头应洁净无菌。

2.免疫接种安全注意事项

(1)首次使用疫苗的地区(新疫苗),建议先选择一定数量牛进行小范围试用,观察 7～10 d,临床无不良反应后,方可扩大接种面。

(2)注射疫苗人员应携带肾上腺素,用于发生过敏反应时的急救治疗。

(3)发生疫情时,免疫接种应先从安全区域到受威胁区,最后到疫区。

(六)免疫接种操作

(1)用碘酊或 75%酒精棉擦拭消毒注射部位。

(2)用于接种的疫苗从冰箱取出后,应先预温至室温再进行注射,瓶塞上应固定一只消毒过的针头，其上覆盖酒精棉球。

(3)吸出的疫苗液不可再回注于瓶内，针筒排气溢出的疫苗液应吸积于酒精棉球上，并将其收集于专用瓶内，用过的酒精棉球、碘酊棉球应收集到指定容器内，与疫苗瓶一同进行无害化处理。

(4)疫苗要注入深层肌肉内，牛注射部位在颈侧中部上 1/3 处，也可选择臀部肌内注射；注射时针头与皮肤表面呈 45°。

(5)一支针头只能用于一种疫苗的接种免疫，接种时要严格执行一牛一针头的免疫注射要求，在目前牛群存在其他疫病的情况下，坚持这一项要求就显得更为重要，兽医人员一定要坚持执行免疫注射规定。

(6)在免疫过程中暂停接种时，疫苗应低温保存并避免日光直射。

(7)每瓶疫苗启用后，瓶内剩余疫苗用蜡封闭针孔，于 2～8 ℃贮存，超过 24 h 不可再用。

(七)免疫应激缓解救治

(1)每次奶牛免疫注射后要重视过敏监控工作，安排专人观察，及时注射肾上腺素，防控过敏。

(2)对出现流产预兆的牛要及时做好防流产保胎工作，及时肌内注射黄体酮及氟尼辛葡甲胺注射液进行防控。

(八)免疫失败原因分析

(1)疫苗运输保存不当。从疫苗出厂到疫苗使用这段时间内，如果对疫苗的保存和运输缺乏必要的常识，将疫苗存放在室温下，或在阳光下照射，可以导致疫苗效价降低或失效，最终导致免疫失败。

(2)疫苗注射量过少、不按使用说明书注射量使用，导致疫苗量减少，机体产生的抗体减少，达不到对机体保护的要求。

(3)孕畜后期和病畜免疫系统不健全。

(4)“打飞针”、注射浅，由于速度快不能使疫苗足量注入肌内，拔针后疫苗外溢，导致免疫失败。

(5)个别牛体在注射双价疫苗时，一种抗原产生抗体，而另一种没有产生抗体。

【思考与练习】

一、简答题

1. 牛传染性鼻气管炎根据临床表现可分为哪几种类型？

2. 牛传染性鼻气管炎有哪些解剖学病理变化？

3. 牛黏膜型病毒性腹泻的主要解剖学病理变化是什么？

4. 牛进行口蹄疫疫苗免疫注射时，如果牛出现疫苗过敏，应该如何处理？

5. 导致牛口蹄疫免疫失败的原因有哪些？

二、判断题

1. 牛注射口蹄疫疫苗免疫，应该采用肌内注射。(　　)

2. 发生疫情时，免疫接种应按从安全区域到受威胁区，最后到疫区的顺序进行紧急免疫注射。(　　)

3. 给牛注射疫苗进行免疫时，应该一牛一针头，进行注射免疫。(　　)

4. 免疫后进行免疫抗体检测应该在免疫后 21 d 进行检测。(　　)。

5. 免疫血清抗体滴度≥128 判定为免疫合格。(　　)

三、填空题

1. 牛流行热是由牛流行热病毒引起的一种急性、非接触性传染病，依据该病的流行特点和临床症状特点又被称为________、________、________。

2. 牛白血病根据其临床特征可分为四个类型即________、________、________、________。

3. 我国主要流行 3 个基因型的口蹄疫毒株，即 ________、________、________。

任务二　牛常见细菌性传染病诊断与防控

【知识目标】

- 掌握牛巴氏杆菌病的病原特点、致病机理及流行病学知识。
- 掌握牛梭菌病病原特点、致病机理及流行病学知识。
- 掌握牛冬痢病原特点、致病机理及流行病学方面的知识。
- 掌握牛副结核病的病原特点、致病机理及流行防控的知识。
- 掌握牛结核的危害及病原特点和致病机理方面的基础知识。
- 掌握牛布鲁氏菌病的病原特点、致病机理及流行防控知识。
- 掌握牛放线菌病的病原特点、致病机理及流行防控知识。

【能力目标】

- 能掌握牛巴氏杆菌病的临床症状特点及诊治技术。
- 能掌握牛梭菌病的临床症状特点及防治技术。
- 能掌握牛冬痢的发病原因及诊断与防治技术。
- 能掌握牛副结核病的临床诊断与防控净化措施。
- 能掌握牛结核病的诊断、检疫及防控和净化措施。
- 能掌握牛布鲁氏菌病的诊断、检疫和防控净化措施。
- 能掌握放线菌病临床诊断和防治技术。

【素质目标】

- 培养综合型高素质牛病防治一线精工巧匠。
- 培养热爱科学研究的严谨态度和良好的职业道德。
- 培养学生独立分析问题、解决问题能力。
- 培养学生不断学习、不断成长、关心公共卫生安全的绿色意识和时代精神。

【相关知识】

子任务一　牛巴氏杆菌病

牛巴氏杆菌病是由多杀性巴氏杆菌感染引起的一种急性、热性、出血性、败血性传染病，简称牛出败。其临床特征为突然发烧、咽喉、颌部、颈部皮下水肿、肺炎、内脏器官广泛出血。病程急促、发病率高、死亡率高。牛巴氏杆菌病在世界许多国家都有发生，由于该病发病率高、病程急短，对奶牛养殖业危害巨大。牛巴氏杆菌病被认为是东南亚、中东、非洲中部和南部最重要的牛传染病。

经过多年的沉默，该病在我国旧病复现，发病率呈上升趋势，后备牛、成乳牛均可感染发病，该病在我国以地方性流行为主。

一、病原

多杀性巴氏杆菌为革兰氏阴性细小球杆菌，瑞氏染色时呈两极着色，卵圆形，大小为(0.3～0.6) μm×(0.7～2.5) μm，在普通培养基上生长不良，在血液培养基上生长良好。

在感染本病的患牛各组织器官、分泌物、体液、排泄物中均可检出本菌。其中脾脏含菌最多，其次为胸腔、腹腔液及颌下和颈部的水肿液。少数慢性病例仅限于局部病灶，例如从肺组织中能分离出本菌。

巴氏杆菌对环境因素的抵抗力较差，对阳光和干燥抵抗力弱。在干燥空气中 2～3 d 即可死亡，在圈舍中可存活 1 个月。一般消毒药对其有较好的杀灭作用。5%的生石灰 1 min、1%漂白粉 1 min 可杀灭此菌；对头孢、青霉素、链霉素、磺胺等药物较敏感。

二、流行病学

此病一年四季均可发生，但夏季多发，以散发和地方性流行为主。犊牛、育成牛、青年牛、成乳牛均可发病，由于此病的流行与气候、地理条件、饲养管理条件、免疫状态等有密切关系，在一个地区泌乳牛易感性高，但在另一个地区则可表现育成牛或青年牛或犊牛易感性高；在新疫区此病的发病率可达 10%～50%。

正常牛的上呼吸道也可存在本菌，其带菌率为 0～80%不等。当机体受到应激，如长途运输、温度骤变、雨季、潮湿、拥挤等外界因素影响，可使动物机体免疫力下降，病原菌即可乘虚而入，大量繁殖，发生内源性感染，导致牛巴氏杆菌病发生。

视频 5　牛患巴氏杆菌病时的临床口鼻出血症状

患病牛或带菌牛是主要的传染源，不同畜禽间一般不发生互相传染。患病牛通常通过排出的排泄物、分泌物向外散播病原菌，并污染相应的饮水、饲料、空气等；易感牛主要通过消化道、呼吸道感染发病。

三、临床症状

牛巴氏杆菌病可分为肺炎型和败血型。肺炎型由血清 A 型引起，以纤维素性大叶性胸膜肺炎为特征；败血型巴氏杆菌病由血清 B 型或 E 型感染所致，呈急性、致死性败血症状，通称为“牛出血性败血症”。

(一)败血型

败血型就是我们所说的最急性和急性巴氏杆菌病。患败血型牛巴氏杆菌病的病牛体温可升高至 42 ℃。精神萎靡、心跳加快、食欲不振,腹痛,张口呼吸,舌头突出、水肿、发紫,粪便有黏液和血液、恶臭。内脏器官出血、腹腔有大量渗出液,常常还未查明病因,来不及治疗,病牛已迅速死亡。

(二)肺炎型

肺炎型就是我们常说的亚急性和慢性巴氏杆菌病。患肺炎血型牛巴氏杆菌病的病牛主要表现为体温升高 40~42 ℃,沉郁,食欲下降,鼻孔有黏脓性鼻液或浆液。湿咳,腹式呼吸,呼吸困难,喉部肿胀,头颈前伸、张口呼吸、口流白沫(图 2-7),弓背,喜卧,颈、喉、前胸、前肢皮下炎性水肿,严重者会因窒息而死亡。

图 2-7　A 型巴氏杆菌病牛呼吸困难,头颈前伸、张口呼吸、口流白沫

(侯引绪摄)

四、病理变化

心外膜有各种大大小小的出血点,尤其是冠状沟附近的出血斑点最为明显;胸腔有多量纤维素性或出血性渗出液,肺部呈大叶性肺炎、纤维素性肺炎病理变化,肺上有出血、瘀血;肺、心脏、脾脏和肾脏等各器官均有出血现象;下颌、颈、前胸肿胀处切开后呈胶样浸润;肺门淋巴结、纵隔淋巴结肿大,局部淋巴肿大,切面有出血点。

五、诊断

根据临床症状、剖检变化和流行病学特点,可做出初步诊断。

确认此病需要进行细菌分离鉴定,取肝组织涂片或血液涂片染色,显微镜镜检即可看到两极深染的巴氏杆菌。

六、治疗

巴氏杆菌对马波霉素、头孢、青霉素、链霉素、磺胺、恩诺沙星等多种抗生素或磺胺类药物敏感。

头孢噻呋每千克体重 2 mg,一次性肌内注射,每天 1~2 次,连续注射 3 d。也可用磺胺嘧啶钠注射液静脉注射,2 次/d,连续注射 3 d。同时,用氟尼辛葡萄甲胺注射液,每千克体重

2 mg，一次性肌内注射，每天 1 次，连续 3 d。

治疗注意事项：

(1)此病发病急，病程急短，治疗要及时，一旦延误，治疗效果将大大下降。

(2)此病的治疗必须持续进行一个疗程，一个疗程最短为 3 d。

(3)在用抗生素或磺胺及解热镇痛药进行治疗的同时，要通过输液的方式给患病牛补充相应的能量、体液、维生素等，不可单纯地只依靠肌内注射抗生素来治疗此病，这种治疗方法的效果很有限。

七、预防措施

(1)对发病牛立即隔离治疗，对相应的圈舍进行认真的清扫、消毒，发病期间每天圈舍消毒 1 次。

(2)对未发病牛要进行一天两次的体温监测，凡体温升高者要立即进行隔离治疗。

(3)加强饲养管理，减少应激，保持牛群免疫水平正常。

(4)降低牛舍中牛的密度，做好通风换气。

(5)可进行紧急疫苗接种，对常发生本病的牛场应该定期进行免疫接种。

我国现有的牛巴氏杆菌病疫苗主要是针对荚膜血清 B 型，尚无针对 A 型的疫苗，而不同血清型之间交叉免疫力差，给牛巴氏杆菌病的防控带来了极大困难，研制牛巴氏杆菌病 A 型、B 型二价苗迫在眉睫。

子任务二　牛梭菌病

牛梭菌病是由梭状芽孢杆菌属细菌感染引起的一类急性传染病。此病可引起急性死亡，呈散发，近年来此病的发病率呈逐渐升高趋势，发病时间和临床表现呈一定的多样性。如果对此病缺乏专业性认识会给牛场造成重大经济损失。

一、病原

目前，我们对牛梭菌病的病原及类型研究尚不及对羊梭菌病那么深入、细致。在羊梭菌病防治中，根据具体病原已经将此病分为羊肠毒血症、羊快疫、羊猝疽、羔羊痢疾四大疾病，牛梭菌病还未能达到如此水平，有待进一步研究。

在兽医临床研究上，一般认为牛梭菌病主要由梭状芽孢杆菌属中的 D 型产气荚膜梭菌、腐败梭菌、C 型产气荚膜梭菌、B 型产气荚膜梭菌、气肿梭菌感染引起。虽然牛、羊梭菌病在临床表现上存在一定差异，但用羊的三联四防疫苗来预防牛梭菌病却能获得良好的预防效果；由于疫苗生产厂家在疫苗申请方面的进展滞后于生产，当前也存在疫苗生产厂家为牛场提供的梭菌疫苗仍标注为羊梭菌疫苗的情况。可喜的是，我国第一个牛梭菌病疫苗已经面世。

二、致病机理

D 型魏氏梭菌也叫 D 型产气荚膜杆菌，属于革兰氏阳性厌氧大杆菌，菌体呈杆形、两端钝圆，多数菌株可形成荚膜、芽孢，可产生 α、β、ε、τ 等 12 种外毒素，而导致患病奶牛全身性毒血症发生，进而损害神经系统，引发休克和死亡。

腐败梭菌为革兰氏阳性厌氧大杆菌，血液涂片或脏器涂片检查时可见单个或两三个相连的粗大杆菌，在动物体内可形成芽孢，但不形成荚膜。此菌可产生 α 毒素、β 毒素、γ 毒素和 δ 毒素。α 毒素是一种卵磷脂酶，具有使组织坏死、溶血和致死作用，可引起真胃出血性炎症；β 毒素是一种脱氧核糖核酸酶，具有杀白细胞作用；γ 毒素是一种透明质酸酶；δ 毒素是一种溶血素。

C 型产气荚膜梭菌与腐败梭菌属于同属同种细菌，但菌型不同，产生的毒素可引起溃疡性肠炎和坏死性肠炎。

梭菌在大量繁殖过程中产生的毒素是导致患病牛出现病理变化及死亡的主要原因，这些毒素可改变小肠黏膜的通透性，使毒素大量进入血液导致毒血症而引起牛全身性、急性中毒死亡，这是梭菌病牛突然死亡的重要机理。

三、流行病学

此病呈地方性流行或散发，多发生于雨水较多的夏季。消化道感染是牛感染该病的主要途径，牛采食了被梭菌污染的饲草、饮水可导致本病发生。另外，外伤也是感染该病的一个途径。D 型产气荚膜梭菌、腐败梭菌、C 型产气荚膜梭菌、B 型产气荚膜梭菌都是土壤中的一种常在菌，尤其是在潮湿低凹的土壤环境中更为多见，污水中也有本菌存在。

另外，健康牛胃肠道内本身也存在少量的梭菌。正常情况下，本菌缓慢增殖，其中大部分被胃中的胃酸杀死，只产生少量毒素，由于胃肠的不断蠕动，不断将肠内毒素随内容物排出体外，有效防止了本菌及所产生的毒素在肠道内蓄积，如无其他诱因，并不会发病。

当牛从环境中食入大量梭菌时可导致本病发生，夏季泥泞、积水的圈舍环境有利于梭菌大量繁殖，这就是此病夏季多发的重要原因。还有，奶牛免疫力相对低下、饲养管理应激和奶牛的生理应激（例如，分娩或干奶等）是诱发此病的重要原因。这些诱发因素主要表现在如下几个方面：

（1）突然增加较大数量精饲料可诱发梭菌病。奶牛突然食入大量精料时，由于瘤胃中的菌群一时不能适应新的瘤胃环境，可导致瘤胃中的饲料过度发酵产酸，使瘤胃中的 pH 下降；此时，大量未经消化的淀粉颗粒经真胃进入小肠，导致肠道中的 D 型魏氏梭菌大量迅速繁殖而诱发此病。

（2）分娩应激可导致奶牛产后发生梭菌病。分娩可导致奶牛免疫力下降、消化功能及代谢紊乱，瘤胃内环境平衡失调。奶牛可因免疫力下降感染本病；也可由瘤胃内环境平衡失调导致胃肠内的少量梭菌大量繁殖而发生此病。

（3）停奶应激也可诱发本病。在环境较差的奶牛场，奶牛实施干奶后的 1～3 d 可导致本病发生，其主要表现是乳房气肿、坏死，奶牛死亡。这说明奶牛乳腺中已经存在一定的梭菌感染，但由于干奶前每天 3 次挤奶促进了乳房中的毒素和梭菌及时排出，从而使奶牛不易发病。实施干奶后，梭菌在乳房中大量繁殖、毒素大量蓄积从而导致发病，其全身中毒性病理变化首先在乳房上得以表现。

四、临床症状

此病的病原具有一定的多元性，所以，其临床症状也呈现一定多样性。根据临床症状特点我们可以将其分为两种类型。

(一)急性型

病程短而急，一般为1周左右，急性类型中有些病例伴有突然死亡现象，来不及治疗，大多数急性病例在发病后1周内死亡，治愈率极低。

奶牛产后发生本病时，初期体温升高(39.5～41.0 ℃)，随着病程延长，体温正常或降低。患病奶牛精神萎靡，不愿站立，卧地不起，食欲废绝，痛苦呻吟，机体迅速脱水，患牛频繁努责，阴道黏膜发绀，从子宫内流出大量暗红色有恶臭气味液体，并混有豆腐渣样坏死组织(图2-8)，病程15～24 h，即以死亡而告终。

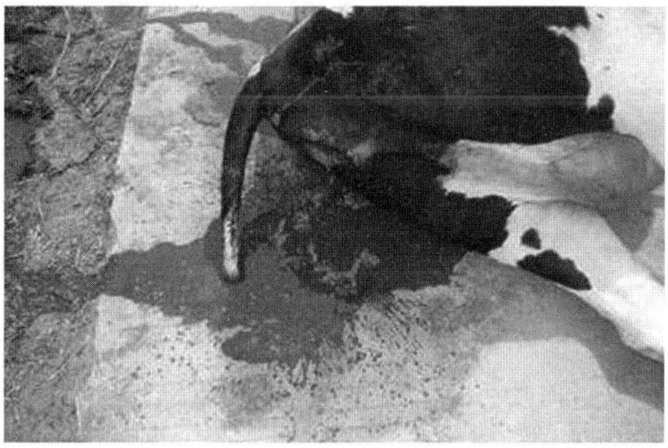

图2-8　患病牛从子宫中排出的暗红色有恶臭气味液体及豆腐渣样坏死组织

(侯引绪摄)

病程稍缓者呈现弓背努责，站立时阴门紧缩、阴唇内陷。后期及卧地时，外阴外突，子宫内蓄脓。努责时可见阴道溃烂、子宫颈糜烂。

腿部肌肉肿胀、坏死，触诊波动感明显，穿刺或切开肿胀部位流出暗红色恶臭液体，患病牛排黑色油样粪便，大多在1～2周死亡或失去治疗价值而被淘汰。

坏疽性乳房炎病程迅速，上一次挤奶时乳房正常，下次挤奶时乳汁变血样、恶臭，乳房内产生气体，可视黏膜潮红，乳房皮肤出现紫黑色变化，触摸有凉感。病牛体温37.0～38.5 ℃，随后死亡。

以乳房坏疽症状为特征的梭菌病可发生于刚实施干奶后不久的奶牛，也可发生于分娩后不久的奶牛，也可发生于青年牛群。

(二)慢性型

病程较长，可达1个月以上，治愈率较高，以局部组织坏死或产生的外毒素引起溃疡性肠炎和坏死性肠炎为主要病理变化。

以坏死性肠炎或溃疡性肠炎为特征的发病牛表现精神沉郁，食欲下降、废绝，消瘦，弓腰，体温可以升高也可以正常，后期病情恶化者会出现体温下降现象，排黑褐色、黏稠、腥臭粪便，乳房苍白、干瘪萎缩。

以局部组织感染坏死为特征的发病牛表现局部肌肉肿胀，肿胀逐渐破溃后流出黑褐色液体或脓汁，一般全身症状不明显，严重病例会出现精神沉郁。

五、病理剖检变化

心肌柔软，心肌、心内膜有散在出血斑点；小肠出血溃烂、内容物呈血粥样，真胃出血，黏膜溃烂、坏死。肌肉或皮下组织坏死；乳腺组织坏死；子宫黏膜坏死、溃烂；肺脏出血瘀血，间质增宽，呈深红色外观，挤压后切面有血样泡沫状液体渗出，气管支气管内有黏液并混有血液成分。

六、预防措施

（1）注射梭菌疫苗是预防本病的有效手段。牛场购进奶牛或牛场间调转奶牛时，要询问相应牛场是否在用梭菌疫苗进行免疫，从注射梭菌疫苗免疫的牛场引进奶牛时要给本场牛提前进行梭菌疫苗免疫注射，否则会造成重大经济损失。

（2）加强饲养管理，减少应激，保持圈舍干净、干燥，消除诱发因素，让奶牛保持正常的免疫力是预防本病的一个基础性手段。

七、治疗

（1）对发病牛群用梭菌疫苗进行紧急预防接种可获得良好控制效果。

（2）对慢性病例来说，采用对症治疗有一定治疗价值，对急性病例来说无治疗价值。

对以坏死性肠炎或溃疡性肠炎为特征的慢性病例，在用磺胺药物及抑制或杀灭厌氧菌的药物（甲硝唑等）输液治疗的同时，结合强心、促进毒素分解排出及相应的对症治疗措施，可获得一定的治疗效果。

对以局部组织感染坏死为特征的慢性病例，以开放性外伤治疗处理为主体，同时配合全身对症治疗可获得较好的治疗效果。

子任务三　牛　冬　痢

牛冬痢也叫奶牛黑痢、血痢，是奶牛的一种季节性、暴发性很强的急性肠道传染病，本病在世界范围内流行，以排棕色稀便和出血性下痢为特征。传播速度快、严重腹泻和产奶量下降、发病率高、死亡率低，奶牛发病率及造成的损失明显高于肉牛。

一、病原

此病的具体病原和发病机理尚不很清楚，一般认为空肠弯曲杆菌是引发本病的病原菌，空肠弯曲杆菌共有 56 个血清型；另外，冠状病毒、轮状病毒也可引起本病发生。这三种病原都不耐热，但在低温条件下可以生存。

二、流行病学

奶牛冬痢多发生于冬天（10 月至翌年 4 月），最冷的时候或气温骤变的时期发病最多、最为严重。病原主要的传播途径是通过消化道传播，可通过被发病牛粪尿、唾液污染的饲料、饮水传播；另外，也可以通过兽医和被污染的挤奶机等设备传播。

奶牛冬痢常突然发病，呈地方性暴发，一旦发病，2～3 d 内就可导致牛群 50%以上的奶牛感染发病。2～6 岁的奶牛发病率高，育成牛次之，犊牛很少感染发病。此病死亡率低，只有少数脱水严重或继发感染的奶牛会因此病死亡。奶牛病愈后可获得 2～3 年的免疫力，在此期间不会发病，之后还会突然暴发此病。

三、病因

（1）直接接触感染空肠弯曲杆菌等病原微生物。

（2）天气寒冷、气温骤变导致胃肠道功能紊乱，免疫力下降。

（3）严寒气候条件下，饲料配比不当，饲草、饲料突然改变，导致胃肠道功能紊乱及免疫力下降。

（4）严寒季节饲喂冰冻、发霉饲料（尤其是青贮、豆腐渣、啤酒糟等），导致胃肠道功能紊乱，免疫力下降而发病。

（5）严寒气候给奶牛喝冷水、冰水导致胃肠道功能紊乱，免疫力下降。

（6）严寒情况下防寒、保温措施不到位也可诱发本病。

四、临床症状

发病前的 24～48 h，病牛体温稍高（39.4～40.5 ℃）。发病后一般病例呼吸、体温、心跳、瘤胃蠕动、精神状态、食欲基本正常。发病牛呈严重的腹泻症状，喷射状腹泻、排出腥臭水样粪便（图 2-9），粪便内含有气泡，粪便呈棕色及鲜红色血液或血凝块，产奶量下降。病情稍重者粪便中有血液、血块、血片，食欲下降或不食，精神萎靡，目光发呆，呼吸、心跳加快，眼窝深陷，产奶量急剧下降，甚至站立不起，若继发感染则会死亡。在患病期内，严重病例一般占发病牛群的 5%～10%。根据患病程度不同，奶牛的产奶量下降幅度为 10%～90%。病程为一般 1～2 周，病程结束后即可康复，病牛产奶性能大多可恢复到正常水平。

图 2-9 发病牛呈严重的腹泻症状，喷射状排水样粪便

（侯引绪摄）

五、病理剖检变化

小肠病变严重，肠壁大量瘀血，肠壁变薄；直肠黏膜增厚，肠壁上有溃疡或白色病灶，内容物呈褐色、恶臭，肠系膜淋巴结肿大。

六、诊断

依据该病的流行病学特点和临床症状，结合病理解剖可做出临床诊断。确诊需要进行病原鉴定。

七、治疗

（1）口服穿心莲片（50 片）、喂服氧化镁粉 50 g，也可以肌内注射穿心莲注射液或其他纯中药制剂注射液进行治疗。

(2)重病例需肌内注射痢菌净注射液或氟苯尼可等抗生素及酚磺乙胺(止血敏)、维生素C进行治疗。

(3)严重病例要用复方生理盐水、糖盐水、碳酸氢钠进行静脉输液,维生素C等进行补液及对症治疗。

八、预防措施

(一)冬季做好防寒、保暖工作

为了减少牛舍散热,提高牛舍保温性能,可以将牛舍或挤奶厅迎风面的窗户用塑料膜、活动卷帘、砖头等进行封堵。

牛舍或挤奶厅两边的大门应该适时关闭。对于完全开放式饲喂单元,可在迎风面设置塑料布、帆布、彩条布等材料遮挡寒风,减少饲喂单元的局部风速。在运动场的上风方位,可用建筑材料等搭建临时挡风墙。

奶牛躺卧的地方或卧床上要铺放垫料,垫料要保持干燥并及时更换,给奶牛提供一个相对舒服保暖的躺卧休息环境。在运动场的一定区域也可铺垫一定厚度的麦草、稻草、粉碎的玉米秸秆等垫料,防止牛卧下时乳房与冰冷的地面直接接触,对减少冬季乳房炎发生可有很好的效果。

(二)杜绝下述诱因

(1)杜绝奶牛直接接触空肠弯曲杆菌等冬痢病原微生物,做好圈舍消毒工作。

(2)严寒气候下饲料配比要科学,满足奶牛营养需要,不能突然改变饲草饲料,导致胃肠道功能紊乱问题发生。

(3)严寒气候不要饲喂冰冻、发霉饲料(尤其是青贮、豆腐渣、啤酒糟等)。

(4)严寒气候不给奶牛喝冰水、冷水。

子任务四　牛副结核病

牛副结核病又叫副结核性肠炎,是由副结核分枝杆菌引起的一种慢性接触性传染病,其病程漫长,尚无有效的治疗方法,死淘率为100%。此病以持续性腹泻、渐进性消瘦、生产性能严重下降、死亡为特征。1953年,在我国首次发现该病,目前该病已存在于我国许多地区,已成为严重影响奶牛健康的一个重要疾病,甚至攸关少数奶牛场未来的生死存亡。

20世纪80年代末,我国大型国有奶牛场已经利用提纯副结核菌素开始了牛副结核病的检疫和净化工作,在此病的防控方面获得良好的效果,此病一年两次的阳性检出率为0.5%左右,在当时的牛场已经很难看到有临床症状表现的病牛。20世纪90年代末期,我国对布鲁氏菌病、口蹄疫的防控压力变大,另外,由于牛副结核病是慢性传染病,病程较长,以散发或零星发病为主,因此许多奶牛场放松了对该病的防疫、检疫, 中断了该病的净化工作。

长期的松懈导致牛副结核病成了目前许多牛场必须高度重视的一个问题,一些牛场阳性率为6%~17%,有临床症状表现的发病牛也显著增多,该病已成为牛场重点防控疾病之一。目前,已经到了必须高度重视该病防控与净化的地步。牛场必须将该病纳入重点疫病防控目录。

一、病原

副结核分枝杆菌是本病的病原菌，该菌有三个类型的菌株，分别为牛型副结核菌株、羊型副结核菌株、色素型副结核菌株。在自然条件下引起本病的菌株为牛型副结核菌株。本病菌对热和消毒药的抵抗力较强，在粪便、土壤中可存活1年，阳光直射下可存活10个月，对湿热抵抗力弱。在5%来苏儿溶液、4%福尔马林溶液中10 min可将其灭活，10%～20%漂白粉20 min、5%氢氧化钠溶液中2 h可杀死本病菌。

二、流行病学

此病的感染情况与牛年龄关系密切，犊牛易感，尤其是哺乳期犊牛（1～2月龄）最为易感，犊牛感染本病后多数为带菌状态，经过很长的潜伏期，一般在3～5岁时表现出临床症状。随着年龄增大，奶牛易感性降低，成年牛也可通过消化道感染发病。此病的流行与发生无季节性差别，呈散发。发病牛和带菌牛是主要的传染源，病原可随发病牛和带菌牛的乳汁、粪尿排出。此病主要通过消化系统传播感染，由于该菌具有较强的抵抗力，可以在外界环境中较长时间存在，被病原污染的饲料、饲草、饮水、用具是重要的传播媒介。另外，怀孕母牛可经胎盘将此病传染给犊牛；据报道，经胎盘感染的发病率可达44.5%～84.6%。

三、发病机理

副结核病牛的病理变化主要表现在肠黏膜上，以弥漫性肉芽肿为特征。病灶内聚集大量抗酸杆菌（副结核分枝杆菌），引起肠道发生慢性增生性炎症反应，导致肠机能紊乱，血浆蛋白通过肠壁流出增加、肠黏膜对氨基酸的吸收发生障碍，呈现低蛋白血症。由于大量蛋白质消化吸收障碍导致病牛持续性消瘦，由于肠机能紊乱病牛表现持续性腹泻。

血浆蛋白通过肠壁流入肠道增加，肠黏膜对氨基酸的吸收发生障碍，由于大量营养物质经肠道不能吸收，这就是副结核病牛腹泻粪便呈匀质、似玉米面粥样的原因。临床血液学化验分析可见，病牛红细胞、血色素、红细胞压积下降。

四、临床症状

视频6　牛患副结核病时的临床症状

由于该病潜伏期很长，奶牛的怀孕、分娩、泌乳、饲养条件变化等都会成为促进本病发生的诱因。例如，奶牛在产犊（特别是第2胎）后数周内出现副结核病临床症状。

此病为典型的慢性传染病，发病初期临床症状不明显；随病程延长，症状逐渐明显。初期一般体温、采食、精神状态、体膘无明显异常，仅表现临床症状排稀便，稀便与正常排粪交替出现，继而表现为持续性腹泻，产奶减少。针对消化不良采用药物治疗后腹泻症状会好转或变为正常，但经过一段时间后会复发，针对腹泻用药治疗的效果会越来越差，最后将毫无效果。

随着病程进一步持续，病牛食欲下降或不食，精神状态变差，消瘦，被毛无光粗乱，可视黏膜苍白，贫血，不愿走动（图2-10），下颌水肿（图2-11），停止泌乳，体温常无明显变化。腹泻进一步加重、呈喷射状，腹泻物呈均匀的玉米面粥样，粪便稀并含有气泡，全身无力，卧地不起，一般经3～6月的严重腹泻衰竭而死或被淘汰。

图 2-10 患副结核病牛贫血、消瘦、精神状态差
（肖定汉摄）

图 2-11 患副结核病牛的下颌水肿
（侯引绪摄）

五、病理剖检

病牛在发病后期极度消瘦，营养不良，主要病变表现在肠及肠系膜淋巴结，外观表现为肠管变肥厚、肠系膜淋巴结肿大。

在空肠、回肠、结肠前段浆膜和肠系膜显著水肿，以回肠的变化最为突出，肠黏膜增厚，增厚程度为正常的3～20倍，肠黏膜形成明显的横向脑回状皱褶（图2-12），黏膜呈黄色或灰黄色，皱褶突起处常呈充血状态，其表面附有黏稠混浊的黏液；有时从外面观察肠壁无异常，切开后可见肠壁明显增厚，浆膜下淋巴管肿大呈索状。盲肠也有类似病理变化，回盲瓣充血。

严重病例真胃到肛门的消化道都有类似的病理变化。肠系膜淋巴结肿大2～3倍，呈串珠状，切面湿润、充血、出血。

图 2-12 患副结核病牛回肠、盲肠、结肠黏膜增生，形成脑回状皱褶
（肖定汉摄）

六、诊断

此病在中后期有明显的特异性临床症状，如持续性腹泻、严重消瘦，解剖也有明显的特异性病理变化，如肠管增生变肥厚、肠系膜淋巴结肿大等，一般容易做出初步诊断，确诊主要依靠病原分离、鉴定。

(1)取患病动物粪便(可从直肠深部刮取少量粪便),加 3～4 倍生理盐水稀释、过滤后 5 000 r/min 离心,以沉渣涂片,用齐-内抗酸染色法染色、镜检,如观察到成堆或成丛排列的抗酸性着色小杆菌,则可诊断为本病。

(2)副结核皮内变态反应是临床用于检疫本病的一种简单、实用的方法,此方法以皮内注射提纯副结核菌素所引起的变态反应为原理,以前我国奶牛场的副结核检疫用的就是此方法,其检出率可达 94%,可用于无临床症状牛的诊断。提纯副结核菌素每次皮内注射量为 0.2 mL,其操作方法和判定标准与牛结核病的检疫方法完全相同,可以在奶牛场每年的结核病检疫时一同进行。

(3)血清学常用的检测方法有补体结合反应、琼脂扩散试验、酶联免疫吸附试验等。

七、防控与净化

由于本病潜伏期长,病程发展缓慢,死亡率高,又无有效的治疗办法,所以,做好防控、净化工作应该是本病的防控重点,切不可轻视此病对奶牛养殖造成的长远危害。其防控与净化措施如下:

1.做好检疫工作

首先要做好牛场引进奶牛时的检疫工作,防止从疫区引进带菌奶牛。建议牛场将副结核病纳入每年的春、秋检疫工作之列,对阳性者一律做淘汰处理,防止感染情况扩大蔓延。

对副结核感染情况不清楚的牛场,应该采用相应的检测手段,掌握牛群感染情况,根据情况采取相应的净化措施。

2.从犊牛阶段培育无副结核病牛群

(1) 犊牛出生后立即隔离饲养,不给犊牛饲喂带菌或发病牛的初乳、常乳,在哺乳期对初乳和常乳进行巴氏消毒后再喂犊牛,巴氏消毒方法一般为 60 ℃、30 min。

(2)犊牛期内进行 2 次副结核检疫或检测,阳性者立即从犊牛群移出、淘汰,2 次检测全阴性者,视为健康犊牛,放入健康犊牛群饲养。以后坚持每年 2 次的例行检疫,做好健康后备牛的无疫维护工作。

(3) 犊牛饲养区严格与病牛或副结核可疑牛群隔离,阻断成乳牛、青年牛、育成牛群对犊牛的感染途径,做好犊牛区的防疫、消毒工作。

3.患病牛群净化

对存在副结核感染的后备牛群及成乳牛群,应该积极开展副结核病净化工作。对于有临床表现的副结核病牛要立即、果断淘汰处理,以免导致牛群阳性头数不断累积、增多,而不可收拾。

在淘汰有临床症状副结核病牛,淘汰或隔离没有临床症状但检测为阳性牛的基础上,每年进行 4 次(每 3 个月 1 次)变态反应或酶联免疫吸附试验检疫、检测。连续 3 次检疫,牛群中无阳性反应时,视为无副结核病牛群。然后,利用皮内注射提纯副结核菌素的变态反应方法或酶联免疫吸附试验进行每年 2 次的例行检疫,做好健康牛群的无疫维持工作。

子任务五　牛结核病

牛结核病是由牛分枝杆菌引起的慢性、消耗性人兽共患传染病。以组织和器官形成特征性结核结节和干酪样坏死为特征，主要为肺结核，其次还有淋巴结核、乳腺结核、肠结核、脑结核、骨结核等。其在我国被列为二类动物疫病，且为 OIE 必须通报疫病

一、病原

牛结核病原为结核分枝杆菌，是分枝杆菌属的一群细菌。根据致病性分为人型、牛型、鼠型、冷血动物型、非洲型 5 型。人型菌是人类结核病的主要病原，可感染猴、犬、猫、牛、马、羊等。牛型菌是牛、猪及他动物的病原菌，也能使人感染发病，鼠型菌对人、畜均无致病性。非洲型分枝杆菌属于人型和牛型菌的中间类型。

结核分枝杆菌对湿冷、干燥的抵抗力很强，对热抵抗力差，受阳光直射几小时就可死亡，常用消毒药均能杀死此菌。牛结核病在世界范围内普遍存在，本病可感染人和 50 多种哺乳动物，在家畜中牛最为易感。感染者只有少数发展为活动性结核，绝大多数处于潜伏感染阶段，长期带菌，当机体免疫力下降时发展为活动性结核，成为牛结核病的传染源。

牛结核主要通过消化道和呼吸道进行传播，潜伏期长短不一，长者长达数月甚至数年，短者仅十几天，牛结核可感染人，人结核可感染牛。此病被 OIE 列为 B 类疫病，自开展“结核病控制和根除计划”以来，有多个国家在家养动物中消灭了此病。

二、临床症状及病理变化

结核病通常取慢性经过，初期临床症状不明显，随病程延长逐渐表现出临床症状，例如，虚弱、食欲减退、消瘦、波浪热、常发出短而干的咳嗽、体表淋巴结肿大。由于病原菌侵袭的部位不同，而呈现不同的临床症状和病理解剖变化。对于每年进行 2 次检疫的牛群而言，能观察到临床症状的牛很少。

肉眼可见的病理变化主要见于肺、淋巴结、腹膜、肠系膜、肝脏、胸膜等，组织器官上形成大小不一的结核结节或结核性干酪样坏死（图 2-13 ）。例如，肺结核、胸膜结核（图 2-14）、肠系膜淋巴结结核、腹膜结核、肝脏结核等。我国牛结核病的主要表现形式是肺结核，发达国家约 90% 的结核病变表现在肺和呼吸系统的淋巴结，3% 的牛仅在肠系膜淋巴结出现病变，只有 2%～4% 的结核牛有其他内脏器官病变。

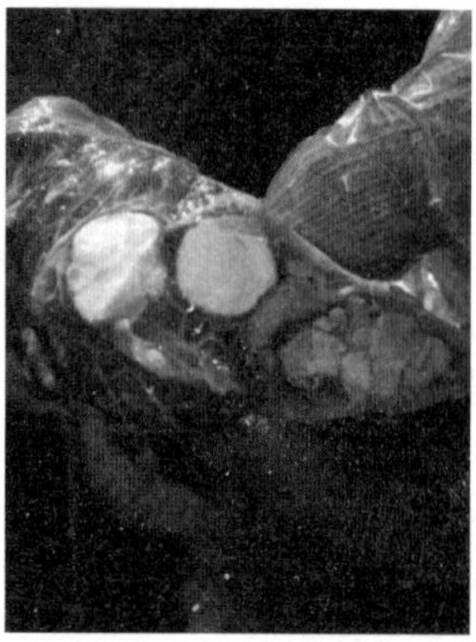

图 2-13　患病牛肺上形成的干酪样结核病灶
（侯引绪摄）

图 2-14　患病牛胸膜上形成的珍珠样结核结节
（侯引绪摄）

三、诊断

牛结核病通常通过牛提纯结核菌素皮内变态反应、γ-干扰素 ELISA 检测和病原分离鉴定为主要手段。

(一)颈部皮内结核菌素(PPD)变态反应检测法

1.检测部位选定及处理

PPD 注射及检测部位为牛颈中上部,具体部位见图 2-15。检疫部位用电动剃毛工具除毛,除毛面积一般为直径 10 cm 左右。犊牛选择肩部作为检疫部位(图 2-16)。

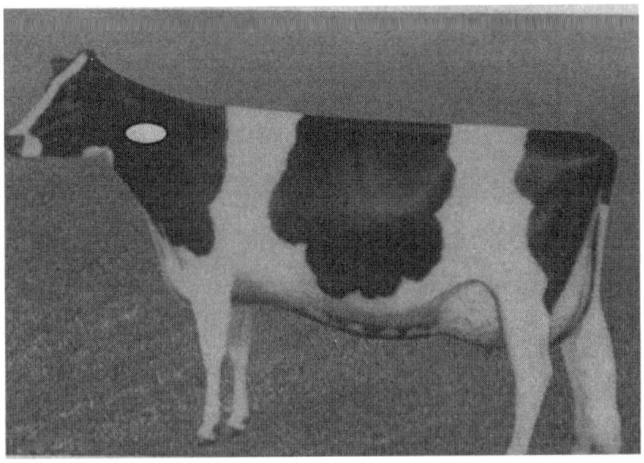

图 2-15　牛颈部 PPD 皮内变态反应检测部位示意图
(侯引绪摄)

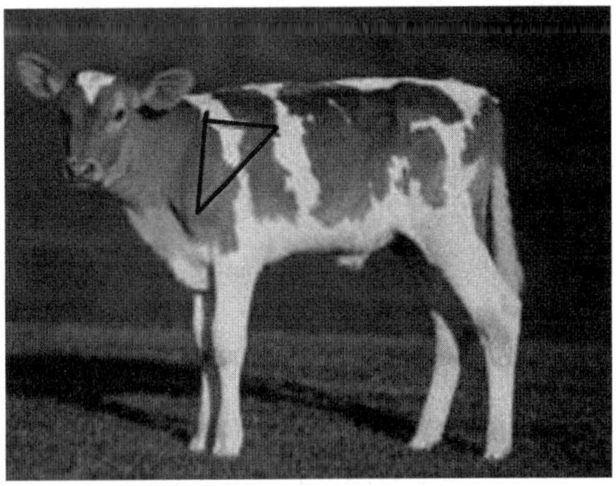

图 2-16　犊牛肩部 PPD 皮内变态反应位置示意图
(侯引绪摄)

2.测皮厚

除毛后将皮肤捏提成一双层皱褶,用游标卡尺测量皮厚,并做好记录。

3.牛提纯结核菌素(PPD)注射及皮厚测量

用酒精棉球对注射部位进行擦拭后,一律皮内注射 3 000 IU 牛提纯结核菌素(将牛提纯结核菌素冻干制品用注射用水稀释为每 30 000 IU/mL 液体,每头注射 0.1 mL 稀释的 PPD),正确的皮内注射会在注射部位鼓起一小包。如果在注射过程中出现“打飞针”问题,需重新补打 1 次。

4.注射 PPD 后的皮厚测量

皮内注射 PPD 后 72 h 用游标卡尺测量皮厚,并观察结果;注射前后的皮厚测量应该由同一人完成。

5.检测结果判定标准

(1)注射部位出现明显的红、肿者判定为阳性(+)。

(2)注射部位 2 次皮厚差大于 4 mm 者判定为阳性(+)。

(3)皮厚差在 2.1～3.9 mm 者判定为可疑(±)。

(4)皮厚差小于 2 mm 判定为阴性(-)。

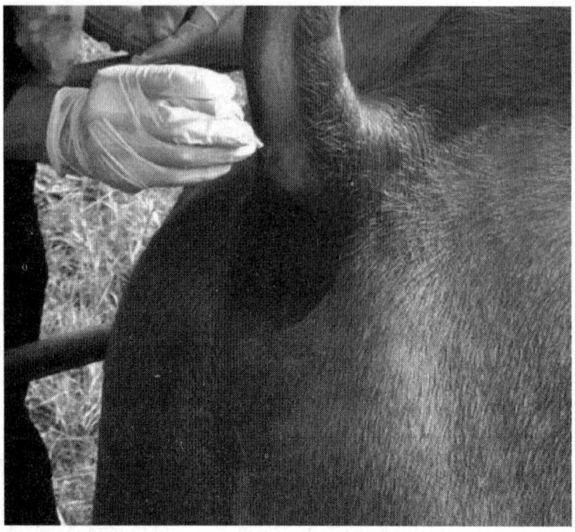

图 2-17 牛尾根腹面 PPD 皮内变态反应检测示意图
（侯引绪摄）

(二)PPD 尾根腹面皮内变态反应检测法

1.检测部位及方法

选择牛尾根腹面中线(或中褶)左侧或右侧尾腹面皮肤处作为注射检测部位(图 2-17),将牛型提纯结核菌素冻干制品用注射用水稀释为每 30 000 IU/mL 液体,用酒精棉球消毒注射点,将注射器针头刺入一侧皮肤皮内,注入 0.1 mL 稀释好的提纯结核菌素,皮肤内形成豌豆大小的突起,表明注射成功。

2.检测结果判定标准

注射完成后 72 h,进行结果判定,在注射部位,出现触诊或明显可视的肿胀变化,或尾褶厚度与对侧比较厚度差≥4 mm, 则判定为阳性(+)。

尾褶厚度与对侧比较,厚度差在 2.1～3.9 mm 者判定为可疑(±)。

尾褶厚度与对侧比较厚度差≤2 mm 者判定为阴性(-)。

如果出现 PPD 注射部尾褶厚度≥8 mm,也判定为阳性。

(三)γ-干扰素 ELISA 检测

此方法为近年来用于结核病检测的一种实验室检测方法。可单独使用,也可作为皮试检测的辅助手段。其原理是通过检测感染牛体内产生的特异 γ-干扰素,间接检测牛是否被结核分枝杆菌感染。

(四)三种检测方法对比分析

(1)PPD 颈部皮内变态反应法是国家检测结核病的法定方法,与尾根腹面皮内变态反应法相比,其保定、除毛工作强度较大,结果观察判定、量皮易受人为因素影响。

(2)PPD 尾根腹面皮内变态反应法与 PPD 颈部皮内变态反应法相比,保定相对容易,结果观察判定相对容易方便。PPD 颈部皮内变态反应法更适用于中小型牛场,PPD 尾根腹面皮内变态反应法更适合大型规模化牛场的结核例行检疫。

(3)γ-干扰素 ELISA 检测的优点是省时、节省劳力、结果判定容易。缺点是成本较高,需要有专业的化验人员和化验条件。另外,γ-干扰素 ELISA 检测的敏感性要高于 PPD 颈部皮内变态反应。相比较而言,γ-干扰素 ELISA 检测更适合大型规范化牛场及效益高的万头级牛场。

四、防控措施

牛结核病是一种人兽共患病,对公共卫生安全威胁巨大,被国家列入二类疫病,属国家强制检疫疫病,要求一年检疫 2 次,严格执行“检疫—扑杀”防控措施。检出的阳性牛需在 2 d 内扑杀、屠宰,可疑反应的牛进行隔离复检。牛场兽医必须深刻理解、准确掌握牛结核病的检疫方法。

子任务六　牛布鲁氏菌病

牛布鲁氏菌病是由布鲁氏菌引起的一种人兽共患传染病，简称布病。布病对公共卫生安全威胁巨大，在我国被列入二类疫病。20 世纪 90 年代以前，我国对此病采取严格的检疫净化防控措施，每年春季和秋季采血化验一次，布病阳性牛一律采取扑杀、无害化处理，严格的防控措施获得了良好的防控结果。20 世纪 90 年代后，随着全球经济一体化进程加快，国家间、地区间人员往来增加，活牛和草料交易活动增加，布病防控压力与日俱增，奶牛布病阳性检出率明显升高，原先的布病防控良好局面失守，布病防控又成了牛场的一个严峻挑战，我国大部分地区对布病的防控被迫从全面检疫、净化，退守到了疫苗免疫防控阶段。在目前现状下，加强对布病的监测和控制，对保证人畜健康及公共卫生安全意义重大。很少有国家能在动物种群中彻底消灭这种疾病，每年全世界大约有 50 万头新感染病例，尽管全球关注、控制和预防，该病仍在许多国家和地区流行。

一、病原

牛布鲁氏菌病的病原为布鲁氏菌属的牛种布鲁氏菌，细胞内寄生。布鲁氏菌属包括 6 个生物种，19 个生物型。牛种布鲁氏菌也称流产布鲁氏菌。不同种别的布鲁氏菌虽各有其主要宿主动物，但存在相当普遍的宿主转移现象。流产牛种布鲁氏菌有 9 个型，以生物型Ⅰ为流行优势种，该菌革兰氏染色为阴性。各种布鲁氏菌对其相应种类的动物具有极高的致病性，并对其他种类的动物也有一定的致病力，致使该病能广泛流行。布鲁氏菌在阳光下和干燥土壤中存活时间很短，在潮湿的土地上可以存活 66 d，在寒冷的土壤里可以存活 2～3 个月，在粪便中（受温度的影响）可以存活 8 d 到 4 个月，在水中存活时间最长，能够存活 3～4 个月，在死亡的胎儿上（避免阳光直射）可以存活 180 d。

二、流行病学

牛布鲁氏菌病广泛分布于世界各地，目前疫情仍较严重。凡是养牛的地区有不同程度的感染和流行，特别是饲养管理不良、防疫制度不健全的牛场。患病牛是主要传染源。流产胎儿、胎衣、羊水及流产母牛的乳汁、阴道分泌物、血液、粪便、脏器及公牛的精液，皆含有大量病原菌，1 头感染牛分娩（流产/正常产）母牛可排出 10^{9}～10^{13} 个布鲁氏菌。布鲁氏菌不在牛体外繁殖，但可存活下来。布鲁氏菌喜欢在寒冷和潮湿的环境生存。布鲁氏菌在草地可以存活，干草不适合其生存，不大可能是畜群感染的来源。青贮饲料 pH 偏低，布鲁氏菌在 4.5 或更低的 pH 下不可能存活，所以，饲喂青贮、干草不太可能成为布病传播的途径。布鲁氏菌在粪便中存活时间较长一些，有潜在的接触风险，但很少有证据证明这是一种重要的感染源。本病传播途径较多，当病原菌污染了饲料、饮水或牛乳时，若消毒不彻底，牛食入这些污染物后可经消化道感染本病；患病公牛与母牛交配，或因精液中含有病原菌，通过人工授精母牛可经生殖道感染本病；病原菌通过鼻腔、咽、结膜、乳管上皮及擦伤的皮肤等可以感染本病，经呼吸道和皮肤黏膜、外伤也可感染本病。

为何布鲁氏菌病难以控制、净化？因为该菌很适应于牛体，可很好地隐藏在免疫系统中不受免疫系统的攻击，且很难检测和移除。大量携带者处于无临床症状或潜在感染状态，且潜伏期不固定，有可能时间很短也有可能时间很长。复杂的免疫过程会混淆检测结果与疫苗效果，使用的活疫苗可混淆检测结果。因此布病的管控方案和根除方案实施难度相对较大。

三、临床症状

潜伏期为 2 周到 6 个月，牛多为隐性感染，主要症状是怀孕母牛流产。流产多发生于妊娠后 5～8 个月，流产后常伴有胎衣滞留，往往伴发子宫内膜炎。流产胎儿多为死胎。产犊后母牛因胎衣不下、子宫内膜炎、子宫积脓可导致不孕症。

病牛表现关节炎、淋巴结炎和滑液囊炎，关节肿痛、跛行或卧地不起，腕关节、跗关节及膝关节均可发生炎症。一些母牛还会表现出乳房炎的轻微症状。

四、病理解剖变化

肉眼病变见于胎盘、乳房、睾丸及流产胎儿等。胎膜水肿，呈胶样浸润，子叶出血。质脆，外附有多量纤维素絮状物。绒毛膜充血、出血，绒毛膜外有黄色、灰黄色絮状物，子叶呈肉色，肥厚糜烂。母子胎盘间有污灰色分泌物，部分母子胎盘粘连。

流产胎儿一般可见皮下肌肉、结缔组织发生血样浆液性浸润，真胃中有淡黄色或白色黏液絮状物，肠胃和膀胱的浆膜下可能有点状和线状出血。胸腹、腹腔有多量微红色积液，肝、脾和淋巴结有不同程度的肿胀，并有散在性炎症坏死灶。胎儿和新生犊牛可见到肺炎病灶。乳房切面有黄色小结节，实质、间质细胞浸润、增生。

五、诊断

牛布鲁氏菌病的发生可根据牛群的流产情况和病牛的临床症状来判定。如果牛群中有大批孕牛流产，流产后有胎衣滞留，并出现关节炎等症状，流产胎儿和胎盘又有本病所特有的典型病理剖检变化时，应怀疑本病。如果原牛群流产罕见，是外来引进新牛之后不久才发生大批流产，也应怀疑是本病。单凭流产来判定该病是不可靠的，还需做病原学检测和血清学检查才能最后确诊。

六、防控措施

（一）牛场免疫程序（以 A19 疫苗免疫为例）

（1）使用 A19 疫苗，采用皮下注射免疫。

（2）阳性牛群在第 1 年时，对 3 月龄以上的牛实施整群免疫（干奶牛不免疫，在产后 30 d 进行补免）。从第 2 年开始每年仅对 3～6 月龄后备犊牛进行免疫，剂量按疫苗使用说明书确定，成年牛不确定免疫。

（3）受布病威胁地区的阴性牛群不实施整群免疫，仅对 3～6 月龄后备犊牛进行免疫，对成年牛不进行免疫。

（二）OIE 国家或地区官方认可为无牛布病的条件

（1）牛布病病例及可疑病例必须强制通报。

（2）整个国家（或部分区域）全部牛群均在官方兽医控制之下，且牛群布病感染率不超过 0.2%。

(3)每个畜群定期用全乳环试验(MRT)或其他方法进行血清学检测。

(4)至少在过去 3 年没有任何动物接种过牛布病疫苗。

(5)所有阳性动物都被扑杀或无害化处理。

(6)引入无疫国家(或无疫区)的动物只能来自官方认可的牛布病无疫牛群。

(三)牛布病防控要点

(1)布鲁氏菌存在潜在感染,在牛首次产犊前,经常出现青年牛检测阴性,但该青年牛可能是过去感染性接触的无症状携带者,这是检测和屠宰计划失败造成的。在这些计划中,阳性动物全部被出售,但当被感染动物的后代再次产犊时,疾病依然存在,出现这些感染的一个可能的情况是犊牛早期暴露和菌血症,随后细菌进入淋巴组织并处于休眠期,直到再次出现第二种菌血症,并有可能侵入怀孕牛子宫。尽管犊牛可通过子宫及初乳感染,但一般认为犊牛对新的感染有很强的抵抗力,直到它们怀孕的最后 3 个月。

(2)正确的免疫流程与良好的管理是提升免疫效果的有效办法。

(3)如果环境中的细菌量增加 10 倍,疫苗的保护程度可从大约 70% 降低到 50%,由此可见,只有正确的免疫流程配合良好的管理,才能增加免疫成功的概率。最危险的时期是在流产和正常产犊时,以及之后的一段时间,在隔离的区域产犊可以有效地控制疾病的传播。我们不仅要有有效的疫苗,还要配合管理流程,这样才能达到需要的免疫效果。

子任务七　牛放线菌病

牛放线菌病是由放线菌感染引起的一种慢性传染病。以头部、颈部、颌骨、颌下和舌头形成放线菌肿、慢性化脓为主要临床病理特征。

一、病原

牛放线菌病主要由牛放线菌和林氏放线菌感染引起,牛放线菌是牛骨骼放线菌病的主要病原,林氏放线菌是引起皮肤和软组织器官放线菌病的主要病原。过去临床所见的病例多为牛放线菌感染,在骨骼上形成骨性放线菌肿(图 2-18);近年来,林氏放线菌病感染引起,在软组织上形成的放线菌肿病例显著增多(图 2-19)。

二、流行病学

放线菌作为一种寄生菌常存在于牛的呼吸道、皮肤,被污染的土壤、饲料和饮水中,病牛破溃的病灶是主要传染源。此病以 2～5 岁的牛最为易感,粗硬、带芒刺的饲草造成的口腔黏膜、齿龈损伤和唾液导管开口是病原入侵的主要途径,此病多为零星发病。

三、临床症状

牛放线菌病主要侵害骨组织,常表现为下颌骨肿大(图 2-18)、咬合困难、采食困难、反刍困难,初期疼痛,再发展则变硬如骨,呈结块样肿大。由于放线菌肿(肉芽肿)内部会出现大量白细胞浸润,可使组织迅速崩解,形成脓肿和瘘管,向外排出脓液。

近年来,在牛的放线菌病例中,以林氏放线菌感染导致的软组织放线菌病例显著增加,其主要表现为下颌间隙形成放线菌肿块,随时间延长发生破溃(图 2-19),流出黄褐色液体。还

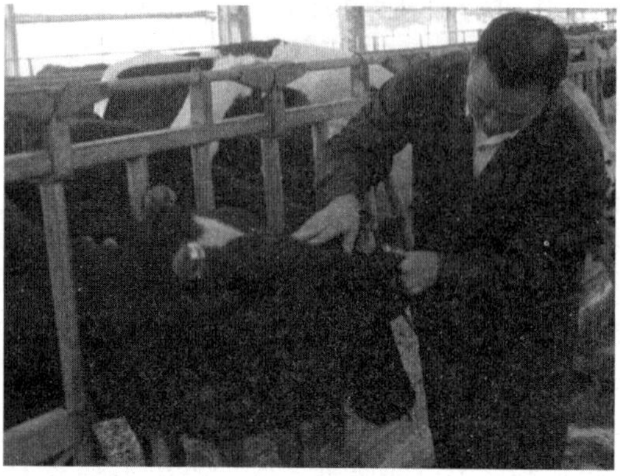

图 2-18　牛放线菌感染引起的病理变化

（侯引绪摄）

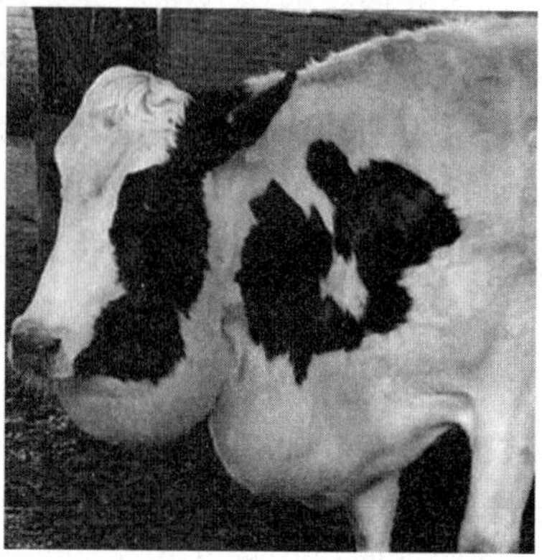

图 2-19　林氏放线菌感染引起的病理变化

（侯引绪摄）

可在咽喉部皮下形成一片肉芽，呼吸声音变粗，也可在颈部垂皮内形成肉芽肿。

舌组织感染放线菌时，有"耍舌"现象，舌头活动不灵活（木舌症）及流涎症状。

四、防治措施

（1）此病在发病早期尚有一定治疗价值，后期无治疗价值。

（2）可用恩诺沙星，每千克体重 10 mg，肌内注射，同时配合口服碘化钾，成年牛每天 8～10 g，犊牛服 2～4 g 进行治疗，每天一次，连续用药 2 周。

（3）也可采用在放线菌肿周边注射青霉素、链霉素的方式进行治疗，有一定疗效。

（4）手术治疗对于早期的软组织放线菌肿有一定价值。

（5）由于此病为零星发生，而发病牛破溃的病灶是主要传染源，也是污染牛场环境的一个重要传染源。为了防止此病由零星发生向散发发展，从净化此病的角度来思考，对发病牛及时淘汰、净化是一种降低此病在牛群中发病率的有效办法，也是针对牛群净化此病的一种有效措施。

【思考与练习】

一、简答题

1. 请总结牛巴氏杆菌病的疾病特点和典型的症状、病理表现特征。

2. 请总结梳理牛巴氏杆菌病的临床防控措施。

3. 简述牛梭菌病的致病机理。

二、判断题

1. 我国现有的牛巴氏杆菌病疫苗主要是针对荚膜血清 B 型，尚无针对 A 型的疫苗。（　　）

2. 牛巴氏杆菌 B 型疫苗与牛巴氏杆菌 A 型疫苗之间交叉免疫力差。（　　）

3. 健康牛胃肠道内没有梭菌。（　　）

4. 我国最新研发的用于预防梭菌病的疫苗叫肉梭菌疫苗，病牛群用梭菌疫苗进行紧急预防接种可获得良好控制效果（　　）。

5. 牛患冬痢后可获得 1～2 年的免疫保护能力。（　　）

三、综合分析题

1. 请针对阳性牛群，制订一个利用A19布病疫苗防控牛布病的免疫防控方案。

2. 请针对奶牛冬痢设计一个具体的治疗方案。

3. 牛放线菌和林氏放线菌感染引起的放线菌病在病理变化方面有何区别？

项目二答案

课程思政

本节内容要求学生学习掌握牛常见传染病的发病机理、流行病学知识和临床症状，结合实践掌握常见传染病的临床诊治技术。培养学生爱岗敬业和重视生物安全的职业素养，培养学生吃苦耐劳、乐于实践创新的工匠精神。培养学生树立先进正确的职业道德观念，要求学生在充分实践的基础上，及时将所学的专业知识、技术，应用于乡村振兴，促进乡村产业发展。

党的二十大报告指出：全面推进乡村振兴，全面建设社会主义现代化国家，最艰巨最繁重的任务仍然在农村。坚持农业农村优先发展，坚持城乡融合发展，畅通城乡要素流动。加快建设农业强国，扎实推动乡村产业、人才、文化、生态、组织振兴。

项目三

奶牛围产后期健康监控

任务一　奶牛围产后期健康监控

【知识目标】

- 掌握奶牛围产后期健康监控的新知识、新理念。
- 掌握奶牛产后的生理变化特点及新知识。
- 掌握奶牛围产后期健康与牛场经营目标的关系。
- 掌握奶牛围产后期健康监控的基本理论。

【能力目标】

- 能够根据奶牛产后制订科学高效的产后保健方案。
- 能够掌握奶牛产后保健的岗位技术、技能。
- 能够独立完成奶牛围产后期疾病防治岗位工作。
- 能熟练掌握奶牛围产后期健康监控的设备、仪器使用方法。

项目三彩图

【素质目标】

- 培养精益求精、敏锐、细致的临床工作精神。
- 培养严谨的科学态度和良好的职业素养。
- 培养综合分析问题、爱岗敬业的职业素养。
- 培养懂农业、爱农业、爱农村的时代精神。

【相关知识】

子任务一　奶牛围产后期健康监控的意义

奶牛保健技术是规模化牧场提升牛群健康、预防奶牛疾病发生、提高生产性能的一种重要手段；也是奶牛精细化管理中的一个重要内容。随着牛群规模增大、饲养模式变化、奶牛泌乳性能不断提升，群体性保健技术在规模化奶牛养殖场中受到普遍重视。

奶牛围产后期是指奶牛产后 0～21 d 这一阶段或时期。

在奶牛精细化饲养管理过程中，围产后期是成乳牛饲养管理的重点内容。围产后期的奶牛健康不仅决定着胎次产奶量，也是决定奶牛场能否实现经营目标的关键时期，其重要性主要体现在如下几个方面。

一、围产后期是实现奶牛养殖效益的关键时期

围产后期是决定奶牛场能否实现经营目标的关键时期，是牛群饲养管理的核心阶段。生产统计表明(图 3-1)，奶牛在一个正常泌乳期中，产后 1～170 d 属于盈利期，170～250 d 为收支平衡期，250 d 以后属于亏损期，其中泌乳早期(21～100 d)产奶量占到整个泌乳期产奶量的 50%。围产后期是决定养殖效益的一个核心阶段，如果围产后期奶牛健康出现问题或处于亚健康状况，将会导致奶牛在本胎次不盈利或达不到牛场希望的利润目标。

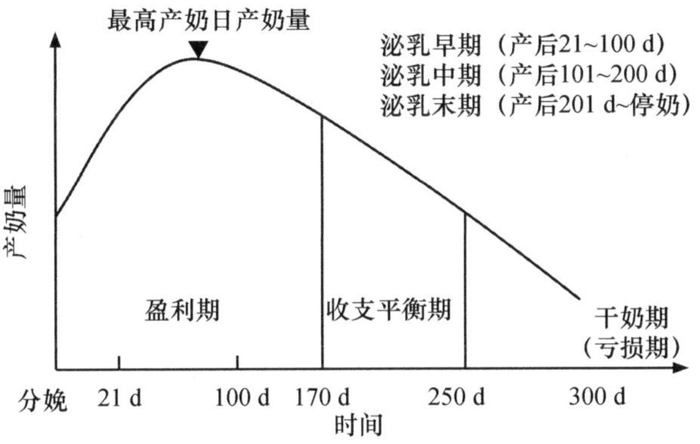

图 3-1　奶牛泌乳期利润盈亏图

二、围产后期的奶牛健康状况决定着奶牛整个泌乳期的产奶量

奶牛围产后期的健康状况，决定着奶牛最高产奶日产奶量和最高产奶日的出现时间。统计表明，最高产奶日产奶量每提高 1 kg，整个泌乳期的产奶量将提高 200 kg 左右。同时，由于围产后期的饲养管理问题所导致的最高产奶日时间后移，也会对胎次产奶量造成一定影响。另外，如果连续 2 个泌乳期高峰期产奶量上不去，将导致奶牛终生最高产奶日产奶量上不去，从而严重影响奶牛一生的产奶量。

三、围产后期奶牛死淘率高、发病率高

生产统计表明，奶牛分娩后 0～90 d 的死淘数量占到成乳牛群年度总死淘数量的 50%；其中分娩后 0～21 d 的死淘率为 4.1%。产后代谢病、产后爬卧不起、产后猝死等问题在奶牛围产后期表现尤为突出。侯引绪研究发现，在高产牛群中奶牛产后第 7 天的亚临床型低钙血症发生率为 16%，亚临床型低磷血症发生率达 12%，亚临床型低血糖症发生率达 100%，亚临床型高酮血症为 48%。

四、围产后期是子宫机能及结构恢复的重要时期

产后 0～10 d 是奶牛子宫发生感染的重要时期，产后子宫炎多发生于这一时期。另外，正常情况下，产后奶牛子宫机能及结构恢复的时间为产后 21 d。如果在围产后期针对奶牛繁殖方面的健康监控做得不到位，就会导致奶牛难以在产后 21 d 完成子宫功能恢复和结构复原，从而造成繁殖机能障碍及繁殖指标下降。在大群体、高密度、高产量这一现状下，如果不高度重视围产后期奶牛繁殖器官健康监控工作，将奶牛繁殖系统疾病延期到配种时，会对奶牛繁殖工作及繁殖效益造成严重影响。

另外，由于围产后期饲养管理问题导致奶牛体况评分下降，将会导致奶牛不发情、不排卵、配种期延长、体质下降、繁殖疾病发生，会进一步加重产奶损失。

五、围产后期是乳房免疫力较低的时期

在妊娠激素、分娩激素及泌乳激素作用下，奶牛产后存在不同程度的乳房水肿现象，乳房水肿是奶牛乳腺血液循环障碍的一种外在表现，这一表现也说明奶牛乳腺免疫能力下降，所以，在生产中会发现奶牛产后容易发生乳房炎或乳房炎发病率高。在乳房水肿存在的情况下，如果挤奶机工作状态失常，更容易导致乳房炎发生；在乳房水肿存在的情况下，乳房及环境中的病原菌也更容易感染乳腺。

所以，奶牛围产后期健康监控和保健工作是奶牛精细化管理技术中的一个重要内容，兽医、繁殖技术人员必须高度理解、认真负责地做好此项工作，不断学习，提高围产后期的健康保健和疾病监控专业技术水平。

子任务二　奶牛分娩过程监控

干奶是奶牛上一个泌乳期的结束，分娩是奶牛又一个新泌乳期的开始；分娩是母牛将孕育成熟的生命从母体排出体外的一个艰辛过程；分娩又是奶牛在每个胎次中必须经历的一个最大生理应激或挑战。分娩过程正常与否直接影响着奶牛围产后期的生理功能及器官结构恢复过程；分娩过程是造成奶牛生殖器官感染、损伤，引起繁殖功能障碍的一个重要阶段。

分娩过程中不恰当的介入、干扰、助产会对围产后期奶牛从分娩状态转入正常泌乳状态造成严重影响，也会对胎儿和母体健康造成严重影响。过早进行产道检查、助产可导致奶牛生殖系统发生感染和损伤的概率大大增加，也会由于不当干扰奶牛分娩过程而导致人为难产；过晚进行产道检查、助产又会因为错失产道检查、助产良机，而对母牛和胎儿的健康及生命安全造成威胁。因此，兽医必须认真做好奶牛分娩过程监控工作，掌握奶牛在分娩过程中的行为、肢体语言等表现，精准把握奶牛分娩过程中的产道检查及助产时机，科学把握奶牛的正常分娩过程与适时助产及难产判定技术。

我们人为将荷斯坦奶牛的完整分娩过程分为三个阶段，即分娩启动阶段（子宫颈口开张期）、分娩第二阶段（胎儿排出期）、分娩第三阶段（胎衣排出期）。这三个阶段是依据牛分娩过程中的生理变化特点、产道变化特点、胎儿及胎衣在产道中的运行特点来划分的，三个阶段均有明显的外在行为表现和肢体语言表现，我们可以根据相应的行为和肢体语言表现来观察、判

定奶牛的分娩过程进行到了哪一个阶段，也可以此判定其分娩过程是否正常，是否需要进行产道检查、助产等人为干预或协助。

一、分娩启动阶段(子宫颈口开张期)

1.奶牛分娩启动阶段的起始标志

规模化奶牛养殖模式使判断奶牛预产期的准确性大为提高，一般情况下预产期与实际分娩日的误差不会超过1周。按照荷斯坦奶牛预产期计算公式就可以计算出奶牛的预产期，当奶牛到了相应的预产期或临近预产期时，如果奶牛突然出现不食、哞叫、不安、尾根间歇性抬起、腹痛不安等非疾病性异常表现时，就意味着奶牛分娩启动阶段开始。

2.分娩启动阶段所经历的时间

正常情况下，荷斯坦奶牛分娩启动阶段需要经历2～8 h，初产牛分娩过程的外在行为表现强烈、时间较长，经产牛的外在行为表现相对要弱一些、持续时间要短一些。

此时，产房工作人员应将奶牛哄(赶)到产房或运动场中，给奶牛提供一个相对安静、适宜的分娩空间，让其安心分娩。

3.分娩启动阶段的行为表现

在分娩启动阶段奶牛出现腹疼、不安、不食等一系列表现的主要原因是牛在分娩激素及相关因素作用下，子宫出现了间歇性收缩(阵缩)，随着分娩过程进行，子宫阵缩的间歇期会逐渐变短，阵缩频率会逐渐变大，阵缩力量会不断加强。

随着分娩过程的持续，母牛对子宫阵缩所致的腹痛的耐受性升高、敏感性下降，母牛会选择一个相对安静，不易受外界因素干扰的地方“独自低头呆立、若有所思”，默默忍受阵缩带来的疼痛与不适。在这一阶段，分娩母牛一般保持站立姿势，不会躺卧。但在大多数情况下，我们往往不易在第一时间精准发现分娩启动的开始时刻。

4.在分娩启动阶段进行产道检查及助产的不良后果

在这一阶段进行产道检查是完全没有必要的，如果在此阶段进行产道检查或助产，不但会增加生殖道感染概率，还会干扰奶牛的正常分娩，提高难产率。子宫颈口开张就是在此阶段完成的。在子宫颈口开张不充分的情况下，强行助产会导致母牛生殖道撕裂等严重损伤。

5.分娩过程中阵缩的作用

阵缩是子宫的一种间歇性收缩，是分娩启动阶段的唯一产力，所以奶牛会出现腹痛不安的表现，但腹部并不会呈现间歇性起伏。在分娩启动阶段，奶牛的神经内分泌功能发生了剧烈变化，在雌性激素等分娩激素作用下，奶牛的子宫颈口会由封闭状态变为开张状态，从而为胎儿的排出创造条件。

另外，分娩启动阶段的阵缩对胎儿的胎位、胎势也有一定的微调作用和促进胎儿排出的作用。在子宫的阵缩过程中，阵缩对胎儿有一定的挤压，这种挤压会影响胎儿脐带中血液流动，在挤压过程中胎儿会反射性地选择一种更舒服、更有利于分娩产出的姿势；如果胎儿在这一阶段胎势存在小幅度异常，阵缩对其有一定的调整作用。

6.分娩启动阶段的终止标志

分娩启动阶段终止的外在标志是腹部出现明显的间歇性起伏(努责)，内在标志是子宫口开张。当胎囊进入产道，刺激产道壁上的神经感受器时，会反射性引起机体内分泌系统释放出大量促进分娩的激素，脑垂体后叶分泌大量催产素等激素，从而引导腹肌、膈肌间歇性收缩（努责）。

二、奶牛分娩第二阶段（胎儿排出期）

1.分娩第二阶段（胎儿排出期）的起始标志

奶牛分娩第二阶段的起始标志就是分娩第一阶段终止标志（出现努责）。

当奶牛结束分娩第一阶段后，子宫颈口开张，胎囊、胎儿部分出了子宫颈口、进入产道，排出胎儿将成为分娩第二阶段的主要任务。

胎儿的体重大多在 40 kg 左右，怀孕后期多下沉于腹底。要将胎儿从腹底提升到与产道等高的水平面，并将其从腹腔排出体外，单靠子宫的收缩力是无法实现的，必须依靠膈肌、腹肌的收缩力量才能完成胎儿的排出过程。因此，母牛就启动了腹肌和膈肌的间歇性收缩（努责），努责的力量不但远大于阵缩的力量，而且努责会引起腹壁明显起伏，阵缩则不会。在阵缩的基础上，努责的出现进一步加重了奶牛的腹痛和不安。

努责和阵缩的共同之处是二者都不是强直性持续收缩，而是一种间歇性收缩，这为胎儿通过脐带供氧提供了安全保障。

2.分娩第二阶段的终止标志

分娩第二阶段的终止标志是胎儿从产道排出或头及两前肢出了母牛阴门（正生），或两后肢及脐部出了母牛阴门（倒生）。

3.分娩奶牛在分娩第二阶段的行为表现

努责的出现加剧了分娩母牛的疼痛和不舒。奶牛在分娩启动阶段的后期相对安静，当分娩进入胎儿排出期后，会表现出更为强烈的腹痛和不适，站立不安、躁动加重、反复起卧、排尿动作频频，腹部出现明显的间歇性起伏（努责），哞叫；在反复起卧之后，大多数母牛会选择左侧或右侧半侧卧姿势卧地分娩（图 3-2、图 3-3），期间有较短时间的站立活动。

图 3-2　分娩第二阶段牛的半侧卧姿势

（侯引绪摄）

图 3-3　分娩第二阶段牛的完全侧卧姿势

（侯引绪摄）

奶牛在这一阶段之所以会选择卧地姿势进行分娩，是因为牛卧地后地面对牛的腹壁有支撑作用，这样更有利于膈肌和腹肌的收缩，起到了加强努责的作用，所以母牛会自然地选择这一姿势。由于在这一阶段母牛会用力努责，在母牛肚子起伏的同时，还会伴随腹部起伏发出用力努责的"吭吭"声。

在分娩的第二阶段中，随着努责及分娩过程继续进行，当胎儿头部最宽处（正生）或臀部最宽处（倒生）通过骨盆腔最狭窄处时，许多母牛会从半侧卧姿势变为完全侧卧姿势（图 3-3），四肢伸直，甚至肌肉哆嗦、眼球震颤、口吐白沫、回头观腹、强烈努责，此时母牛会表现出极度不安。

当母牛出现这种行为和肢体表现时，不必恐慌，也不必进行产道检查或助产，这是许多母牛在分娩过程中呈现的一种正常"危相"。当这种极度不安的"危相"结束后，母牛会站起身来，稍做活动并恢复到分娩第二阶段初始状态的卧势（图 3-2），继续完成分娩过程。这一行为变化，等于分娩母牛在向主人传达一个信息："分娩最困难的时刻已经过去。"接下来母牛会用半侧卧姿势完成将胎儿排出体外的分娩过程。

4. 分娩第二阶段经历的时间

在第二阶段，从子宫颈口完全开张到产出胎儿一般不超过 4 h，即从出现努责到胎儿产出一般不超过 4 h，大多在努责出现后 1～2 h 产出胎儿。一般初产牛完成这一分娩过程的时间比经产牛要长一些。

5. 在分娩第二阶段不科学的产道检查及助产的不良后果

在这一阶段，如果我们由于判断失误对牛实施产道检查或助产，会由于人为的不当参与，导致奶牛产力衰竭而引发难产；也会因此增大母牛生殖系统感染概率。

三、奶牛分娩第三阶段（胎衣排出期）

1. 奶牛分娩第三阶段的起始标志是胎儿产出，终止标志是胎衣排出

胎衣就是胎膜及胎盘。胎膜和胎盘是胎儿在子宫中发育成长所必需的附属器官，这些器官对胎儿在子宫中的发育、物质交换起着非常重要的作用。但当胎儿产出后，胎衣在子宫中就相当于一种异物，失去了存在的意义。如果胎儿产出后胎衣仍然存留在子宫内，将会严重影响牛生殖器官功能的恢复和子宫结构形态的复原，也可引起子宫感染或子宫炎症发生。胎衣排出是分娩过程结束的一个标志。

2. 奶牛分娩第三阶段的行为表现

分娩第二阶段完成后，胎儿产出，奶牛的疼痛与不适显著减弱，奶牛会进入一个较为安静的阶段。胎儿已经产出，分娩母牛的努责也将在短时间内停止；阵缩在胎儿产出后也会暂停 5 min 左右，然后重新开始阵缩，直到胎衣排出后，子宫阵缩停止。

胎儿排出后的子宫阵缩是促使胎衣排出的一个重要动力，通过子宫的阵缩，可促使母体胎盘与胎儿胎盘结合松动，解除母体胎盘与胎儿胎盘的扣合，从而使之分离、排出。

3. 奶牛分娩第三阶段经历的时间

奶牛胎衣排出一般在产后 4～6 h 完成，最长不超过 12 h。

胎衣排出时间大于 12 h 就判定为胎衣不下，这是我们为了定义胎衣不下这一疾病，人为确定的一个时间。正常的饲养管理情况下，牛群中胎衣不下发病率应该小于 5%。

任务二　牛分娩过程干预时机判定及助产

【知识目标】

- 掌握牛分娩过程中分娩启动的基础生理学知识。
- 掌握牛分娩过程中牛所呈现的正常分娩行为学知识。
- 掌握牛分娩过程中三个阶段起止标志基本理论知识。
- 掌握牛分娩过程兽医岗位工作人员观察分娩状态的要点。

【能力目标】

- 能准确区分牛正常分娩与异常分娩的特点和行为学表现。
- 能掌握适时干预牛分娩过程的最佳干预时机判定技术。
- 能掌握牛日常产房管理与维护的基本技术、技能。
- 能掌握牛难产判定,能从事产房管理常规工作。
- 能掌握牛难产处理、治疗的基本技术、技能。

【素质目标】

- 培养吃苦耐劳、精益求精的工匠精神和爱护动物的良好品德。
- 培养学生发现问题、分析问题、解决问题的综合素质。
- 培养学生助人为乐、互相理解、互相支持的团队精神。
- 培养学生在生产实践中不断学习、不断成长的积极向上精神。

【相关知识】

子任务一　产道检查及助产时机判定

一、不必进行产道检查及助产的几种情形

(1)分娩开始后 6 h 内胎儿尚未产出,不必进行产道检查或助产干预。

(2)母牛分娩过程的行为表现和正常行为表现相一致,不必进行产道检查或干预。

(3)羊水破后 1 h 内,胎儿未产出,不宜做产道检查。

二、预示难产或必须做产道检查或人为干预的几种情形

(1)羊水(尿囊)排出后超过 1 h 仍未看见胎儿,则必须进行产道检查,确定胎儿胎位、胎势、胎向等分娩要素是否正常。

(2)分娩过程中母牛行为表现异常,出现病理性表现,则必须进行产道检查、干预。

(3)努责出现 4 h 后,胎儿仍未能外露(胎儿大多在努责开始后 4 h 发生死亡)。

(4)努责微弱或不努责,或努责突然停止。

(5)阴门外只露出一条腿。

(6)阴门外露出的两条腿明显一长一短。

(7)阴门外露出的两条腿掌心朝向相反。

(8)阴门外只看见胎儿的嘴、头,却不见两前蹄。

(9)阴门外前肢露出较长时间后,仍未看见胎儿嘴、头。

(10)阴门外露出三条腿或三个蹄。

在上述情况下,需要适时进行产道检查或助产。

如果在牛分娩过程发现为倒生,则要在恰当的时机采用牵引助产方式及时助产,不可机械照搬上述正生处理标准,因为倒生极易发生胎儿呛羊水问题。

另外,还需说明的是,85%的奶牛在分娩过程中是首先从产道中排出尿囊,然后才排出羊膜囊(二水及胎儿)。还有15%的奶牛在分娩过程中是先排出羊膜囊,随后排出尿囊,这种分娩过程的助产时机判定和前面的情况是不一样的。在这种情况下,当羊膜囊及胎儿嘴、头露出产道后,首先要撕破羊膜囊,以防止胎儿呛羊水,并根据具体情况进行适时助产。

在进行产道检查时,如在羊水中发现有胎粪,说明胎儿活力差,应该及时进行助产,否则易发生胎儿窒息死亡或呛羊水问题;如发现羊水有臭味、污浊等现象,说明胎儿已死亡、腐败,也应该进行助产处理。

子任务二 几种难产的治疗处理技术

一、子宫颈口开张不全

分娩过程中,当奶牛发生子宫颈口开张不全时,如果进行强力的牵引助产,很可能会导致子宫颈口撕裂,子宫颈口撕裂严重时会因为大出血而导致奶牛死亡。对于子宫颈口开张不全的牛,可采用注射局部麻醉药,降低子宫颈口紧张度的方式进行治疗。另外,对于严重的子宫颈口开张不全,可采用剖宫产手术进行治疗。

对于子宫颈口开张不全,兽医可在认真做好手臂、阴门及阴门周围清洗消毒的基础上,手持一个后端连接有软乳胶管的注射用针头,进入阴道,在未开张好的子宫颈口隆起上选择4～6个点,将针头刺入隆起基部,通过与乳胶管另一端相连接的注射器向每个点注射2%～3%的盐酸普鲁卡因10 mL。15 min后,通过阴门检查子宫颈口开张情况,如果感觉子宫颈口开张情况明显改善,隆起的子宫颈明显变软,紧张度明显下降,即可进行牵引助产。

二、初产牛阴门狭窄处理(阴门侧切术)

阴门狭窄多发生于初产牛,经产牛较少发生,在阴门狭窄的情况下进行牵引助产,易导致阴门多处撕裂伤(图3-4),从而对奶牛的繁殖性能造成不良影响。

对于初产牛阴门狭窄的处理,可采用阴门侧切术,这样可以防止阴门撕裂(图3-5),减少损伤。其步骤如下:

第1步,用0.1%新洁尔灭消毒液对阴门周围进行清洗消毒。

第2步,用手术刀在阴门上方做2个对称性切口,一般切口不超过10 cm。

第 3 步，胎儿产出后用羊肠线采用结节缝合方式缝合手术创口。

第 4 步，涂抹药物(聚维酮碘或抗生素软膏等)。

图 3-4　初产牛阴门狭窄

(肖定汉摄)

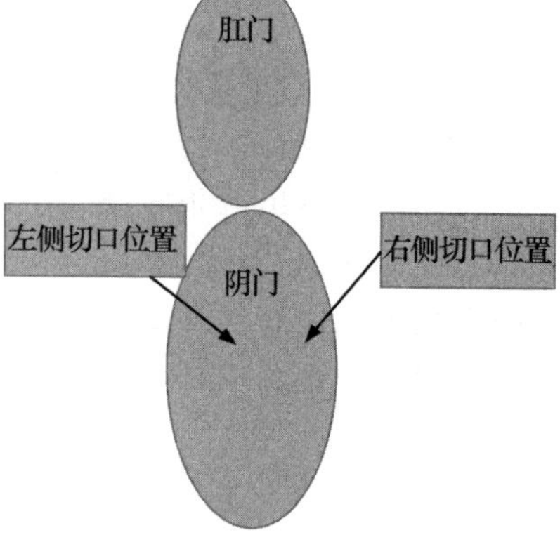

图 3-5　奶牛阴门侧切术切口示意图

三、助产器牵引助产术

牵引助产是牛难产处理中常用的助产方法，此方法适用于胎位、胎势、胎向正常(图 3-6)，产力不足，胎儿稍大，产道轻度狭窄等情况下的助产。

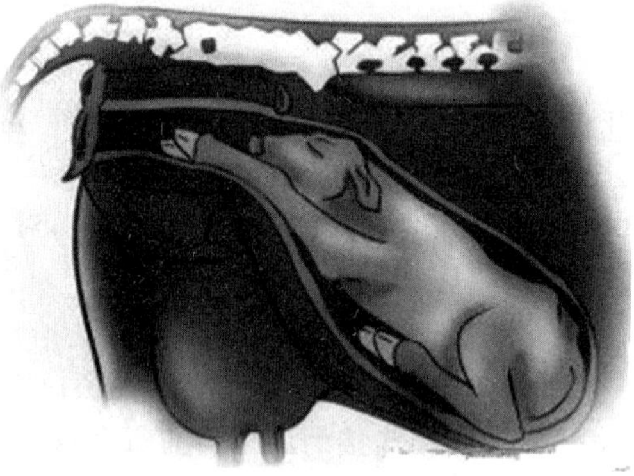

图 3-6　正常状态下的胎位、胎势、胎向

(画说奶牛常见病防治，侯引绪)

视频 7　牵引助产术

目前，助产器在奶牛牵引助产中得到了广泛使用，助产器(图 3-7)助产的优点主要表现在如下几个方面：

(1)节省人力、操作简单，对于器械使用熟练、助产经验丰富的兽医来说，1～2 人就可以完成相应的牵引助产工作(图 3-8)。

(2)利用助产器助产有减缓分娩应激的作用。与一般的人力牵引助产相比，在用助产器助产过程中，牛的头部只做简单拴系或颈夹保定即可，对于人牛关系良好的牛，也可以不加保定进行助产器助产。

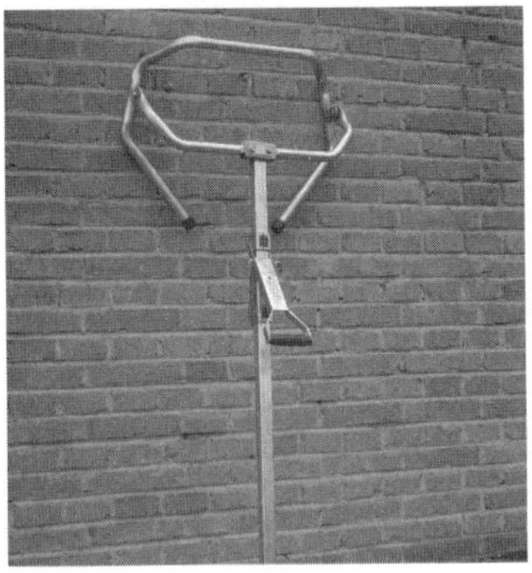

图 3-7 新型牛助产器

（侯引绪摄）

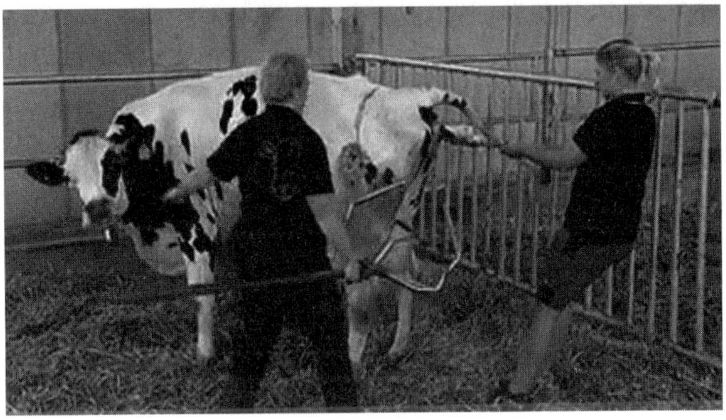

图 3-8 新型助产器牵引助产

在胎儿牵引过程中，由于助产器是通过向前推牛的身体、向后牵拉胎儿来完成助产的，所以，在助产过程中没有向后牵拉分娩母牛的力量，母牛的颈部、头部不会承受相应的强力牵拉，助产过程中的不适与应激较弱。

另外，在站立助产过程中，母牛也不会由于向后牵拉胎儿的力量过大而站立不稳、摔倒或向后退。

四、产道撕裂的检查与治疗处理

牛在正常分娩过程中，由于母牛产道开张不好，或不当的助产可导致产道损伤或撕裂，对于这种分娩过程中的损伤，一定要及时做好产后产道检查，并要及时做好相应的治疗处理。产道检查可采用徒手产道内触摸的方式进行检查，也可用可视化产道检查仪器进行产后产道检查，此检查方法更为方便、直观。

（1）子宫颈口撕裂。如果出现子宫颈口撕裂，必须尽快进行缝合或止血处理，以免导致以后配种、输精困难，或子宫颈口形成积液腔。同时肌内注射抗生素、氟尼葡甲胺注射液和缩宫素进行治疗处理。

（2）产道黏膜撕裂伤。轻度的产道黏膜撕裂，涂抹碘甘油或使用用于子宫灌注的聚维酮碘制剂进行治疗即可。

（3）对于产道黏膜撕裂伤较严重的，在对损伤处涂抹碘甘油的同时，可进行缝合处理，并配合肌内注射缩宫素、氟尼葡甲胺注射液进行治疗。

子任务三 围产后期健康监控技术要点

一、新产牛的标记

随着牛群数量增加、生产性能提高、饲养模式变化，粗放的饲养管理模式已不能适应现代化牧场的饲养管理。因此，奶牛精细化管理就成了奶牛健康、高产的一个重要技术保障。

为了便于新产牛的产后监控管理，就必须在奶牛分娩后或出产房时对牛做出清晰、明显的标记，标记是开展围产后期奶牛健康监控的第一项工作。

标记方式，不同牛场有不同的习惯，奶牛场可根据自己的牛群大小及习惯而定。在牛体后躯白色被毛处，用彩笔写上具体的分娩日期是最常用的一种标记方式。标记必须醒目、明显，便于从牛群中找到新产牛，并开展健康监控工作。对于围产后期母牛出现的不同问题或疾病可以用不同的颜色、图案进行区别性标记。

二、胎衣不下监控

牛胎衣排出的时间一般在产后4～6 h，最长不超过12 h；如果12 h后胎衣还未排出，则为胎衣不下。

胎衣组织滞留子宫是引起子宫感染的一个重要原因，观察胎衣排出时要注意其是完全排出还是部分排出。对于规模化牛场而言，胎衣不下发病率一般应小于5%，如果大于此发病率则需要从饲养管理等方面进行综合分析诊断，加以补救改善。

三、产后体温监控

对于产后1～7 d的母牛，每天测定体温2次。体温≤ 38 ℃要关注，体温> 39.5 为发烧。

对于体温升高的母牛，要肌内注射头孢噻呋2 mg/kg(体重)，氟尼辛葡甲胺2 mg/kg(体重)，每天1次，连续3 d进行防控。也可以用其他抗生素(如氨苄西林、土霉素等)。

产后7 d发烧牛数量应 ≤ 31%。

四、产后主要代谢病监控

随着奶牛泌乳性能的大幅度提升，奶牛围产后期能量与物质代谢负平衡现象变得更为突出，由此所导致的产后低钙血症、低磷血症、低血糖症、高酮血症更加突出(表3-1)，所以奶牛产后代谢病监控成了奶牛产后保健的重要内容之一。

表3-1　高产牛群产后第7天四大代谢病发病率监测统计

类别	总测定数/头	发病率/%
低钙血症	100	16
低磷血症	100	12
低血糖症	100	100
高酮血症	100	48

注：监测时间为7—8月。

以上数据是对北京一个单产为11 t的高产牛群进行监测所得到的结果，监测时间为暑期，暑期在我国是奶牛代谢病高发的一个时期。所以，我们可以把这一监测结果作为牛场的一个参考标准，如果上述4个指标高于该牛群，则说明自己的牛场在饲养管理方面还存在提升空间。

由统计结果可见，高产牛群产后第7天的低血糖症发生率达100%。临床研究表明，妊娠后期和开始泌乳的头几天，奶牛对葡萄糖的需要量比平时增加2.7倍。这是奶牛产后普遍出现低血糖症的一个重要原因。

由此可见，对高产奶牛在产后进行补糖或增加采食量（酵母、益生菌）很有必要。另外，监测结果表明，高产牛群产后第 7 天的低钙血症、低磷血症发生率分别为 16.0%和 12.0%。这说明在高产牛群中，产后低钙血症、低磷血症已经成为牛群无法避免的一个问题。因此产后灌服、输液补钙、磷就显得尤为必要，也是牛场最为常见的一种产后健康保健措施。在高产健康牛群中，奶牛临床型产后瘫痪应该控制在 0.5%以下。利用产后奶牛尾椎变形作为衡量牛群产后低钙血症、低磷血症的一个指标，也具有一定的参考价值，对于高产牛群来说，奶牛尾椎变形的发病率应不超过 5%。

产后 100%的低血糖症发病率是导致牛高酮血症发病率达 48%的主要原因，产后高酮血症也是高产奶牛产后较普遍存在的一个问题。尽管高酮血症发病率很高，但临床型酮病的发病率应该控制在 2%以下为宜。因此，对于高产牛群来说，开展奶牛产后保健工作，开展产后灌服及分娩应激缓解工作很有必要。

目前，主要采用产后灌服技术、奶牛产后分娩应激缓解技术，通过产后补充碳水化合物、钙、磷、镁、丙二醇等方式来控制产后低钙血症、低磷血症、低血糖症、高酮血症的发病率。

五、围产后期奶牛慢性酸中毒监控

围产后期由于分娩应激、饲料变化、产奶量剧增，从而导致亚急性酸中毒多发。

可在奶牛围产后期的第 7 天、14 天、21 天，对奶牛进行慢性酸中毒监测。由于不同个体奶牛的消化吸收功能存在差异，所以，即使奶牛采食同样的日粮也可能存在不同程度的酸中毒个体。另外，如果牛群酮病问题较为严重，即使精料喂料量不是很大，还会由于酮病牛产生的丙酮酸、乙酰乙酸、丙酮蓄积而导致内源性酸中毒。

目前，牛场对酮病的监测重视度高于牛瘤胃酸中毒，但从生产实践来看，目前酸中毒的危害要高于酮病所造成的危害。所以，我们应该更加重视酸中毒的监控。

（一）监测方法

采奶牛尿液少许，用便携式 pH 测定仪测定牛尿液 pH，这是一种方便实用的监测方法。将牛酸中毒的监控作为一种日常健康监控措施很有意义，正常牛尿液的 pH 为 7.7～8.7。如果测定值低于 7.7，那就说明牛存在不同程度的酸中毒问题。

另外，也可以根据 DHI 报告数据进行监测，（乳脂率－乳蛋白率）＜0.4%，则为酸中毒；脂蛋白比 ＜1.12，则为酸中毒。

（二）防控措施

饲料中添加小苏打、酵母、益生菌等，或增加粗纤维调整日粮结构，是预防酸中毒的有效办法。

六、围产后期子宫健康监控

围产后期子宫健康状况主要通过子宫分泌物观察及子宫炎症情况监控来完成。

（一）围产后期子宫分泌物监测

围产后期子宫内分泌物类型、数量、颜色判定标准见表 3-2。

表 3-2 奶牛产后正常子宫分泌物判定标准

产后天数/d	类型	颜色	每天排出量/mL
0～3	黏稠带血、无臭	清洁、透明、红色	≥1 000
3～10	稀、黏、带颗粒或带凝块、无臭	褐红色	500
10～12	稀、黏、带血、无臭	清亮、淡红或暗红	100
12～15	黏稠、呈线状、偶尔有血、无臭	清亮、透明、橙色	50
15～20	黏稠、无臭	清洁、透明	≤10
21 以后	无分泌物排出		

在开展奶牛围产后期子宫内分泌物类型、数量、颜色监测时，可以通过观察自然排出恶露的方式进行监测；也可以主动选择相应的时间节点，采用直肠按摩促进子宫恶露排出的方法进行监测，这种方法更主动积极，可以完成对那些子宫中有恶露但不外排的奶牛的围产后期子宫内容物及子宫状况监测；还可以采用可视化子宫内窥镜进行监测检查。

(二)奶牛围产后期子宫炎监测

以 21 d 为界，奶牛围产后期子宫炎大部分发生在分娩后 7 d 左右。子宫肌肉层炎症可导致全身症状，如发热、厌食、精神委顿，由子宫排出褐红色水样恶臭分泌物，出现心率快，产奶量降低等。依据子宫感染及其病理程度。将牛子宫炎分为 3 个等级。

1 级：仅黏膜层的炎症。

2 级：黏膜及黏膜下层的炎症。

3 级：黏膜、黏膜下层及肌层的炎症。

3 级子宫炎可导致全身毒血症而表现全身症状，这种子宫炎常发生于分娩后 1～10 d，也是引起产后死淘或猝死的原因之一。

(三)围产后期繁殖健康防控措施

(1)产后 0～21 d 每天观察子宫内分泌物的类型、颜色、数量，并与正常分泌进行比对，如发现子宫分泌物恶臭或其他异常性状变化，则说明子宫存在感染。应当及时采用抗生素＋氟尼辛葡甲胺、子宫按摩、子宫投药等方式进行治疗控制。

(2)正常情况下，产后奶牛子宫恢复的时间为 21 d，即子宫形态、结构、功能恢复到正常状态。此时，应该做直肠检查，发现子宫形态结构尚未完成恢复者，要进行治疗处理(例如，直肠按摩，口服益母草制剂，子宫内送药，注射氯前列烯醇、抗生素等治疗措施)。另外，也要对子宫或产道产气，子宫积气、积水等进行检查治疗。

【思考与练习】

一、名词解释

1. 牛围产期

2. 牛围产前期

3. 牛围产后期

二、简答题

1. 奶牛分娩启动阶段的起止标志是什么？
2. 奶牛分娩启动阶段一般要经历多长时间？
3. 荷斯坦奶牛分娩第二阶段(胎儿排出期)的起止标志是什么？需持续多长时间？
4. 荷斯坦奶牛分娩第三阶段(胎衣排出期)的起止标志是什么？

三、综合分析题

1. 子宫炎分为几级？划分依据是什么？
2. 请总结梳理牛阴门侧切术的方法、步骤。
3. 荷斯坦奶牛分娩过程中，在哪些情况下必须进行产道检查或助产？
4. 请总结做好奶牛围产后期健康监控的意义和作用。
5. 奶牛产后健康监控主要包括哪些内容？
6. 荷斯坦奶牛分娩过程中，在哪些情况下不需要进行产道检查或助产？

项目三答案

课程思政

本节内容要求学生系统掌握奶牛围产后期健康监控的基本技术、技能，熟练掌握奶牛围产后期健康监控设备维护使用，能胜任牛场产房的接生、助产岗位工作。培养学生严谨的科学态度和良好的职业素养，培养爱岗敬业的职业情怀。培养勇于创新，乐于探索的创新型优秀人才，服务乡村产业。

党的二十大报告指出：紧跟时代步伐，顺应实践发展，以满腔热忱对待一切新生事物，不断拓展认识的广度和深度，敢于说前人没有说过的新话，敢于干前人没有干过的事情，以新的理论指导新的实践。

项目四

奶牛围产期主要疾病防治

任务一　奶牛围产期瘫痪性疾病防治

【知识目标】

- 掌握奶牛产前截瘫的发病机理、发病原因。
- 掌握奶牛低血钙性产后瘫痪的发病机理、发病原因。
- 掌握奶牛低血钾性产后瘫痪的发病机理、发病原因。
- 掌握奶牛低血镁性产后瘫痪的发病机理、发病原因。
- 掌握奶牛低血磷性产后瘫痪的发病机理、发病原因。
- 掌握奶牛产后截瘫的发病机理、发病原因。

【能力目标】

- 能掌握奶牛产前瘫痪的临床诊断和治疗技术。
- 能掌握奶牛低血钙性产后瘫痪的临床诊断和治疗技术。
- 能掌握奶牛低血钾性产后瘫痪的临床诊断和治疗技术。
- 能掌握奶牛低血镁性产后瘫痪的临床诊断和治疗技术。
- 能掌握奶牛低血磷性产后瘫痪的临床诊断和治疗技术。
- 能掌握奶牛产后截瘫的临床诊断和治疗技术。

【素质目标】

- 培养细致认真的临床职业素养。
- 培养好学敬业和吃苦耐劳的精神。

项目四彩图

【相关知识】

子任务一　奶牛产前截瘫

奶牛产前截瘫也叫妊娠截瘫，是奶牛怀孕末期运动器官机能障碍引起的一种疾病。奶牛发生产前截瘫时，病牛无导致瘫痪的局部病变，也无明显的其他全身症状。

一、病因

目前，对此病的病因还缺乏深刻的研究认识，一般认为，奶牛产前截瘫可能是怀孕末期几种较轻的生理异常或病理变化或器官功能障碍，整合在一起表现出来的一种临床症状，可能与下列因素有关。

(1)双胎及胎儿过大，牛体瘦弱，母牛后躯负重过大而导致本病发生。

(2)病牛患有其他潜在性疾病。

(3)母牛日粮中钙、磷不足或比例不当。

二、临床症状

产前截瘫(图 4-1)大多发生于产前数天或数周。病初仅见牛站立无力，两后肢交替踩地，频频换蹄。行走时步态不稳，后躯摇晃，卧下后起立困难。后期则完全不能站立、卧地不起，但有向前爬行的行为和意识。产前截瘫的奶牛多表现为两后肢运动机能障碍。如果卧地时间较长，可发生褥疮，甚至导致后躯肌肉缺血、萎缩，也可继发其他疾病。发生于产前 1～2 d 的奶牛，大多可在产犊后不久恢复正常。

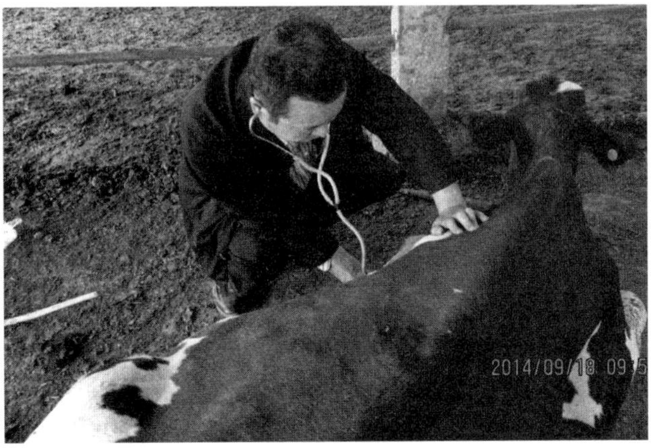

图 4-1　奶牛产前截瘫

(侯引绪摄)

三、诊断

此病具有典型的临床特征，一般多在产前数天或数周发病。以两后肢运动机能障碍为主要特征，病牛食欲、精神状态、反射均正常。依据临床症状一般可对此病做出初步诊断。

四、治疗

(1)加强对患病牛在治疗期间的护理是防治此病的重点内容。对病牛要精心饲养护理,保证每天供给富含蛋白质、维生素、矿物质及易消化的饲草料和饮水,每天翻身 2～3 次,每天按摩病牛后躯(用脚踩即可)2～3 次,每次 20～30 min,在病牛的身下垫好垫草。

(2)静脉输注 10%葡萄糖酸钙或氯化钙 500 mL、肌注维生素 D,对钙、磷不足所引起的产前截瘫有较好的治疗作用。

(3)选用百会穴、后海穴及巴山穴施行电针治疗,对该病也有一定的疗效。

此病距离预产期近则治疗难度小,距离预产期远则治愈率低。对于距离预产日期较近的发病牛一般经适当的治疗及认真护理,母牛坚持到分娩后即可治愈。

对于距离预产日期较近,但临床表现严重的牛可用氯前列烯醇进行引产,胎儿引出后配合产后治疗及护理,病牛也可康复。

子任务二　奶牛低血钙性产后瘫痪

从传统的奶牛疾病学知识体系来讲,产后瘫痪是奶牛分娩后突然发生的一种严重的代谢性疾病,也叫乳热症或低钙血症、生产瘫痪、产后瘫痪,其发病的直接原因是产后血钙下降或低钙血症。产后瘫痪的临床特征是:急性低血钙、知觉丧失(昏迷)、四肢瘫痪。

一、病因与病理

奶牛产后瘫痪的发病机理目前还不十分清楚,但 50 多年前人们就发现引起本病的直接原因是产后血钙浓度急剧下降,并知道用静脉注射钙剂的方法进行治疗,可以获得很好的疗效。

另外,产后瘫痪的临床表现过程与大脑皮质缺氧有极大的相似性,所以有些人认为产后瘫痪是由于大脑皮质缺氧所致。进一步的研究表明,产后瘫痪的病理过程中确实存在缺氧这一病理过程,也有人认为,奶牛产后瘫痪的发生可能是某种因素单独作用的结果,也可能是几种因素综合作用的结果。

目前,大家普遍认为低血钙是导致奶牛产后瘫痪的主要原因。钙有维持神经、肌肉正常兴奋功能的作用;低血钙时,神经突触释放、传递神经递质的功能受阻或障碍,机体的兴奋机制和抑制机制遭到破坏。导致肌肉兴奋性加强、肌肉强直性收缩,痉挛、抽筋,从而导致四肢运动功能障碍,致使牛不能站立而瘫痪。

(一)导致奶牛产后低血钙的原因与机理

(1)大量血钙被转移到初乳或常乳中,这是引起血钙下降的一个主要原因。

(2)分娩前后从肠道吸收的钙量减少,也是引起血钙降低的一个原因。妊娠末期胎儿迅速发育、胎水增多,胃肠器官受到挤压,蠕动降低,进食量减少,从而导致从胃肠消化吸收的钙量减少。分娩时雌性激素水平增高,使母体食欲下降,也影响了消化道对钙的消化吸收。

(3)产后机体动用骨钙的能力下降,进一步加重了血钙浓度的急剧下降。甲状旁腺是机体动用骨钙的一个重要器官,甲状旁腺素是机体调节和释放骨钙的重要激素,分娩后甲状旁腺功能减退，使机体动用骨钙缓解血钙下降的功能受到抑制。从而使血钙的降低无法得到及时补充和缓解。

妊娠末期如果不用低钙日粮，或继续用高钙日粮，由于产前血钙浓度较高，可刺激甲状腺分泌大量降钙素，使分娩后血钙进一步下降。另外，降钙素分泌增加，可直接抑制甲状旁腺的功能减退。

妊娠末期，由于胎儿骨骼发育迅速，母体骨骼中贮存的钙量大为减少，可动用的骨钙也大量减少，即使在甲状旁腺功能影响不大的情况下，也不能充分补偿产后血钙的大量流失，而使血钙下降。

(4)血镁降低也可影响骨钙的动用。奶牛发生产后瘫痪时，常伴发有血镁降低，镁对钙代谢具有调节作用，血镁降低可降低骨钙的动用能力。

(5)同时发现，产后瘫痪时患病牛的血磷(无机磷)也伴有明显降低。

(二)大脑皮质缺氧的机理研究

有人认为，本病是由于一时性脑贫血、缺氧所致，其低血钙是脑缺氧的一个并发症。

(1)分娩后腹压突然降低，由于腹腔器官被动性充血而导致脑贫血。

(2)分娩后大量血液进入乳腺，是引起脑贫血的又一原因。

(3)分娩后肝脏血液贮存量增加，也是导致脑贫血的一个原因。

脑贫血时，一般都有短暂的兴奋期，肌肉震颤，搐搦，敏感性增高，随后出现肌肉无力、知觉丧失、瘫痪等，这些症状和产后瘫痪的症状有类似之处。

对于补钙无法治愈的病例，用乳房送风法却能治愈，这一点也有力地支持了脑缺氧机理。

利用皮质激素来升高患病牛血压、缓解脑贫血的治疗方法，也对脑贫血引发产后瘫痪的机理给予了支持。

二、临床症状

奶牛产后瘫痪的症状按照病程发展可分为如下三个阶段。

1.前驱期

兴奋不安，紧张乱动，肌肉震颤，搐搦，磨牙，摇头，头颈部肌肉抽搐，神经敏感性增强、哞叫、惊慌，食欲下降或不食，排粪、排尿停止，前驱期经历的时间较短。

2.躺卧期

鼻镜干燥，精神沉郁、发呆，反射及感觉的敏感性降低、兴奋性降低，胃肠蠕动减弱或消失，不愿走动，四肢交替负重，后躯摇摆，站立无力，共济失调，站立困难，以至于瘫痪。卧地不起(图 4-2、图 4-3)，或头颈弯向一侧，呈犬卧状(图 4-4)。体温稍低，四肢末端发凉，心音减弱、频率增加，呼吸变深。

产后瘫痪依据发病过程快慢和临床症状可分为典型性产后瘫痪(也称急性产后瘫痪，图 4-4)和非典型性产后瘫痪，也称慢性产后瘫痪(图 4-2、图 4-3)。

典型性产后瘫痪发病突然、距离分娩日期短，多发生于产后 1～3 d，发病过程急，病程短。非典型性产后瘫痪发病过程慢，症状没有典型性产后瘫痪重。

图 4-2　非典型性产后瘫痪病牛
（侯引绪摄）

视频 8　奶牛低血钙性产后瘫痪

图 4-3　非典型性产后瘫痪头颈呈“∽”状模式图
（兽医产科学，赵兴绪）

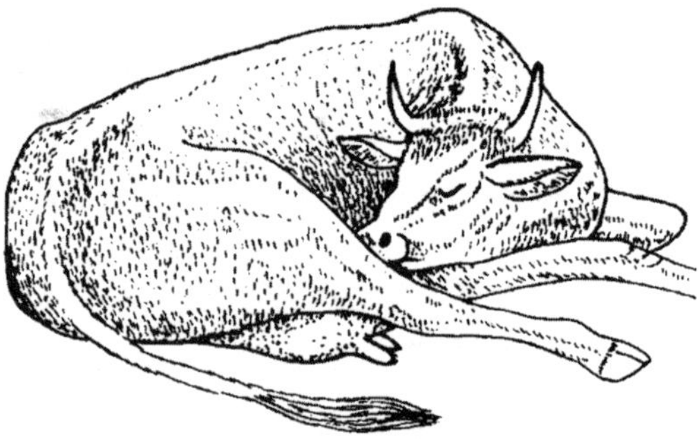

图 4-4　典型性产后瘫痪呈现的犬卧状姿势
（兽医产科学，赵兴绪）

3. 昏迷期

病牛意识抑制和感觉丧失、昏睡、反射消失、肛门松弛、胃肠道麻痹、吞咽困难，体温多降低（35～36 ℃），心跳微弱、增速，可达 120 次/min 以上，呼吸微弱，死亡前多昏迷不醒。

低血钙可导致奶牛骨骼肌兴奋、强直收缩，这是导致奶牛瘫痪或运动机能障碍的根本原因；另外，低血钙又能导致平滑肌兴奋性下降，以至于麻痹，这是奶牛产后瘫痪病例不吃、不喝、不排粪便、不能吞咽的重要原因。典型性产后瘫痪在躺卧期和昏迷期奶牛所呈现的犬卧状姿势和非典型性产后瘫痪所呈现的头颈“∽”状弯曲，都由头颈两侧肌肉强直收缩不均衡所致。

三、诊断

(1)通过临床症状可做出初步诊断。

(2)血钙测定。母牛在产后,其血钙浓度会出现不同程度的下降,但患病牛的血钙下降更为严重,常降到正常水平的一半或更低的水平,产后正常牛的血钙浓度为 8.0～12.0 mg/100 mL,发病牛的血钙浓度则为 3.0～7.0 mg/100 mL。

四、治疗

急性产后瘫痪要在第一时间进行抢救性治疗,急性产后瘫痪也是奶牛产后猝死的一种类型,急性产后瘫痪发病快,但治愈率高。

慢性产后瘫痪,发病慢、病程长,对于继发性的慢性产后瘫痪,治疗难度更大,应该针对性地进行精准化治疗。

临床治疗实践证明,对于低血钙性产后瘫痪,钙糖疗法是此病的一个重要治疗措施。

(一)钙糖疗法

一次性静脉注射钙制剂(10%氯化钙或 10%葡萄糖酸钙 500～1 000 mL),25%葡萄糖注射液 500 mL。约有半数病例会在治疗后不久站起,有些病例愈后反复,可在半天内重复输钙治疗一次,剂量减半。为延长药效,还可用葡萄糖酸钙进行皮下注射,剂量为正常的 1/3。

技术要点如下:

(1)钙有兴奋心脏的作用,输钙过量可使动物因心动过速而死亡,在临床治疗上,钙的用量按 2.0～2.2 g/100 kg(体重)来计算确定。

(2)第 1 次输钙治疗剂量对产后瘫痪治疗效果起着重要作用。

①第 1 次输钙治疗剂量不足可显著降低产后瘫痪的治愈率;

②第 1 次补钙量不足是造成产后瘫痪复发的一个重要原因;

③第一时间的钙治疗是提高奶牛产后瘫痪治愈率的一个重要环节。

(3)静脉输钙时速度不宜太快,尤其是冬天液体温度较低时容易引起心脏功能障碍,在输液过程中要注意监听奶牛心率。也可以用等量的葡萄糖或糖盐水把钙制剂稀释后再进行输液。

(4)对瘫痪且体温较高的牛,应先采用肌内注射氟尼辛葡甲胺、抗生素,静脉输复方生理盐水、糖盐水等方式将体温降到正常后再静脉输钙。

(5)在奶牛产后瘫痪的治疗上补糖和补钙一样的重要,切不要忽视补糖的重要性。笔者的临床研究表明,在高产牛群中产后低钙血症发病率为 16%,而低血糖症发病率高达 100%。这就是在治疗低钙血症引起的产后瘫痪上不能忽视补糖的原因。

(二)其他疗法

还可以在糖钙疗法的基础上配合地塞米松、维生素 D,灌服钙、磷、镁制剂等进行治疗。还有一种传统的乳房送风法,也是治疗产后瘫痪的一种方法。

五、预防措施

(1)干奶期给牛提供低钙高磷日粮,可充分激活甲状旁腺功能,提高产后机体动用骨钙的能力，从而起到预防产后瘫痪的作用。

(2)奶牛分娩后，静脉输钙、输糖对产后瘫痪有很好的预防作用。

(3)奶牛分娩后灌服钙、磷、镁复方制剂是防控奶牛产后瘫痪的一个有效办法。

(4)分娩前2～7 d肌内注射维生素D 1 000万IU，临产时重复一次，有一定的预防作用。

(5)干奶期给奶牛添加阴离子制剂对奶牛产后瘫痪有预防作用。

子任务三　奶牛低血钾性产后瘫痪

随着奶牛产奶量的巨大提升，奶牛元素缺乏性代谢病发病率显著升高，给奶牛养殖造成了重大经济损失。在奶牛元素缺乏性代谢病诊断治疗方面，兽医对低血钙性奶牛产后瘫痪和低血磷性奶牛产后瘫痪较为熟悉，对低血钾性产后瘫痪则较为陌生，在临床诊断和治疗方面的专业能力相对薄弱。以下对奶牛低血钾性产后瘫痪，从发病机理、临床症状、诊断、治疗等方面进行介绍。

一、发病机理

低血钾导致奶牛产后瘫痪的发病机理：钾是维持神经和肌肉细胞膜静息电位的重要物质，静息电位是影响和调节神经及肌肉组织兴奋性的重要因素，钾是维持神经和肌肉组织兴奋性不可缺少的元素。奶牛正常血钾值为3.9～5.3 mmol/L，患病牛血钾值多为3.7 mmol/L以下。低血钾时奶牛神经和肌肉兴奋性降低，尤其是四肢肌肉兴奋降低最为突出，从而导致奶牛站立困难，卧地不起、瘫痪。另外，钾还参与体内多种新陈代谢过程，不仅有维持细胞内液渗透压及酸碱平衡的作用，也影响细胞外液的渗透压及酸碱平衡。细胞内一些与糖代谢有关的酶(例如，磷酸化酶、硫激酶等)，必须在高浓度钾存在的环境下才有足够的活性。

总之，低血钾性奶牛产后瘫痪，是由于机体缺钾，导致患病牛神经兴奋性下降，肌肉兴奋性降低，四肢肌肉松软无力而不能站立的一种产后瘫痪性疾病。

二、临床症状

视频9　奶牛低血钾性产后瘫痪

低血钾性奶牛产后瘫痪所呈现的临床症状，主要决定于低血钾引起的神经兴奋性下降和肌肉兴奋性降低所致的一系列生理代谢功能异常。奶牛缺钾性产后瘫痪一般发生于产后1周内，产后2～3 d多发，也有个别病例发生于产后30 d左右。往往为突然发病，头胎牛、经产牛均可发生。发病初期病牛食欲不振、精神状态基本正常，四肢及后躯肌肉张力下降、松弛、变软，四肢无力，不能站立，瘫痪。患病牛有力图站立及向前爬行的欲望和行为表现(图4-5、图4-6)。

随着病程发展，患病牛神经系统兴奋性进一步降低，表现精神沉郁、神情淡漠、打盹、嗜睡，对外部刺激反射降低(图4-7)。心律不齐、心悸，伴随心悸可引起病牛体壁皮肤出现短暂而过度的振动现象。后期病牛会出现肠蠕动减弱，食欲不振或废绝、便秘(图4-8)；严重低血钾可

图 4-5　奶牛低血钾性产后瘫痪临床表现
（侯引绪摄）

图 4-6　低血钾性产后瘫痪牛力图站立和向前爬的行为姿势
（侯引绪摄）

图 4-7　精神沉郁、神情淡漠、打盹、嗜睡症状
（侯引绪摄）

引起腹胀、麻痹性肠梗阻，这是由于低血钾导致肠兴奋性下降，肠蠕动无力或麻痹，粪便在肠内滞留时间过长而导致的一种病理现象。

三、诊断

依据低血钾性奶牛产后瘫痪所呈现的典型临床症状特点可做出初步诊断，进一步的确诊可通过血清钾含量的检测化验做出诊断。泌乳奶牛正常血钾值为 3.9～5.3 mmol/L，患病牛血钾值多为 3.7 mmol/L 以下。

图 4-8　奶牛低血钾性产后瘫痪后期便秘表现

（侯引绪摄）

视频 10　奶牛低血钾性产后瘫痪

四、治疗

(1)10%氯化钾注射液 60 mL。

(2)25%葡萄糖注射液 1 500 mL。

用药方法：

第一天，将 10%氯化钾注射液 60 mL 分别稀释于 3 瓶 25%的葡萄糖注射液中，一次性静脉输入。

第二天，将 10%氯化钾注射液 40 mL 分别稀释于 2 瓶 25%葡萄糖注射液中，一次性静脉输入。

第三天，给患病牛饮服口服补液盐溶液并观察。

注意事项：静脉输钾不能速度过快，以防心脏骤停。

小结：对低血钾性奶牛产后瘫痪采用钾糖疗法，可获得良好的治疗效果，由于此病突然发病，病程急短，在第一时间进行精准治疗是提高治疗效果的关键。但如能及时精准诊断治疗，治疗效果良好，康复后的牛产奶量可恢复至正常水平。

子任务四　奶牛低血镁性产后瘫痪

奶牛低血镁性产后瘫痪是由机体缺镁导致的一种瘫痪性疾病。低血镁时，镁抑制神经兴奋和肌肉兴奋的功能下降，肌肉及神经兴奋性异常升高，肌肉（尤其是四肢肌肉）抽搐、痉挛，运动功能障碍，卧地不起、不能站立。

一、发病机理

关于镁在反刍动物体内调节机制的研究表明，镁存在于牛体细胞之中，具有抑制神经兴奋和肌肉兴奋的功能。当镁的摄入或吸收率降低时，奶牛就会发生低镁血症，使镁抑制神经兴奋和肌肉兴奋的功能降低，神经和肌肉兴奋性异常升高，引起四肢肌肉痉挛性抽搐，运动功能障碍、站立困难、卧地不起，从而发生低血镁性产后瘫痪。

另外，镁还是细胞代谢过程中许多酶系统的激活剂，镁离子也是维持心肌正常代谢和兴奋性的成分之一，缺镁也可导致心律异常。

二、临床症状

视频 11　奶牛低血镁性产后瘫痪

低血镁性奶牛产后瘫痪所呈现的临床症状，主要是低血镁引起的神经兴奋性升高及肌肉兴奋性升高导致的一系列生理代谢功能障碍所致。缺镁性产后瘫痪一般发生于产后 1 周内，产后 2～3 d 多发，病程呈急性经过，头胎牛、经产牛均发病，如不及时准确治疗，急重病例可在发病后 2～3 d 死亡，初步临床统计表明死亡率为 2%～12%。

主要临床症状为突然发病不食，对外部刺激异常敏感，惊厥，两耳竖立，抬头吼叫，盲目奔跑，步态不稳，有类似挤撞或攻击人、牛的行为，眼球震颤，全身颤抖，目光呆滞异常，空嚼磨牙，口吐白沫，初期体温 38 ℃左右，后期体温可升高至 40～40.5 ℃，牛体出汗，心律不齐（用听诊器不易分辨）。在神经异常兴奋阶段过后，病牛全身肌肉震颤抽搐，全身颤抖，目光呆滞异常，四肢僵硬（图 4-9），站立姿势异常（图 4-10），即使强行轰赶也不能行走，口吐白沫、空嚼，无法站立，最后瘫痪卧地不起（图 4-11）。

三、诊断

依据低血镁性奶牛产后瘫痪主要临床症状特点可做初步诊断，确诊则需要通过血清镁含量化验得出结果。

泌乳奶牛正常的血镁浓度为 0.5～0.75 mmol/L，低血镁症奶牛血镁浓度低至 0.4～0.5 mmol/L 及以下时表现临床症状。

图 4-9　低镁血症病牛眼神呆滞、肌肉颤抖、哆嗦、四肢运动障碍

（侯引绪摄）

图 4-10　四肢僵硬、肌肉抽搐，迈不开步，即使强行轰赶也不能迈步

（侯引绪摄）

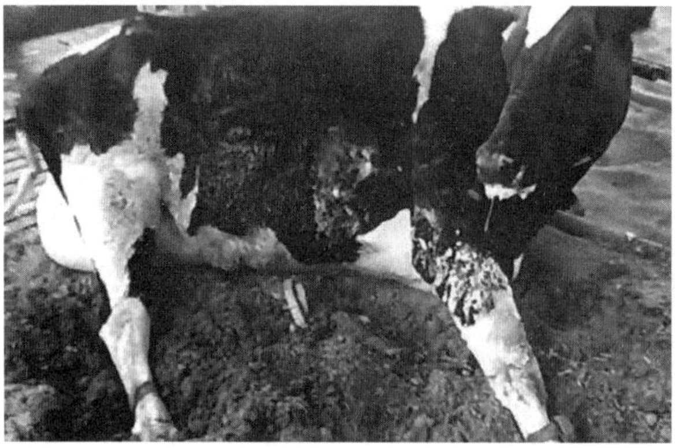

图 4-11　口吐白沫、空嚼，无法站立、瘫痪卧地不起

（侯引绪摄）

四、治疗

（1）25%硫酸镁注射液 60 mL。

（2）25%葡萄糖注射液 1 000 mL。

用药方法：

第一天，将 25%硫酸镁注射液 60 mL 溶于 1 000 mL 25%葡萄糖注射液，一次性静脉输入。

第二天，观察患病牛状况，可以根据情况选择是否再进行镁糖治疗一次。

小结：对低血镁性奶牛产后瘫痪采用镁糖疗法，可获得良好的治疗效果，此病也具有发病快、治愈恢复快的特点，治愈率能达到 60%以上。但治疗要及时，如果延误治疗时机，患病牛可在发病后 2～3 d 死亡。

子任务五　奶牛低血磷性产后瘫痪

低血磷性产后瘫痪是由于机体 ATP 生成不足导致全身肌无力而引起的一种产后瘫痪，也属于一种严重的代谢性疾病。随着我国奶牛养殖水平的大幅度提升，精准化防治奶牛疾病已成为奶牛养殖场迫切关心的一个问题，如何诊断、防治低血磷引起的奶牛产后瘫痪也是临床兽医十分关注的一个热点话题。

一、病因

（1）日粮中磷缺乏，或者所用磷酸氢钙中含氟高，降低了磷的吸收。

（2）日粮中维生素 D 缺乏，降低了肠对磷酸盐的吸收。

（3）慢性腹泻、肾脏功能异常导致磷排出增多。

（4）日粮长期添加或大剂量添加氧化镁、氢氧化镁，二者与无机磷结合，生成不溶性磷酸盐，不能被肠道吸收，而使血磷降低。

二、发病机理

与奶牛低血钙导致全身骨骼肌兴奋性升高，肌肉强力收缩而引发的瘫痪不同，低血磷引起的全身肌无力是低血磷导致牛产后发生瘫痪的直接原因。磷是机体组织细胞的重要组成成分，具有许多生物活性，在细胞结构、代谢、信号传导、离子转运等基本生理过程中发挥着极其重要的作用。当机体磷缺乏时，会发生一系列的病理和生理变化。低血磷可导致 ATP 生成减少，每生成 1 mol ATP 就需要 1 mol 无机磷。ATP 生成不足，可引起机体全身肌无力、反射降低、惊厥或昏迷。

严重磷缺乏还可导致呼吸衰竭。低血磷会影响呼吸肌的功能，磷是红细胞 2，3-二磷酸甘油酸的成分，在血气运输到组织的过程中起重要作用，磷不足时可导致供氧不足。低血磷还可导致肺泡表面活性物质分泌不足，引起肺泡塌陷、闭锁，加重呼吸衰竭。磷是细胞膜、DNA、骨组织的组成成分，磷在能量代谢、信号传导、离子转运等方面有重要功能，低磷血症会导致多种脏器功能障碍。磷还是载脂蛋白的重要成分，磷缺乏还会引起脂肪肝等代谢性疾病发生。

三、临床症状

低血磷性产后瘫痪奶牛表现倦怠、软弱（图 4-12）；头颈姿势正常，可抬头，有向前爬行的表现（图 4-13），或能勉强站立。食欲差或废绝，体温正常，心跳正常，四肢有痛感，但敏感性不强。反射性降低、沉郁，或昏迷、惊厥，呼吸浅弱。

四、诊断

依据低血磷性产后瘫痪的特异性临床症状可做出初步诊断，进一步确诊需要化验血液磷含量。奶牛血磷正常值为 33.3～105.0 mg/L。

图 4-12　低血磷性产后瘫痪牛神情倦怠
（侯引绪摄）

图 4-13　低血磷性产后瘫痪及向前爬行姿势
（侯引绪摄）

五、治疗

磷糖疗法是治疗牛低磷血症的一个有效治疗方法。

(1)10% 磷酸二氢钠注射液 500 mL。

(2)25% 葡萄糖注射液 1 000 mL。

用药方法:静脉注射,每天 1 次,连用 3 d。

(3)维生素 ADE 注射液 20 mL。

用药方法:肌内注射,每天 1 次,连用 3 d。也可将磷酸二氢钠粉 50 g 或磷酸氢钙每日于饲料中混喂,进行配合治疗。还可肌内注射三磷酸腺苷进行治疗。

六、预防措施

当前,奶牛养殖更重视日粮中钙的科学添加,相对而言忽视了日粮中磷含量的科学评估,这也是导致奶牛产后代谢病发病率高的一个原因。对产后 40 d 内的尾椎变形牛和尾椎正常奶牛的血磷做了检测及对比试验,试验结果表明,尾椎变形组(10 头)奶牛血清 P 含量平均值为 (5.24 ± 0.22)mg/100 mL,尾椎正常组(10 头)奶牛血清 P 含量平均值为(6.09 ± 0.21) mg/100 mL,尾椎正常组奶牛的血清磷含量平均值比尾椎变形组高 0.85 mg/100 mL,两组差异显著 ($P < 0.05$)。由此可见,在尾椎变形发生率较高的牛群中,缺磷的问题大于缺钙,在日粮调制上要重视磷的补充;在尾椎变形发生率较高的牛群中开展奶牛分娩后输液补钙预防产后瘫痪时,要避免单纯补钙的做法,应该钙、磷同补,选用钙、磷、镁复合制剂开展奶牛产后输液保健工作。在产后灌服保健工作中要纠正"重补钙、不重视补磷"的错误意识。

子任务六　奶牛产后截瘫

奶牛产后截瘫是由于决定奶牛正常分娩过程的要素存在一定程度的异常,在分娩过程中导致母牛后躯肌肉、韧带、肌腱、神经、脊椎、骨骼等损伤,而无法站立的一种疾病。随着奶牛饲养管理水平的迅速提升及养殖模式变化,在奶牛产后瘫痪得到有效控制之后,产后截瘫成了奶牛场（尤其是大型或万头级奶牛场）面对的又一个重要的产后瘫痪性疾病，治愈率不高，病期较长，治疗难度较大，死淘率高。此病的病因、诊断、治疗较为复杂，也有人将奶牛产后截瘫归入奶牛产后爬卧综合征之列。

一、病因

（一）胎儿过大

分娩过程中过度压迫、挤压闭孔神经、盆骨神经等造成神经功能障碍或结构受损，从而引发产后截瘫；胎儿过大也可在分娩过程中导致腰椎韧带、肌肉、肌腱剧伸、拉伤、损伤等功能或结构受损，从而引发产后截瘫。

（二）母牛怀双胎

母牛生双胎时，分娩过程延长，胎儿总体积增大，可由于胎儿挤压、骨盆及后躯神经等而导致本病发生；怀双胎的母牛分娩过程显著长于怀单胎的母牛；怀双胎母牛的产后截瘫发病率显著高于怀单胎的母牛。

（三）硬产道狭窄

产道大小是决定牛分娩过程是否正常的母体分娩要素之一，在胎儿大小正常的情况下，如果硬产道狭窄同样可造成胎儿对母体骨盆神经、肌腱、骨等组织的过度挤压而发生截瘫。

（四）难产时不科学助产

粗暴的助产是引起产道某一部位韧带、神经、肌肉、骨、关节 损伤而发生截瘫的又一原因。

（五）奶牛产后瘫痪治疗护理不当

奶牛患产后瘫痪后，未及时治疗，或第一次补钙量不足，导致母牛在牛床上挣扎起卧、爬行，容易造成后躯神经、肌肉、韧带、关节等损伤，从而使产后瘫痪牛继发产后截瘫。

（六）奶牛产后虚弱

如果奶牛产后体质过度虚弱，肌肉乏力松弛，韧带紧张性降低，患牛起立困难，在强行起卧、运动中的跌跤、挣扎可导致产后截瘫；产后在光滑的地面上起卧行走，也可导致本病发生。另外，由于母牛产后虚弱、较长时间卧地不起，未能有效治疗或护理不当，后躯肌肉受压迫、缺血造成相应的肌肉组织水肿、损伤、坏死也可导致产后截瘫发生。

二、致病机理

尽管引起奶牛产后截瘫的原因较为复杂，但引起奶牛产后截瘫的直接原因可归纳为以下三点。

其一，分娩过程的异常挤压或压迫，导致闭孔神经、盆骨神经、胫骨神经功能或结构损伤（如水肿等），导致其所支配的肌群或肌肉疼痛、功能障碍，而使后躯运动机能障碍、不能自行起立。

其二，由于分娩过程的异常挤压或压迫，导致骨盆、荐髂关节、腰椎部韧带、肌肉、肌腱的剧伸、水肿或机能与结构损伤，躯体运动机能障碍、不能自行起立。

其三，分娩过程中的异常压迫或强行助产所导致的关节脱位及骨盆骨折，也可引发奶牛产后截瘫。

三、临床症状

奶牛产后截瘫绝大多数在分娩后立即发生，也可发生于产后 3～5 d，后躯无力、无法站立为主要临床表现（图 4-14）。患病牛体温、心率、呼吸一般均正常，瘤胃蠕动、食欲、反刍正常，精神状态正常、神志清楚、不昏睡，排粪、排尿正常。后躯无力，不能自行站立，但后躯神经反射基本正常；病牛虽然不能站立，但可爬动或有站立欲望，有些病例还能自行翻身，由于后躯软弱无力，后肢及臀部拖地不动，人为驱赶时也可呈半蹲姿势（图 4-15）或蛙卧姿势（图 4-16）。

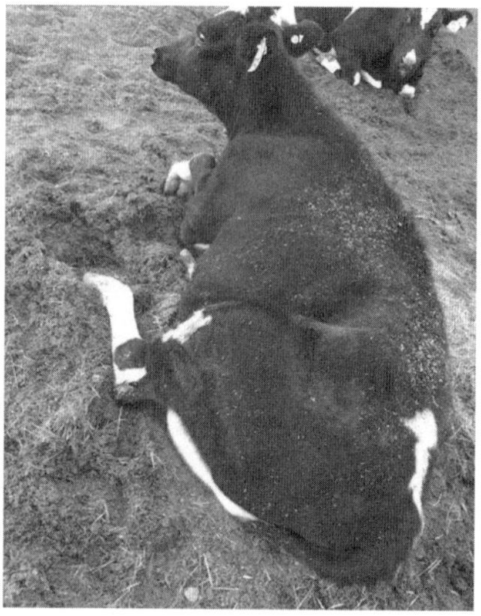

图 4-14　产后截瘫牛无法站立

（侯引绪摄）

图 4-15　产后截瘫牛呈半蹲姿势

（侯引绪摄）

图 4-16　产后截瘫牛呈蛙卧姿势

视频 12　奶牛产后截瘫

四、诊断

在临床诊断过程中，可依据临床症状，结合分娩过程、分娩时间、胎儿大小、是否双胎、助产过程等因素，对此病做出临床诊断。该疾病的诊断并不十分困难，但要考虑的因素较多。进行细致的直肠触摸检查或体表触摸检查时，有可能触摸到患病牛的腰椎、骨盆不平整或有相应的痛点。目前，尚无有效的实验室诊断设备及方法，此病的诊断要注意与奶牛产后瘫痪相区分，两者的鉴别诊断要点见表4-1。

表4-1　牛产后截瘫与产后瘫痪的鉴别诊断要点

区别点	产后截瘫	产后瘫痪
胎次因素	头胎牛发病率高	头胎牛很少发病、经产牛发病率高
食欲表现	正常	食欲废绝
排粪排尿	正常	不排粪、不排尿
咽、肠功能	咽、肠功能正常	咽、舌、肠功能麻痹
精神状态	正常	高度沉郁或昏迷
体温	正常	正常或下降
神志知觉	正常	知觉障碍、反射迟钝或消失
后躯反射	正常	减弱或消失
运动功能	后躯截瘫、能爬、有站立欲望	四肢瘫痪静卧

五、治疗

产后截瘫如果是骨折、韧带完全断裂、髋关节脱臼等严重损伤，则无治疗价值，应及早淘汰，因为严重的关节、骨折、椎骨损伤、韧带、肌肉和神经干断裂，目前我们尚无有效治疗方法和设备。全身或局部用药无法根除相应的病理损伤，随着病程的延长会继发褥疮、感染、肌肉压迫性缺血、变性、坏死及败血症而失去治疗意义。

对于由分娩过程的异常压迫或不当助产，导致的闭孔神经、盆骨神经、胫骨神经一定程度的功能损伤或结构损伤(如水肿、出血等)具有一定的治疗价值。对于由分娩过程的异常挤压或压迫或不当助产，导致的腰椎部韧带、肌肉、肌腱的剧伸、水肿或机能与结构一定程度的损伤也具有治疗价值。新型非甾体类解热镇痛药治疗法临床治疗效果较好，是较为简单省事的一种治疗方法。非甾体类解热镇痛药氟尼辛葡甲胺具有很好的解热、镇痛、抗炎、抗毒素作用，有助于神经、肌腱水肿及炎症的缓解。利用非甾体类解热镇痛药及抗生素配合治疗是一种较好的治疗方法。具体治疗方法如下：

(1)肌内注射5%氟尼辛葡甲胺20 mL，每日1次。

(2)头孢噻呋注射液，1～2 mg头孢噻呋/kg(体重)；肌内注射维生素B_1注射液20 mL，每日1次。

(3)肌内注射维生素C注射液30 mL，每日1次；肌内注射维生素ADE注射液20～30 mL；连续治疗3～5 d。

六、治疗期护理

由于牛体重巨大，从某种意义上来说，治疗期的护理就显得尤其重要。

（1）治疗期间给患病牛提供充足的饲草、饲料和饮水让其自由采食。

（2）在患病牛躺卧的地方铺垫草、垫料。

（3）及时给患病牛翻身或转换躺卧姿势，防止一侧后躯肌肉过度受压迫。

（4）每天用脚踩的方式给病牛按摩后躯 2 次，每次 30～60 min，或每天用松节油加等量的 10%樟脑酒精擦拭后躯、臀部及大腿内侧。

（5）冬天要注意病牛保暖。

（6）病牛治疗好转起立后，要继续维持治疗 2 d。

【思考与练习】

一、填空题

1. 产后健康奶牛的血钙浓度为________。
2. 奶牛产后低血钙性瘫痪牛的血钙浓度为________。
3. 泌乳奶牛正常的血镁含量为________，低血镁症奶牛的血镁含量为________。
4. 泌乳奶牛正常血钾值为________，低血钾症牛血钾值多为________。
5. 健康奶牛血磷正常值为________。

二、简答题

1. 总结奶牛低血镁性产后瘫痪的发病机理。
2. 总结奶牛低血钙性产后瘫痪的发病机理。
3. 总结奶牛低血磷性产后瘫痪的发病机理。
4. 总结奶牛低血钾性产后瘫痪的发病机理。
5. 请说明奶牛产前截瘫的发病机理。

三、综合分析题

1. 对比分析奶牛低血钙性产后瘫痪与产后截瘫的鉴别诊断要点。
2. 对比分析奶牛低血钾性产后瘫痪与低血镁性产后瘫痪的鉴别诊断要点。
3. 请你设计一个奶牛产后截瘫的治疗方案。

任务二　奶牛围产期非瘫痪性疾病防治

【知识目标】

- 掌握牛胎衣不下的发病机理。
- 掌握牛胎水过多的发病机理。
- 掌握奶牛妊娠毒血症发病机理及防控知识。
- 掌握牛肝脓肿的发病机理和防控知识。
- 掌握牛醋酮血症的发病机理及防控知识。

【能力目标】

- 能熟练掌握牛胎衣不下的治疗技术技能。
- 能熟练掌握牛妊娠毒血症的诊断技术、技能。
- 能熟练掌握牛肝脓肿的诊断治疗技术。
- 能掌握牛醋酮血症的监控和临床保健技术。
- 能掌握牛胎水过多的诊断和治疗技术。

【素质目标】

- 培养在生产中实践中的临床研究专业素养。
- 培养在生产一线工作中不断学习、不断成长的发展素养。
- 培养理论与实践相结合,研究解决生产实际问题的工匠精神。

【相关知识】

子任务一　胎衣不下

对许多牛场来说,夏季是奶牛产犊的高峰期,也是牛胎衣不下发病的高峰期。个别牛场夏季胎衣不下的发病率高达20%以上。胎衣不下是导致奶牛产后子宫感染、子宫炎、子宫复旧不全的一个重要原因。临床统计表明,胎衣不下的牛45%以上会发生子宫炎症。所以,胎衣不下就成了奶牛围产后期的一个重要疾病,尤其是在夏季,对此病的防控问题就显得更为突出、更为迫切。胎儿产出后,胎衣未能在正常的生理时限内排出就叫胎衣不下,也叫胎衣滞留。

胎衣不下包括胎衣完全不下和胎衣部分不下。胎衣一般会在分娩出胎儿后4～6 h排出,最长不超过12 h。如果胎衣排出时间大于12 h就判定为胎衣不下,此标准是大家在奶牛临床疾病防治上人为给出的一个量化界定标准。胎儿出生前,包裹在胎儿外周的胎膜为胎儿在子宫中的发育成长提供了良好的环境,胎膜包裹在胎儿外面,恰似胎儿穿着的衣服,所以被称为胎衣(图4-17)。胎衣的主要组成部分为羊膜、尿膜、绒毛膜、胎儿胎盘。在妊娠阶段,胎衣通过母体胎盘、胎儿胎盘,以类似于纽扣扣合的形式实现了胎儿胎盘与母体胎盘的吻合,建立起了胎儿与母体的血液与营养物质供给及代谢排出的通路。

胎儿产出后,母体胎盘和胎儿胎盘分离,胎衣原有的生理功能丧失,胎衣在子宫中就会成为一个异物,必须将其排出。如果胎衣不能正常排出,将会导致子宫感染、子宫炎、子宫复旧不全等问题,从而影响产后生殖器官结构和功能恢复,影响奶牛繁殖性能,甚至会因急性全身性子宫炎而死亡。

一、胎衣与子宫黏膜的扣合式连接结构分析

牛胎衣与子宫黏膜的连接结构如图4-18所示。

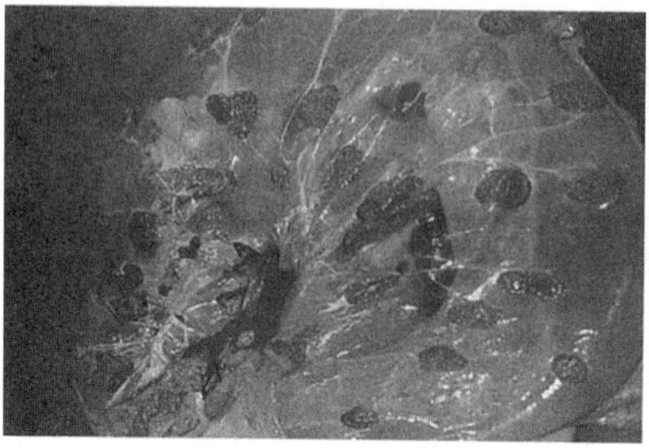

图 4-17　牛胎囊外观图

（肖定汉摄）

1. 绒毛膜 + 尿膜　2. 胎盘　3. 子宫内膜　4. 子宫壁

图 4-18　胎衣与子宫黏膜的扣合式连接结构示意图

（动物产科学，赵兴绪）

当受精卵发育为胚泡，胚胎的发育无法依靠简单的渗透方式完成相应的物质代谢时，在繁殖激素等因素作用下，胚泡的外层就会发育出胎膜，在胎膜外表层上会通过增生的方式形成胎儿胎盘，在胎儿胎盘相对应的子宫黏膜处就会发育出母体胎盘。胎儿胎盘突出于胎膜表面，呈现整体突出、中央凹陷的结构形态；母体胎盘突出于子宫黏膜表面，顶部呈球状样的突起结构。通过二者扣合实现母体胎盘与胎儿胎盘连接和结合，形成完整的胎盘，俗称子包母式胎盘结构（图 4-19）。胎盘是胎儿和母体实现物质代谢的重要器官，也是保护胎儿正常发育的一个重要屏障结构。

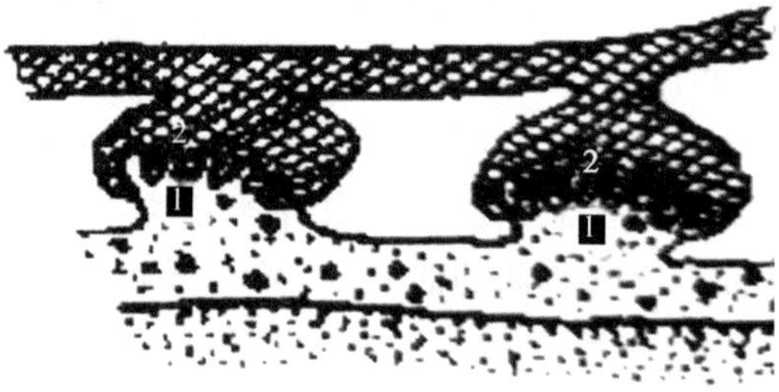

1. 母体胎盘　2. 胎儿胎盘

图 4-19　子包母式胎盘结构

二、胎衣排出机理

1.胎儿产出后的子宫阵缩是促使胎衣排出的重要动力

通过子宫阵缩，促使母体胎盘松动，解除母体胎盘与胎儿胎盘的扣合，从而使之分离、排出。胎儿排出后、通过子宫阵缩，促使母体胎盘排出大量血液，减轻了子宫黏膜腺窝的紧张度，从而使胎儿胎盘上的绒毛更容易从母体胎盘中脱出。

当母牛分娩出胎儿后，子宫阵缩会暂停约 5 min 的时间，此时牛表现相对安静，短暂的暂停休息后，阵缩再次启动，母体通过子宫的阵缩性收缩，促使母体胎盘与胎儿胎盘松动，从而达到解除母体胎盘与胎儿胎盘的紧密扣合，促使母体胎盘和胎儿胎盘分离排出之目标。

2.成熟的胎盘是胎衣正常排出的一个重要条件

胎盘一般于妊娠期满前 2～5 d 完成自体成熟过程，俗话说“瓜熟蒂落”，没有成熟或成熟不充分的胎盘，不容易完成母体胎盘和胎儿胎盘的分离过程，成熟后的胎盘表面的结缔组织会发生胶原化，纤维变湿润、变直，使胎儿胎盘和母体胎盘变得容易分离。

另外，成熟胎盘子宫腺窝上皮变平，在分娩激素的作用下组织变松软，这些变化为母体胎盘与胎儿胎盘的分离创造了条件，所以说胎盘成熟程度是影响胎衣正常排出的又一个重要因素。成熟的胎盘突上结缔组织胶原化，变得湿润，纤维膨胀、变直(未成熟的呈波浪状、螺旋状)。

3.牛健康状况及免疫力高低是决定胎衣能否及时排出的又一重要因素

当胎儿产出之后，胎衣就会变成体内的一种异物，免疫系统完成辨识之后，就会启动自身的排异反应，将其排出体外。但当奶牛免疫系统功能低下或障碍时，这种排异反应会显著变弱，从而导致子宫阵缩能力低下或阵缩无力。

4.胎盘的炎症、老化、坏死、充血及胎盘结构异常是导致胎衣不下的一个常见原因

炎症可导致母体胎盘与子体胎盘粘连；胎盘炎症可导致子体胎盘与母体胎盘间组织增生，从而导致胎衣不下发生；胎盘炎症过程中的充血，会使母体胎盘和子体胎盘扣合更加紧密，且不易分离。胎盘炎症或老化会影响胎盘的分泌功能，例如，使前腺素分泌减少，使子宫对催产素等敏感性下降、阵缩力量减弱。

综合上述牛胎衣排出的机理可知，以下四种因素是决定牛产后胎衣能否正常排出的重要原因。

(1)阵缩是决定奶牛产后胎衣能否正常排出主要因素。

(2)胎盘成熟状况是影响胎衣正常排出的一个重要因素。

(3)奶牛机体健康状况及免疫力高低是决定胎衣能否及时排出的一个基础性因素。

(4)炎症、充血、老化、坏死、结构异常等是导致胎衣不下的一个病理性因素。

三、胎衣不下原因分析与防治

(一)子宫阵缩无力

牛产后子宫阵缩无力是导致胎衣不下的一个重要原因，造成产后子宫阵缩无力的因素较为复杂，在此就其主要因素进行简要叙述。

1.免疫系统功能低下或障碍

当胎儿产出之后，胎衣就会变成体内的一种异物，免疫系统完成辨识之后，就会启动自身

的排异反应，将其排出体外。但当牛免疫系统功能低下或障碍时，这种排异反应会显著变弱，从而导致子宫阵缩能力低下或阵缩无力。

2. 干奶期营养元素供给不足或不平衡

干奶期或头胎牛妊娠后期的营养元素供给不足或不平衡主要表现为肥胖、瘦弱，产前食欲不振、产后不食等。其病理变化主要是脂肪肝、产前酮病，甚至妊娠毒血症、低血钙、低血磷、低血糖等。

肥胖和瘦弱均可导致子宫平滑肌收缩无力，从而导致子宫阵缩无力、胎衣不下发病率上升。除此之外，严重的肥胖还可以导致奶牛妊娠后期及产后猝死发生，尤其是饲养水平高的头胎牛最为突出。归根结底，导致肥胖、瘦弱和代谢紊乱的一个主要原因就是干奶期营养元素供给不足或不平衡。

例如，低血钙、低血磷、低血糖和维生素 D、维生素 A、维生素 E，以及 Se 等元素不足或不平衡，可导致载脂蛋白不足，载脂蛋白不足可引起牛产出胎儿后子宫阵缩无力。低血钙可导致子宫平滑肌收缩无力，低血糖会因能量不足而表现子宫收缩无力，低血磷会因 ATP 生成不足而表现子宫收缩无力，维生素 D、维生素 A、维生素 E、Se 等元素缺乏和载脂蛋白缺乏，可导致肝脏等组织细胞代谢过程障碍，而表现子宫收缩力下降。

尽管牛围产前期疾病发病率显著低于围产后期，但围产后期的牛健康状况与围产前期及干奶期的饲养管理有密切的因果关系，分娩及产奶应激是激发干奶期问题的一个重要生理节点，围产前期或干奶期问题是导致围产后期疾病发生的基础因素。

防控措施：

①调整日粮配方、保证营养元素充足平衡，提升奶牛免疫机能，加强兽医与营养师的日常沟通反馈。也可给新产牛注射处方布他磷进行防控。

②维持好奶牛体况，干奶牛体况评分定位于 3.25～3.5 分。

③头胎牛与经产牛分群饲养。

④通过产后灌服(补充钙、磷、能量、维生素等)营养剂。

⑤对于存在钙不足的牛场，产后立即静脉输糖、输钙。对胎衣不下有预防作用。

⑥产前 1～2 周肌内注射维生素 AD 注射液 10～20 mL。

⑦产后立即注射催产素(OXT)5～100 IU。有预防胎衣不下、促进胎衣排出的作用。

⑧产后立即肌内注射氯前列烯醇 0.4～0.8 mg。

⑨产后肌内注射催产素 5～100 IU + 氯前列烯醇 0.4～0.8 mg。

⑩催产素和氯前列烯醇联合使用，具有提升子宫阵缩的协同促进作用。

前列腺素的作用：促进子宫平滑肌收缩；有促进催产素分泌的作用；可增加子宫对催产素的敏感性。

催产素的作用：可以使子宫肌发生强烈收缩；可通过促进子宫内膜 $PGF2\alpha$ 的合成使子宫阵缩能力加强；与氯前列烯醇联合使用，具有提升子宫收缩的协同促进作用。

3. 运动不足、干奶期过长

干奶牛保证适量的运动有增强子宫收缩功能的作用；干奶期过长极易导致奶牛干奶期肥胖，是造成奶牛肥胖的一个常见原因。

防控措施：

①给干奶牛提供一定的运动空间。

②保证围产群、新产群饲养密度≤80%。

③头胎奶牛与经产奶牛分群饲养并及时调群。

4.胎儿过大、双胎

胎儿过大或双胎可导致分娩过程时间延长，也可导致子宫过度扩张，子宫平滑肌疲劳和收缩无力，从而引发胎衣不下。助产过程中的不当助产可导致子宫过度扩张，造成子宫机能和结构损伤，从而引起子宫收缩无力。

防控措施：

①加强干奶期饲养管理，科学调控干奶期日粮配比。

②根据牛群具体情况科学选配选育，防止胎儿过大或双胎率升高。

③适时科学助产，助产不可强拉、乱推，避免损伤子宫结构或功能。

（二）胎盘成熟不好

牛胎盘平均在妊娠期满前2～5 d成熟。成熟后胎盘的结缔组织胶原化、变湿润、纤维变长、结构变直；子宫腺窝变平、结构变疏松；在分娩激素作用下易于分离。未成熟的胎盘缺少上述变化。

防控措施：

①分娩前1～2周注射2～3次维生素ADE注射液20 mL。

②从饲养管理方面减少应激（热应激），防止怀孕母牛妊娠期缩短10～14 d。

③围产群饲养密度≤80%，保证干奶牛有适量运动。

④及时停止挤奶，避免停奶期过短。

（三）胎盘老化及炎症

胎盘老化时，母体胎盘结缔组织增生，胎盘重量增加。结缔组织增生、母体子叶表层组织增厚，使胎儿胎盘绒毛钳闭于腺窝中，不易分离。另外，胎盘老化后表面组织增厚，绒毛钳闭于腺窝中，不易分离，胎盘老化后内分泌功能减弱，使胎盘分离过程复杂化，不利于胎衣排出。

胎盘发生炎症，例如布鲁氏菌病、乳房炎、腹膜炎、肠炎等微生物使胎盘感染发生炎症，从而发生增生、坏死，胎儿胎盘和母体胎盘发生粘连，导致胎衣不下。

另外，饲喂发霉变质饲料，可使胎盘内绒毛和腺窝组织发生坏死，从而影响胎盘完整分离。

防控措施：

结合防治子宫收缩无力+防治胎盘成熟不良+防治胎盘炎的方法进行针对性预防控制。

四、奶牛胎衣不下临床治疗

任何疾病的发生都是有原因的，没有原因的疾病是不存在的，但却存在我们还没有找到病因的疾病。面对养殖过程中的众多疑难病症，找到病因、弄清发病的病理，是我们做好牛病管理的关键。胎衣不下的临床治疗措施如下：

（1）产后注射催产素5～100 IU治疗；

（2）产后肌内注射氯前列烯醇治疗；

（3）产后糖钙疗法治疗；

(4)产后喂服益母草膏治疗；

(5)子宫胰蛋白酶(5～10 g/次)治疗法；

(6)肌内注射抗生素治疗法；

(7)子宫投碘制剂、栓剂、抗生素制剂与防腐消毒剂(醋酸氯己啶等)治疗法。

子任务二　妊娠毒血症

奶牛妊娠毒血症是一种严重的消化、代谢障碍性疾病，此病发病突然，病程短急，后期治疗效果差，死亡率高。此病与干奶期或青年牛饲养后期营养水平过高导致的肥胖有关，也称肥胖母牛综合征，其病理性表现特点是进行性消瘦、脂肪肝、酮血症。

目前，此病已成为奶牛场面对的一个重要代谢病，在某些典型牛群中发病率高达 50%，死亡率高达 25%，群发性的奶牛妊娠毒血症可给牛场造成重大经济损失。

一、病因

(1)日粮中某些特定蛋白质缺乏，导致载脂蛋白生成量减少，影响肝脏脂肪移除，从而导致本病发生。

(2)分群不科学，干奶牛、青年牛与泌乳牛混群饲养易导致本病发生。

(3)干奶期母牛或妊娠后期 3 个月日粮中精料比例过高，或精料中能量、蛋白过高或实际采食量超过营养标准是导致奶牛妊娠毒血症的主要原因。

(4)精料配合不科学，精饲料中豆粕、棉籽等蛋白类成分添加过多，可导致本病发生。

(5)粗饲料质量低劣，导致奶牛采食精料相对过多，也可导致本病发生。

(6)过瘤胃脂肪等高能量添加剂添加过量，可导致本病发生。

(7)糟粕料添加过量(如啤酒糟)等可导致本病发生。

二、发病机理

研究表明，奶牛体脂的贮存在泌乳期为 59%，在干奶期为 85%，干奶期能量贮存的增加会造成奶牛肥胖，使奶牛体内贮存大量脂肪。肥胖可使奶牛分娩前后食欲大为降低，采食量下降可导致生糖的原生质缺乏，从而引起正常的糖异生受阻，血糖下降。

一头牛每天约需 7.4 kg 的葡萄糖，由于血糖下降，体内脂肪分解加强，脂肪分解过程中会释放出大量的脂肪酸进入血液，并随血液进入肝脏，在肝脏内由于缺乏合成载脂蛋白必需的磷脂，致使甘油三酯在肝脏中大量蓄积，使肝细胞发生严重的脂肪变性(即脂肪肝)。

此外，在体脂肪分解过程中，还会产生大量的中间代谢产物，这些产物包括丙酸酮、乙酰乙酸、β-羟丁酸等物质。另外，肝脏细胞发生严重的脂肪变性后，肝脏的解毒、分泌等功能障碍，造成大量对机体有毒害作用的中间代谢产物(如酮体等)在血液中蓄积，从而引起全身性中毒，这也是牛妊娠毒血症这一名称的由来。

当该病发展到后期出现临床症状时，许多器官的细胞发生了变性，因此药物治疗很难见效，这也是本病死亡率高的原因。严格地讲，奶牛妊娠毒血症并不是简单的酮病、肥胖或脂肪肝，而是一种复杂的严重的代谢障碍性疾病。

三、临床症状

(一)最急性型

最急性型病例大多发生于分娩后,也可以发生于临分娩前 2 周内,常常突然死亡而被发现,来不及治疗。

当青年牛在怀孕后期出现这种突然死亡病例时,应该联想到奶牛妊娠毒血症,并针对妊娠毒血症进行相应的监测、诊断,不能将诊断只局限在传染病方面,饲养是导致本病发生的重要原因,所以,在饲养失误的奶牛场此病会表现出一定的群发性。

(二)急性型

大多数急性病例食欲废绝,瘤胃蠕动微弱,病牛精神沉郁,反应迟钝,步态不稳,粪干或排出腥臭黑色稀粪便,心率、呼吸正常,体温大多数正常,偶有体温高于 39.5 ℃的病例,发病后 2～3 d 卧地不起,常因治疗无效而淘汰或以死亡告终。

(三)亚急性型

亚急性型病例呈奶牛产后酮病的主体临床症状。病程可延长到产后 20～30 d,体温、呼吸、心率正常,发病牛由食欲差发展到不食,消瘦,分娩前后膘情变化显著,尿液 pH<7.2,偏酸,尿酮阳性,粪便少而干,可排少量黑色稀粪便,泌乳量逐渐减少,甚至无奶,卧地不起,治疗效果差,也可继发子宫炎、乳房炎等病,最后因丧失治疗价值而被淘汰或衰竭而死。

总之,此病病程短,治愈率低。随着奶牛饲料条件的大幅度提升,此病的发病率呈上升态势。在进口牛群中,这一疾病的发病率要高于非进口牛群,为什么会出现这一问题呢?其主要原因为:

其一,近年来,我国进口的奶牛大多是来自澳大利亚、新西兰、乌拉圭的育成牛或青年牛,这些国家草场资源丰富,他们大多采用的是放牧加补饲的饲养方式,尽管这些牛经过长期选育具有优秀的高产基因,但由于采用的是放牧加补饲的饲养方式,胎次产奶量一般为 6 000 kg 左右,对高精料饲养需要一个适当的适应或过渡阶段。如果我们将这些育成牛或青年牛进口到国内奶牛场后,立刻改为高精料饲养,这些牛就很容易出现肥胖问题,可导致青年牛在产前、产后出现妊娠毒血症。所以,引进的进口奶牛,我们必须根据其膘情因地制宜地制订相应的日粮标准,不要照搬国内的日粮配方,不可照抄相应的营养标准。

其二,由于进口奶牛价格相对较高,遗传品质优良,国内奶牛场往往会给进口奶牛提供高品质的饲料,如优质苜蓿、优质豆粕、压片玉米等,甚至不计饲料成本,这种“溺爱”式饲养,不仅造成饲料浪费,也是导致妊娠毒血症发生的一个原因。

四、诊断

可依据本病的发病情况、临床表现、病理解剖变化做出临床诊断,也可以结合实验室化验做出最后诊断。

(一)病理变化

产前病牛肥胖,产后消瘦迅速。肝脏肿大,边缘变钝厚,颜色呈土黄色,质地变脆,呈脂肪肝病理变化。甚至用手就可将肝脏轻松撕裂,肝脏撕裂的断面或切面外翻,切面油腻,有一层油脂颗粒样物质。胆汁黏稠,胆汁中漂浮一层黄色脂肪颗粒样物质。肺有瘀血、气肿病理变化。

肝脏组织切片在显微镜下观察，可见肝脏细胞发生严重的脂肪变性，肝细胞中有大的空泡。肾脏组织切片在显微镜下观察，肾细胞发生脂肪变性，肾间质有红细胞聚集。

(二)实验室诊断

因为奶牛妊娠毒血症是一种复杂的严重的消化、代谢障碍性疾病，所以，奶牛发生此病后会表现出好几种指标异常变化(表 4-2)，诊断时也可参考这些指标。另外，测定血液中游离脂肪酸含量高低对诊断此病也有重要的参考意义。

表 4-2　妊娠毒血症奶牛的几项生化检查指标

指标名称	正常参考值	妊娠毒血症测定值
血清总蛋白 TP/(g/L)	67～75	55.5～60.5 ↓
血清白蛋白 BSA/(g/L)	30～36	26.5～28.5 ↓
谷草转氨酶 AST/(μ/L)	45.3～150	183.6～194.5 ↑
总胆红素 TBI/μmoL	0～9	12.8～16.2 ↑
直接胆红素 DBI/μmoL	0～5	8.4 ～9.7 ↑
葡萄糖 GLU/(mmol/L)	2.6～4.3	2.06～2.41 ↓
无机磷 IP/(mmol/L)	1.19～2.65	2.84～3.09 ↑
血清钙 Ca/(mmol/L)	2.05～2.69	1.74 ～2,58 ↓
血清镁 Mg/(mmol/L)	0.79～1.19	0.58～0.65 ↓

注：所测妊娠毒血症指标来源为患病牛 5 头，↓表示指标降低，↑表示指标升高。

五、治疗

(1)50%葡萄糖 1 000 mL，静脉注射。

(2)5%碳酸氢钠 500～1 000 mL，静脉注射。

(3)复方生理盐水 1 000 mL，静脉注射。

(4)10%磷酸二氢钠注射液 500 mL。

(5)氢化可的松注射液 100 mL，静脉注射。

(6)烟酸 15 g、氯化胆碱 80 g、纤维素酶 60 g、丙二醇 300～400 mL、钙磷镁合剂 1 000 mL，灌服。

(7)复合 B 族维生素注射液 10～20 mL，隔天肌内或皮下注射一次。

(8)按此参考处方治疗，一个疗程为 4～5 d。

六、预防措施

(1)科学配制日粮，保证精粗比例，精料中能量、蛋白饲料等配比科学，做好体况评分工作，防止干奶牛、青年牛妊娠后期肥胖。

(2)分娩后给牛灌服丙二醇，每天一次，一次 300～400 mL，连续 3～5 次，对此病有预防作用。

(3)从产前2周开始，每天补饲烟酸8 g、氯化胆碱80 g、纤维素酶60 g，对此病有一定的防控作用。

(4)保证日粮钙磷平衡，防止奶牛日粮中磷缺乏，对防治本病有一定的意义。

(5)给干奶期或怀孕后期的青年牛提供高磷低钙日粮，对此病也有一定的防控作用。

子任务三　牛肝脓肿

牛肝脓肿是一种隐性多发疾病，不容易在疾病早期揭发，并做出早期确诊。20世纪90年代此病在我国规模化国营奶牛场就有较高的发病率，这与当时的日粮配比水平低下，日粮手工搅拌不匀，奶牛挑食严重等因素导致的慢性酸中毒有直接关系。当TMR日粮配制技术在我国牛场全面应用后，此病得到了很好的控制。近年来，许多牛场兽医已经忘记了此病，对牛肝脓肿疾病变得陌生。但随着奶牛生产性能快速提升及肉牛养殖业规模、数量与效益提升，此病又重新回到我们的视野，且发病率显著回升，统计表明，此病的发病率为2%～3%。由于牛肝脓肿早期临床症状表现不明显，特异性临床症状不典型，导致早期诊断困难，后期治愈率低下、死亡率高、损失大。目前，此病又引起了大家的高度关注，也成了兽医领域的热点话题之一。

一、临床症状

对肉牛来说，牛肝脓肿在牛肥育阶段发病最为突出；对奶牛而言，牛肝脓肿多发生于高产牛群和日粮精饲料占比较高的牛场。牛肝脓肿疾病作为一种隐性疾病，早期症状不明显，不容易被发现。患病牛早期主要表现为体温升高，可达41 ℃，发烧呈周期性反复，初期白细胞数增高，达15 000/mm^3个以上。食欲不振，时好时坏，精神萎靡，发病后体况及膘情持续下降，患病牛躺卧时呈左侧半侧卧姿势，运动和躺卧时有疼痛不适的行为表现。牛不分品种、年龄均可发病，但发病率最高、经济损失严重的是肥育牛，其次是成乳牛。此病可导致牛猝死，个别患病牛突然跌倒，可因肝脏上的脓包破裂或肝脏血管破裂而死亡。

二、病理解剖

患病牛肝脏有典型的脓肿或脓包，脓包质地较软，突出于肝脏表面，大小不一，脓包一般类似于蚕豆至鸡蛋大小，呈白色或浅黄色、界限清楚、数目不等，一般脓包数量在10个以内(图4-20)。切开脓包则流出乳白色或乳黄色脓汁。个别脓包由于形成时间较长，可被周围增生的结缔组织包裹(图4-21)，质地相对较硬，肝整体呈黑红色，肝脏肿大。肝脓包破裂后可导致一定程度的腹膜炎，导致腹水增多和性状异常。对牛场来说，在疑似病牛尚未死亡前，采用解剖学诊断方法来诊断此病存在客观与主观方面的困难，所以，其解剖学病理图片，大多来自肝脓肿病牛死亡后的解剖验证资料。

三、诊断

此病根据临床症状和病程特点可做出初步判定，但大多数诊断结果来源于患病动物死亡后的病理解剖学诊断。另外，如果肝脓肿破裂，通过腹腔穿刺方式观察腹腔液数量、性状也可以作为一种参考性诊断手段。

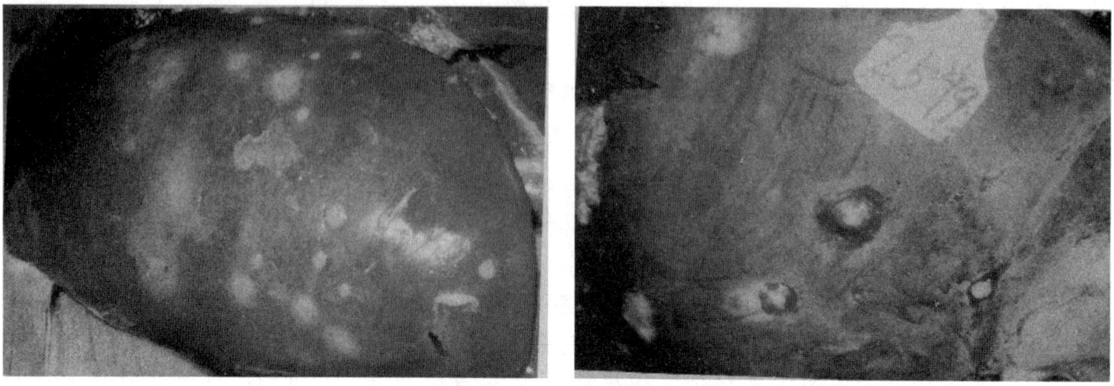

图 4-20　牛肝脏上的脓肿

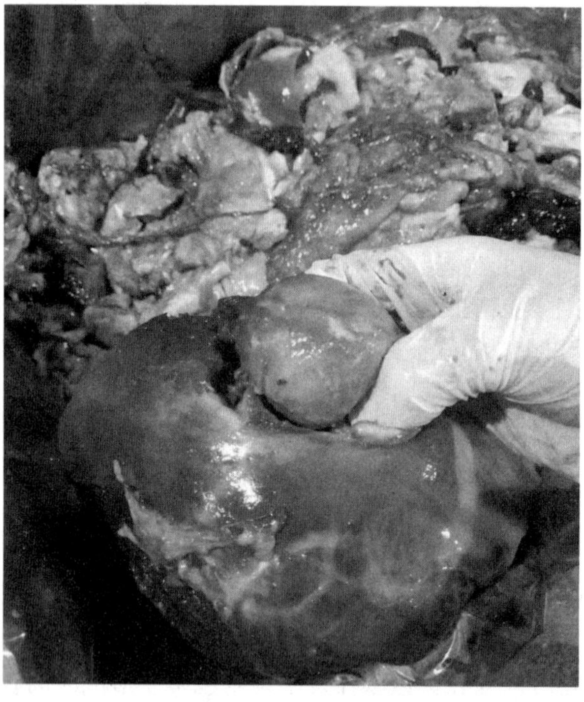

图 4-21　牛肝脏脓肿被增生结缔组织包裹时呈现的病理变化

四、致病机理

坏死梭形杆菌是一种厌氧的革兰氏阴性菌，19 世纪人们就清楚地认识到它是牛肝脓肿的重要病原，牛瘤胃中的坏死梭形杆菌包括三种生物型。Newson 等进行病原培养研究，在 100 个肝脓肿中，96 个脓肿培养分离出了坏死梭形杆菌，并发现牛瘤胃炎和肝脓肿一起构成了一种疾病综合征，其中瘤胃损害属于原发性感染，而肝脓肿是继发性局部感染灶。日粮中精料配比超过一定数量时，可导致瘤胃酸中毒发生，酸中毒可促使瘤胃炎发生、瘤胃黏膜受损。瘤胃黏膜发生炎症或损伤后，坏死梭形杆菌乘机侵入损害部位，在瘤胃壁较深层形成病灶性脓肿。

当病灶性脓肿中的坏死梭形杆菌侵入肝脏门脉系统，转移到肝脏，定位于肝实质，就形成了肝脓肿。如果肝脓肿破裂，脓汁与肝脏中的血管相通，就会导致肝脓肿向其他器官扩散转移，引起其他器官疾病，或者导致患病牛死亡。

五、病因分析与预防

(一)做好瘤胃酸中毒防控对防控本病具有重要意义

科学调配日粮，保证精料与粗饲料的科学配比，防止瘤胃酸中毒是防控此病的基础性措施。临床验证性实验表明，在精料中添加 1%左右的碳酸氢钠对降低此病发病率有一定的作用。目前，在精料中加入 1%左右的碳酸氢钠来预防牛瘤胃酸中毒，也是众多牛场普遍采用的一种措施。对于育肥牛而言，肥育期不可短期内大量增加精饲料，要草料兼顾，不要片面地用大量精料进行催肥。

(二)牛创伤性网胃心包炎是导致本病发生的一个原因

牛患创伤性网胃/心包炎时，网胃中的金属异物，不仅可以造成网胃和心包损伤，也可以扎入肺脏，造成肺脏损伤，导致瘤胃中的坏死梭形杆菌及化脓棒状杆菌在肺脏形成脓肿，肺脓肿中的坏死梭形杆菌及化脓棒状杆菌进入血循环系统，就可在肝脏形成肝脓肿。所以，牛创伤性网胃/心包炎是导致牛肝脓肿的一个原因，有效控制牛创伤性心包炎疾病发生，也是减少此病发生的一个有效措施。

(三)化脓隐秘杆菌感染也可引发本病

在牛临床病理解剖诊断过程中，观察到化脓隐秘杆菌引起的犊牛肺炎病例的肝脏上也可表现肝脓肿病理变化。目前，化脓隐秘杆菌感染导致的奶牛乳房炎、肺炎存在一定发病率。但化脓隐秘杆菌与牛肝脏脓肿的关系，有待进一步研究。

(四)牛腹膜炎也是导致牛肝脓肿的一个原因

严重的腹膜炎可导致脓毒败血症，脓毒败血症血液中的化脓菌，可以随血液转移到肝脏而形成脓肿。所以，加强犊牛脐炎及真胃溃疡的防控管理，不仅对降低牛腹膜炎有一定作用，也是预防牛肝脓肿的一个有效措施。

六、临床治疗

牛肝脓肿大多是在死后解剖时得以确诊，难以做到早发现、早治疗，当牛肝脓肿发展到后期，治疗效果低下。但治疗仍是挽救患病牛生命、减少经济损失的一个重要手段，牛个体价格较高，治疗仍然具有一定的经济意义。

笔者依据患病牛初期临床症状特点，作为临床诊断依据，结合此病的发病机理先后进行了 11 头牛肝脓肿病例的临床早期治疗探索。归纳如下，仅供参考。

(一)早期诊断牛肝脓肿依据和治疗处方

1.诊断依据

(1)突然“无原因”性体温升高(40 ℃以上)。

(2)体温升高呈周期性表现或周期性反复。

(3)食欲不振，时好时坏，精神萎靡。

(4)体况及膘情持续下降。

(5)白细数增高达 15 000/mm^3 个以上。

2. 牛肝脓肿早期治疗处方

(1)甲硝唑注射液 500 mL,3 d 为一个疗程。

用药方法:静脉输液,一天一次,连续 3 d。

(2)5%氟尼辛葡甲胺注射液 20 mL。

用药方法:肌内注射,一天一次,连续 3 d。

(3)维生素 ADE 注射液 20 mL。

用药方法:肌内注射,一天一次,连续注射 3 d。

(4)复合 B 族维生素注射液 20 mL。

用药方法:肌内注射,一天一次,连续 3 d。

(5)配合补液、输糖、口服小苏打进行对症及辅助治疗。

(二)小结与分析

采用上述治疗方法,先后对 11 头牛肝脓肿患病牛进行了探索性的早期临床治疗,经 2~3 个疗程,在治疗的 11 头牛中,5 头牛通过治疗临床症状得到明显缓解,阻止了病情恶化,病牛最终表现为临床治愈。

另外 6 头患病牛,其中 3 头死亡、3 头被淘汰处理。由此可见,以患病牛发病早期的临床症状特点,作为肝脓肿的临床诊断依据,并进行早期治疗,对治疗牛肝脏脓肿有一定的价值。但也存在经过治疗,症状得到缓解或临床痊愈的牛并不一定就是患肝脓肿的可能,此问题有待进一步研究。

甲硝唑属于硝基咪唑类抗生素,对坏死梭形杆菌、拟杆菌、梭形芽孢杆菌、破伤风梭菌等厌氧菌有较强的杀灭作用,这是笔者选择甲硝唑治疗牛肝脓肿的主要依据。

子任务四　牛醋酮血症

一、概述

牛醋酮血症又叫酮病、酮尿病、醋酮血症,酮病是奶牛糖类和脂肪代谢紊乱,在血液中积累大量酮体,包括 β-羟丁酸(BHBA)、乙酰乙酸和丙酮(主要是 BHBA),由尿液、乳汁和呼出气体排出,并以低血糖为特征的一种代谢性疾病,所谓酮血、酮尿、酮乳是指血、尿、乳中的酮体含量显著高于正常水平。目前,酮病是奶牛场面临的重要代谢病之一,对奶牛场实现经营目标影响巨大。此病多发生于产后 10~60 d。临床型酮病的发病率为 3%~4%,亚临床酮病发病率 30%~60%。

酮体是脂肪代谢的中间产物,酮体合成来源于肝脏,然后通过血液循环被运送到肌肉、心脏、脑和肾脏等组织被氧化利用,最后生成为 CO_2 和 H_2O。正常情况下,血液、尿液、乳汁中的酮体含量很低,在其正常生理范围,对奶牛的正常生理功能不构成任何影响;当酮体生成增加后就会导致牛的生理过程发生紊乱,从而表现出临床症状。

丙酮酸、乙酰乙酸和 β-羟丁酸都是较强的有机酸,如果在体内蓄积过多,可使细胞外的晶体渗透压升高，导致水和电解质的平衡发生紊乱；也可引起代谢性酸中毒。乙酰乙酸还是一种有毒的有机酸，脱羧后可变为丙酮，还原后可变为β-羟丁酸。丙酮、β-羟丁酸分别经过还原和脱羧反应可生成异丙醇，而引起牛的神经症状及神经组织损伤。本病只发生于反刍家畜，是危害奶牛业的一个重要疾病，肉牛和役用牛极少发生。奶牛酮病发生具有以下几个特点：

第一，高产奶牛群多发。

第二，肥胖牛多发。

第三，产后6周以内的牛多发(长可至产后2个月)。

第四，3～6胎的奶牛多发。

第五，冬季、夏季多发。

第六，不产奶的牛及公牛不发生本病。

第七，胎次高的奶牛发病率高。

二、病因

(1)饲料中蛋白质、脂肪过高而碳水化合物或糖不足。

(2)B族维生素缺乏。

(3)干奶期过肥。

(4)内分泌失调，肾上腺分泌功能下降。

(5)瘤胃慢性酸中毒。

(6)严重的能量负平衡。

(7)其他疾病继发。如真胃变位、前胃弛缓、肝脏疾病、生产瘫痪、迷走神经性消化不良、创伤性网胃炎等可继发本病。

(8)体内脂肪过分动员。

(9)饲养条件低下，饲料中蛋白质、脂肪、碳水化合物同时供给不足，这种情况导致牛酮病的现象已经比较少见。但在饲养条件较差，而产奶量又较高的场群较为多发，这是由于机体对糖的需求增高所致。

三、临床症状

奶牛酮病可分为隐性酮病(亚临床型酮病)和临床型酮病2种类型。

(一)亚临床型酮病

亚临床型酮病无明显的临床症状，病牛食欲轻度下降、慢性进行性消瘦，瘤胃充盈度差，初期泌乳量下降幅度小、后期下降明显。血酮升高，大部分有低血糖现象。尿酮检测为阳性或弱阳性。奶牛场应该重视隐性酮病的监测和防控工作。

三胎以上的牛亚临床酮病的发生率较高。对于二胎奶牛来说，如果第一胎时有酮病，那么第二胎时得酮病的概率是36.6%；如果第一胎未得酮病，则第二胎得酮病的概率是10.6%。

(二)临床型酮病

临床型酮病患病奶牛体肤、呼出的气体、尿及奶中有酮体味。体温一般正常或稍低(37.8 ℃)；呼吸浅快，心音快、弱、节律不整。产乳量下降，后期下降最为明显。

患病牛病初表现不同程度的不安和对外界刺激反应敏感。急性病例兴奋性表现明显、持续时间长，可达 2 d 左右。兴奋不安、哞叫、机敏，头颈异常抬伸，盲目运动，不听指挥，横冲直撞，空嚼、磨牙、异食(吃褥草)、流涎，眼球振动，视力障碍，甚至共济失调，这些神经症状是由于乙酰乙酸在瘤胃中分解为异丙乙醇所致。

随后精神沉郁，有时闭眼低头。对外界刺激反应降低或缺乏反应，步态无力，前胃弛缓，食欲下降，只吃少量干草或拒食，排粪、排尿减少。初期粪干、外有黏液，后期稀臭，迅速消瘦。多数病例经及时治疗预后良好，病情会在 2 周以内得到显著改善，少数病例如稍有耽误则预后不良。如继发其他疾病如肠炎、脱水等则预后谨慎。有一定数量的酮病常和产后瘫痪并发。

四、诊断

目前，利用酮体快速诊断仪检测牛血酮数值是大多数牛场诊断牛酮病的常用方法，此方法操作简单，几分钟就可完成测定，敏感度为 90%，特异性为 95%。酮体成分包括 3 种，但动物体内的酮体 90%以上为 β-羟丁酸。所以，检测血液中的 β-羟丁酸(BHBA)是检测酮病的“金标准”，具有 90%的敏感度，95%的特异性。

操作方法：

(1)将牛尾巴抬起，采血点(尾巴腹面、尾根 10～15 cm、腹面中线 2 侧)用酒精棉球进行消毒，然后用一次性注射器尾根采全血 1～2 mL(图 4-22)。

(2)将与酮体仪相配套的测定试纸条插入酮体仪试纸条插入口内，从试纸条后端吸入适量全血液，1～3 min 后观察酮体仪显示的数字结果即可(图 4-23)。

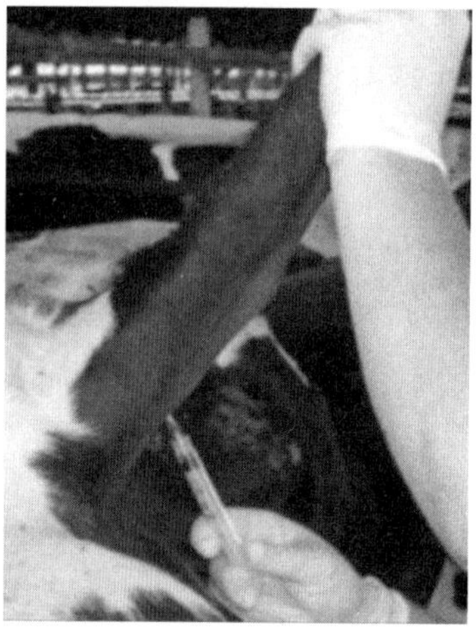

图 4-22　尾根采血操作图

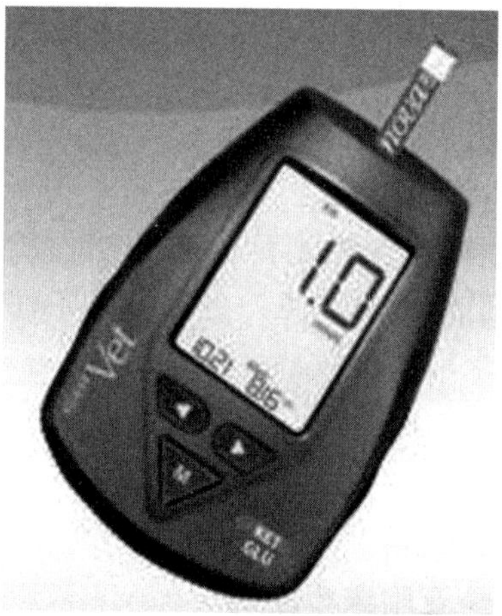

图 4-23　酮体测定仪及结果显示

判定标准：酮体值＜1.4 mmol/L 为健康；酮体值 1.4～ 3 mmol/L 为亚临床酮病；酮体值＞3 mmol/L 为临床型酮病。

注意事项：①检测时注意设备“工作温度”，很多设备低于 10 ℃检测结果不准；②临床型酮病，可结合临床症状和血酮检测结果，做出诊断。

五、治疗

提高血糖浓度、补充生糖物质抑制酮体生成、健胃保肝、纠正酸中毒，是本病的治疗原则。

具体治疗方法有：

(1)50%葡萄糖或50%右旋糖酐500～1 000 mL；5%碳酸氢钠500 mL；维生素B_{12} 10支静脉注射，每日1次，如无维生素B_{12}可以肌内注射复合B族维生素。

(2)在以上治疗时配合静脉注射氢化可的松0.3～0.6 g，也可单独应用，每日1次，连用5 d(肾上腺皮质激素有促进机体糖异生的作用)。

口服丙二醇，每次300～400 mL，每日1次，连用5 d；也可口服氯化胆碱。

六、预防措施

(1)做好奶牛酮病监测，对产后奶牛要认真、及时监测，发现阳性者及时进行防治。

(2)产后灌服丙二醇300～400 mL，每天1次，连续3 d，对酮病发生有较好的防控作用。

(3)分群管理。干乳期减少精料喂量，混合料每日3～4 kg，青贮15 kg，提供充足优质干草及青饲料。

(4)防止干奶期奶牛肥胖，可有效减少产后酮病发生。

(5)饲料中添加过瘤胃胆碱对奶牛酮病有一定的防控作用。

(6)利用产后注射氟尼辛葡甲胺缓解奶牛产后分娩应激技术，也可降低奶牛产后酮病发病率。

子任务五　牛胎水过多

奶牛胎水过多是指怀孕牛的胎水远远超过了生常的生理范围。胎水过多主要由尿水过多引起，也可以是羊水或羊水和尿水同时积聚过多。此病主要发生于牛和羊，其他家畜则较少见。胎水过多常发生于怀孕5个月以后的奶牛。

奶牛的胎水多少因个体不同而有所差异。一般情况下，羊水为1.1～5 L，尿水平均为9.5 L。发生胎水过多时，胎水总量会远远超过这一数值，达到100～200 L。

一、病因

奶牛发生胎水过多的原因还不很清楚，但临床观察发现胎水过多常发生于如下几种情况：

(1)怀双胎的奶牛多发本病。

(2)患子宫疾病的奶牛多发此病。

(3)妊娠牛患有心、肾疾病及贫血时多发此病。

二、症状及诊断

其症状随病理过程的不同而有所差异。患病奶牛腹部异常增大，而且变化迅速，腹壁紧张，背凹陷。推动腹壁可清楚感觉到腹内有大量的液体。病牛运动困难，站立时四肢外展，因卧下时呼吸困难，所以不愿卧下。病情进一步恶化，胎水进一步增多，则起卧困难，发生瘫痪。有时可引起腹肌破裂。

体温一般正常、呼吸浅快、心跳增快、瘤胃蠕动减弱。进一步恶化则可见患病牛精神沉郁、食欲废绝、显著消瘦。

直肠检查时腹压升高，子宫内有大量液体，不易摸到子叶和胎儿。

三、预后

病情较轻又距预产期较近时，妊娠可继续下去，但胎儿发育不良，胎儿体重甚至还不到正常的一半，多在分娩过程中或分娩后不久死亡。

病情较重又距预产期较远时，或病牛体弱，这样的病牛多预后不良。

因胎水过多而发生流产时，子宫弛缓、子宫颈开张不全，常常会发生难产，胎儿排出后常发生胎衣不下，个别病例会发生子宫破裂或腹肌破裂。

四、治疗

(1)对于病情较轻、距预产期近者，喂给营养丰富、体积小、易消化的饲料；限制饮水，增加动动，还可注射安钠咖或利尿药，或服用人工盐等缓泻药，如能维持到分娩即可康复。

(2)对于严重病例(距预产期较远、患病牛已卧地不起、子宫颈口又不开张)，可进行人工引产，肌内注射氯前列烯醇 6～8 mL 进行引产。

【思考与练习】

一、简答题

1. 决定牛产后胎衣能否正常排出的四大因素是什么？
2. 胎衣包括了哪些组织器官？
3. 什么是牛妊娠毒血症？
4. 请阐述牛肝脓肿的发病机理。
5. 牛血液中的酮体包括哪些成分？

二、综合分析题

1. 治疗牛胎衣不下有哪些措施？
2. 用酮体检测仪诊断判定奶牛健康、亚临床酮病、临床酮病的标准是什么？
3. 请写出用酮体检测仪检测牛酮病的操作方法。
4. 请总结牛肝脓肿的主要临床表现。
5. 请说明牛肝脓肿的治疗方法。
6. 为什么奶牛在暑期胎衣不下发病率高？

项目四答案

课程思政

本节内容要求学生掌握奶牛围产期瘫痪性疾病的发病机理、发病原因和临床诊治技术。理论与实践相结合，掌握围产期奶牛瘫痪性疾病的鉴别诊断技术。

本节内容主要培养学生树立正确的职业道德观念，培养学生爱学习、懂技术的新时代工匠精神，培养学生崇尚知识、崇尚技术的优秀品质。

党的二十大报告指出：提高全社会文明程度。实施公民道德建设工程，弘扬中华传统美德，统筹推动文明培育、文明实践、文明创建，推进城乡精神文明建设融合发展，在全社会弘扬劳动精神、奋斗精神、奉献精神、创造精神、勤俭节约精神，培育时代新风新貌。

项目五

奶牛乳房疾病

任务一　奶牛乳房炎防治

【知识目标】

- 掌握奶牛乳房疾病的发病原因及病原学特点。
- 掌握奶牛乳房保健及乳房炎防治方面的基本常识。
- 掌握不同类型乳房炎的病理学特点。
- 掌握奶牛乳房炎综合防控方面的新知识、新理念。

【能力目标】

- 能掌握奶牛乳房保健技术、技能及科学的挤奶流程。
- 能熟练掌握奶牛乳房炎的临床症状和病理变化特点。
- 能够熟练掌握奶牛乳房炎的诊断和治疗技术。

【素质目标】

- 培养严谨的科学态度和良好的职业道德。
- 培养好学敬业和吃苦耐劳的劳动精神。
- 培养维护和保障奶牛产品质量安全的综合素养。

项目五彩图

【相关知识】

子任务一　奶牛乳房炎

一、奶牛乳房炎概述

乳房炎的病原微生物主要包括细菌、真菌、病毒、支原体等。根据病原来源和传播方式可分为接触传染性病原体和环境性病原体两类。前者主要包括无乳链球菌、停乳链球菌、金黄色葡萄球菌、支原体等；后者主要包括大肠杆菌、沙门氏菌、肺炎克雷伯菌等。临床病例中，链球菌、金黄色葡萄球菌和大肠杆菌最为常见。

乳房炎是指奶牛在受到内外因素的刺激下，乳腺产生的炎性过程，奶牛正常的乳房应当无任何病变，挤出的乳汁没有病原微生物，体细胞数在 50 万个/mL 以下，当体细胞数超过这一数值，或挤出的乳汁内含有病原微生物时，则认为是患有乳房炎。我国奶牛临床乳房炎的发病率为 3%～4%，隐性乳房炎的发病率高达 20%～70%，单一乳区乳房炎发病率约为 44.74%，乳房炎是影响奶牛养殖业发展的主要因素之一。奶牛患乳房炎后不仅会影响产奶量，对乳品品质、奶牛生产性能也会产生较大影响，加之在治疗乳房炎的过程中，不规范地使用抗生素还会造成耐药菌株的出现，以及乳汁中药物残留超标，对奶牛养殖业的发展产生重要影响，同时危害人类健康。

二、奶牛乳房炎病因

(1)病原微生物感染是引起奶牛乳房炎的一个重要原因，病原微生物种类较多，目前已经确定的约有 150 种，其中在临床上较为常见的有无乳链球菌、金黄色葡萄球菌、乳房链球菌类、大肠杆菌群、肠球菌类、分枝杆菌、酵母菌、霉菌、藻类等，由金黄色葡萄球菌、大肠杆菌以及链球菌引起的奶牛乳房炎病例约为总病例的 90%。这些病原微生物通过乳头管进入乳腺组织，而后引发乳房炎。

(2)环境卫生差、饲养管理条件较差，牛舍、运动场环境不洁，粪污清理不及时，环境潮湿时乳房炎发病率会显著升高。

(3)挤奶操作不规范、挤奶设备使用不当、挤奶机真空压力不足或过高，挤奶杯老旧破损时对乳头有机械性损伤(图 5-1)；挤奶机清洗不到位，或同一挤奶机未经消毒且用于多头奶牛挤奶时也会造成乳房炎的发生和传播。

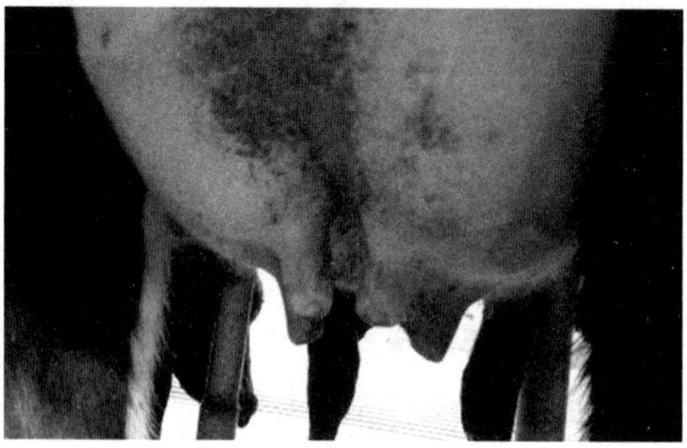

图 5-1　挤乳操作不规范、乳头机能损伤所致的乳房炎

(侯引绪摄)

(4)日粮的营养决定着奶牛的免疫能力，当奶牛免疫能力低下时，容易受病原微生物感染而发生乳房炎。因此，饲喂高能量、高蛋白、营养元素均衡全面的日粮能够降低奶牛乳房炎的发病率。

三、乳房炎发病机理

病原微生物侵入奶牛乳头管内，引起乳房组织的炎症反应（图 5-2）。奶牛就会表现出相应的乳房炎症状。机体的抵抗力逐渐降低，病原微生物进行增殖，当细菌数量增长到一定程度时，毒力较强，血管渗透压升高，血管内的细菌进入腺泡内，乳房肿胀，乳汁变性。当腺泡的损伤达到一定程度时，泌乳活动被迫终止，毒素和细菌分解产物进入血液，患病牛会表现出全身中毒性反应，这一病症称为临床型乳房炎。而隐性乳房炎则是在细菌进入乳头管内后奶牛仅表现轻微炎症，仅见乳汁中白细胞含量增加，没有其他临床表现。也有研究表明，乳房炎的发病与基因有着密不可分的关系，例如乳铁蛋白基因有较强的抗菌、抗病毒、抗氧化的能力，当这一基因表达后可以一定程度上减轻乳房炎的临床症状，与之相似的基因还有 TOLL 样受体家族基因、趋化性细胞因子受体基因、热休克蛋白 70 基因等，这些基因的发现给奶牛育种工作提供了方向。

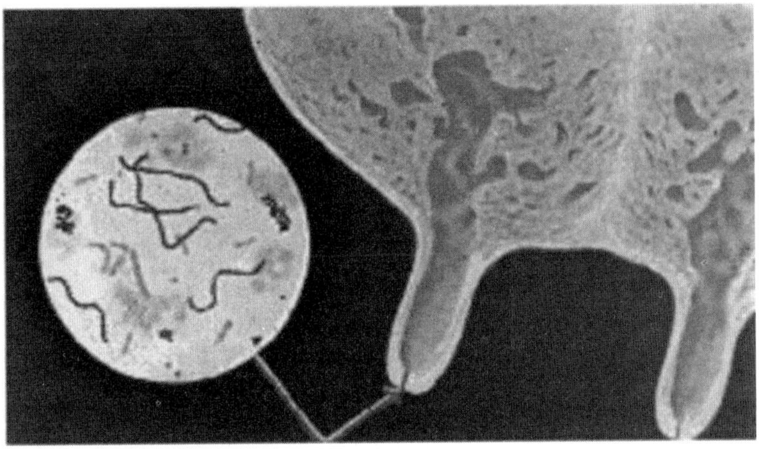

图 5-2　病原微生物感染引起乳房炎症示意图

四、乳房炎的类型

临床诊治过程中，根据乳房和乳汁有无肉眼可见的病理变化，将乳房炎划分为非临床型乳房炎和临床型乳房炎。

（一）非临床型乳房炎

非临床型乳房炎的乳房和乳汁均无肉眼可见的异常变化，但对乳汁进行理化性质检测和细菌学分析时可以看到异常，乳汁呈碱性，且混有凝乳块、絮状物，体细胞数往往在 50 万个/mL 以上，氯化钠含量增加，细菌数增多。隐性乳房炎可引起乳产量减少、品质下降，是乳房炎中发病率最高，造成的经济损失最为严重的类型。

（二）临床型乳房炎

临床型乳房炎病牛乳房间质、实质有不同程度的炎症，乳房组织有不同程度的肿胀，触诊有红肿、热、痛症状，乳汁变性，发病较急时往往仅有一个乳区肿胀，健康乳区的产奶量骤减，患病乳区基本没有乳汁分泌，患病牛体温升高，呼吸加快，不愿走动。也有的患病牛乳汁稀薄呈灰白色，乳汁内混有絮状物或凝乳块，体细胞数升高，pH 升高，产奶量降为正常的 1/3 或 1/2。急性病例耐过后往往转为慢性病例，反复发病，产奶量下降，药物反应差，乳头管呈绳索样，难以挤奶。

临床型乳房炎的乳房炎乳汁有肉眼可见的病理变化。发病率一般为 2%～5%。根据临床病理变化程度，临床型乳房炎分为轻度临床型乳房炎、重度临床型乳房炎、急性全身性乳房炎和慢性乳房炎。

1. 轻度临床型乳房炎

乳腺组织病理变化较轻，临床症状轻微，触诊乳房不觉异常或有轻度肿胀、疼痛。乳汁检查有絮状物或凝块，乳汁变稀，偏碱性，体细胞数和氯化物含量均增加。这类型乳房炎只要及时正确治疗，即可痊愈。

2. 重度临床型乳房炎

乳腺组织有较严重的病理变化，患病乳房区急性肿胀。乳房皮肤发红、发热，触诊有硬块，疼痛敏感，常拒绝检查。产奶量下降，乳汁异常，内有凝乳块或絮片。全身症状不明显，体温正常或略高，精神、食欲一般正常，发病过程相对于轻度乳房炎来说较缓。这类乳房炎如果能及时有效治疗，可以较快痊愈，一般预后良好。

3. 急性全身性乳房炎

乳腺组织受到严重损伤，常在两次挤奶间隔突然发病，病程发展迅速。患病乳区皮肤发红、发亮，乳头肿胀。触诊乳房发热，疼痛敏感，全乳区肿硬，挤不出奶，乳房皮肤变紫、裂口，或只能挤出少量水样乳汁。患病牛伴有全身症状，体温持续升高(40.5～41.5 ℃)，心率加快，精神不振，食欲减少或不食，卧地不起，常伴有黄色腹泻。从病程来看相当于最急性乳房炎。如不及时有效治疗，可危及病牛生命或导致瞎乳，死亡率达 10%以上。

4. 慢性乳房炎

慢性乳房炎通常由急性乳房炎没及时治疗或由于持续感染所致，是一种乳腺组织渐进性发炎的病理过程，也可以由特定的病原感染所致，慢性乳房炎的临床症状表现一般不明显，无全身症状。其特点是治疗效果差、病程长，挤奶时头三把奶总有少量凝絮片，治愈后常反复发病，可导致乳腺组织纤维化及乳房萎缩。此类型乳房炎无治疗价值，病牛还可成为牛群中的传染源。所以，对于患此类型乳房炎的病牛应该及早淘汰。

五、乳房炎的诊断

临床型乳房炎可以根据现场检查结果配合实验室检查来进行确诊，隐性乳房炎因没有明显症状，眼观隐性乳房炎牛无全身症状，食欲正常，乳中体细胞在 50 万个/mL 以上为隐性乳房炎的判定标准。

六、乳房炎治疗

(一)抗生素治疗

常规的治疗方法是全身治疗或乳房灌注，常用的药物有青霉素、链霉素、氯霉素、喹诺酮类药物、头孢类药物、磺胺类药物等。由于病原微生物耐药性的出现以及乳汁中药物残留的问题，抗生素的使用要求更加规范。

(二)中药治疗

中药相比于抗生素毒副作用小，且大部分中药具有提高免疫功能的效果，采用复方蒲公英煎剂、鱼腥草注射液等中药制剂进行乳房炎治疗，也是一种有效的治疗方法。在实际的生产过程中，根据具体情况可以选择中西医结合的方式进行治疗，治疗效果更佳。

(三)细胞因子治疗

细胞因子主要是由免疫细胞分泌的高活性、多功能的蛋白质分子组成，起着传递分子、介导调节机体免疫应答和抵抗炎症反应的作用，参与机体的组织修复，能够激活奶牛的天然防御机制。目前，应用于奶牛乳房炎治疗的细胞因子有重组牛巨噬细胞集落刺激因子、重组牛白细胞介素 2、重组牛 γ-干扰素、TNF-α 以及牛重组可溶性 CD14 等。这些细胞因子均能够降低乳汁中的体细胞数，提升巨噬细胞、中性粒细胞的吞噬作用，从而起到治疗乳房炎的作用，但有待进一步应用推广和丰富发展。

子任务二　奶牛真菌性乳房炎

真菌是人类宝贵的生物资源之一，广泛存在于我们的生活环境中，自然界存在的真菌约为 150 万种，到目前为止，已被人类认识的真菌只有 7 万种左右。大多数真菌对人类有益，只有少数对人和动物有害。由真菌感染所引起的动物疾病称为真菌性疾病，真菌可引起全身感染，也可引起局部感染，兽医临床以局部感染较为多见，不仅可以引起局部皮肤发生病变，也可引起深部组织器官感染，由真菌感染引起的乳房炎叫真菌性乳房炎。

近年来，随着奶牛生活环境的变化及抗生素、皮质激素及免疫抑制剂的广泛使用，奶牛真菌性乳房炎发病率呈明显的上升趋势，奶牛真菌性乳房炎引起了大家的高度重视。初步的临床研究统计表明，奶牛临床型乳房炎的真菌感染率达 12.5%～17.6%，隐性乳房炎真菌感染率为 9%～11%；真菌性乳房炎会给奶牛乳腺组织造成不同程度的不可逆转的病理损伤，真菌性乳房炎很难治愈，复发率、淘汰率高，严重者会导致奶牛死亡。

一、病原

真菌属于真核生物，由细胞核、细胞质、细胞膜(壁)构成，真菌的菌丝和孢子属于真菌的特殊构造。真菌的形态多种多样，还可产生多种色素，所处的繁殖期不同，形态也有差异。真菌孢子和菌丝大量繁殖后形成的真菌集团称为菌落，可肉眼观察。

目前，已经发现有超过 135 种真菌病原可引起奶牛乳房炎，引发真菌性乳房炎的主要真菌有酵母类真菌、白色念珠菌、克鲁斯念珠菌、热带念珠菌、新型隐球菌，侯引绪等还从患真菌性乳房炎的乳汁中分离出了癣菌(图 5-3)。

念珠菌属和毛孢子菌属不侵入组织,但可生长在黏膜层引发这些区域的炎症反应;另外,真菌生长繁殖过程中产生的毒素也是对乳腺组织产生损害的一个重要原因。

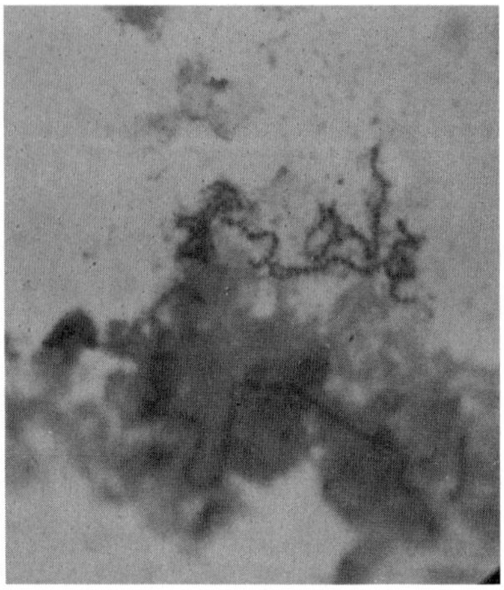

图 5-3　真菌性乳房炎乳汁中分离出的癣菌(1 000 倍镜检)

(侯引绪摄)

二、流行病学

真菌性乳房炎在以往为零星发生,但随着奶牛国际贸易频繁及抗生素和皮质激素的广泛滥用,现在真菌性乳房炎呈现群发趋势。2012 年 6 月,黑龙江省林甸县花园乡一个奶牛场暴发真菌性临床型乳房炎,该场共有泌乳牛 150 头,发病 20 头,发病率 13.33%,其他地方也有群发性个案出现。

真菌性乳房炎一年四季均有发生,但较多发生于每年 7—10 月。对于患乳房炎的奶牛来说,随着疗程延长,乳腺真菌感染的比例呈上升趋势,尤其是使用抗生素或皮质激素治疗的病例,这一现象更为明显。由此可见,继发性真菌性乳房炎显著高于原发性真菌性乳房炎。笔者对未使用抗生素治疗的 241 份临床型乳房炎奶样进行真菌检查,真菌检查阳性者 38 份,阳性率为 15.76%;对采用抗生素治疗 5 d 以上(包括 5 d)的 46 份临床型乳房炎奶样,真菌检查呈阳性者 22 份,阳性率为 47.83%。

真菌性乳房炎感染的主要途径为 2 个方面:

其一,真菌通过乳头管开口进入乳腺感染发病。在治疗乳房炎过程中药物被真菌污染,采用乳房灌注药物治疗时继发真菌感染也是导致真菌性乳房炎的一个重要因素。

其二,内源性感染。当奶牛食入被病原性真菌污染的饲料后,如果机体免疫力低下可导致内源性真菌感染而发生乳房炎。例如,长时间使用抗生素治疗奶牛乳房炎,由于抗生素对真菌无杀灭作用,当大量细菌被杀灭后,进入乳房的真菌可大量繁殖而引发真菌性乳房炎发生;滥用皮质激素使机体免疫力下降,也可导致进入乳房的真菌大量繁殖引发真菌性乳房炎发生。

三、临床症状

通过对真菌性乳房炎乳房形态、乳汁性状、全身状态三个方面的系统观察,将真菌性乳房炎的临床症状,根据严重程度分为 2 个类型。

1. 轻度型

患病乳区红、肿、热、痛,可以是一个乳区感染发病,也可以是几个乳区感染发病,大多数情况下为 1 个以上乳区发病,乳汁变稀,乳中有凝固絮片,在凝固絮片中有软米粒样奶瓣;乳房呈弥漫性肿胀,触诊似面团样或稍有坚实感,触压有疼痛感。产奶量明显下降,体温正常或稍高,食欲正常,精神状态一般无明显变化。

2. 重度型

可呈地方性发病,患病乳区红、肿、热、痛,乳房肿块触摸时感觉乳区有一树根样大硬结,乳房肿胀严重。产奶性能急剧下降,乳汁变稀,乳中有凝固絮片,有的呈灰色清水样,体温升高至 40.0～41.5 ℃,食欲明显下降或不食、精神沉郁,可表现内毒素中毒症状。真菌性乳房炎用抗生素治疗无效，个别病例甚至会出现注射抗生素后症状加重的现象；热敷后也会出现全身症状加重的情况。此种类型的真菌乳房炎可导致乳腺功能发生不可逆性损伤，危害很大，可导致瞎乳、淘汰，个别可导致死亡。

四、治疗措施

治疗真菌性乳房炎的药物有多种，但可用于注射治疗的针剂则较少见；口服抗真菌类药物治疗奶牛真菌性乳房炎应该有效，但在口服剂量方面却缺少具体的临床研究。因此，目前在临床治疗真菌性乳房炎上大家多选用乳房灌注抗真菌类药物这一方式进行治疗。

(1)乳房内灌注制霉菌素，每个乳区 10 万 IU，一个疗程为 7 d，对真菌性乳房炎治疗有一定的效果。

(2)用双氯苯咪唑治疗烟曲霉菌引起的乳房炎，可使奶牛全身症状减轻。

(3)乳房内灌注酮康唑、咪康唑、氟康唑、伊曲康唑、伏立康唑等都有一定的效果。

(4)华秦源(北京)动物药业有限公司利用酮康唑和抗真菌中药蒸馏成分研发的混合制剂，采用乳房灌注方法治疗真菌性乳房炎，获得了较好的临床治疗效果。

(5)真菌性乳房炎治疗注意事项：

①对于用抗生素治疗 5 d 以上仍无疗效的乳房炎，应该重视病原确诊，无条件进行病原学诊断时，应该配合抗真菌药物进行预防性治疗。

②真菌对相应的抗真菌药物易产生耐药性，针对病例在治疗时要及时做相应的药敏试验。

③真菌性乳房炎疗程较长，一个疗程至少要维持 7 d。

④真菌性乳房炎的临床症状与其他一般性病原菌所引起的乳房炎区别不明显，在临床诊断过程中应该细致、认真观察。有些真菌性乳房炎病例，当用大剂量抗生素治疗时，会出现临床症状加重的现象，这可能是在细菌受到抑制的情况下，真菌大量快速繁殖，产生大量毒素被机体吸收而导致的一种结果。

⑤真菌性乳房炎可对奶牛的乳腺组织造成不可逆转的病理损伤，在奶牛养殖过程中我们应该高度重视真菌性乳房炎的综合防治。

子任务三　奶牛冻伤性乳房炎

冻伤性乳房炎是指奶牛在严寒低温气候状况下发生冻伤引起的乳房炎，此乳房炎在我国北方地区(内蒙古、山西、河北、北京等)造成的损伤颇为严重，在秋冬之交，气温剧烈下降时如果管理失误将会给奶牛场造成重大的经济损失。

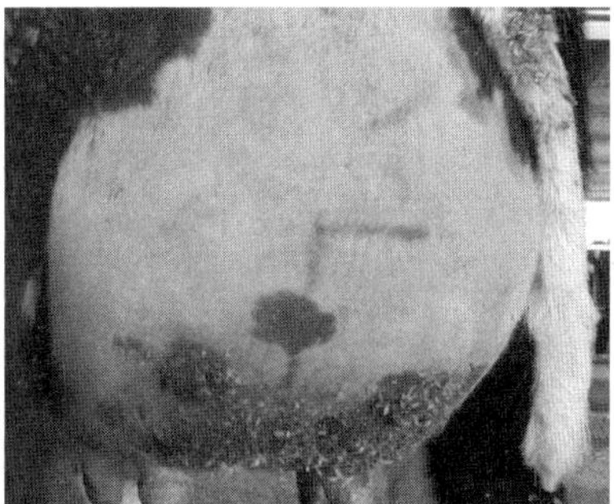

图 5-4　冻伤性乳房炎

(侯引绪摄)

一、发病原因及致病机理

(1)当奶牛躺卧在冰冷的地面上时，乳头与冰冻地面直接接触可导致乳头括约肌(奶眼)机能受损。在这种情况下，尽管奶牛奶眼处无肉眼可见损伤，也会导致低温、冻伤性乳房炎大量发生(图 5-4)，乳头括约肌的松弛及机能和结构损伤，为环境中的微生物通过奶眼进入乳腺打开了门户，这种情况属于轻度冻伤性乳房炎。

(2)当奶牛躺卧在冰冷的地面上时，乳头与冰冻地面直接接触可导致乳头括约肌(奶眼)结构、形态受损，并出现乳头冻伤，也可造成奶牛乳房发生冻伤。在这种情况下，乳房皮肤的完整性被损伤，乳房的防御机能和免疫能力受到破坏，病原微生物不仅可通过奶眼进入乳房，也可通过乳头、乳房的创伤直接感染乳腺组织，而导致乳房炎发生。

二、临床症状

冻伤性乳房炎多发生于刚入冬时的突然降温或结冰、降雪过程中，发生呈群发或暴发。轻度冻伤性乳房炎，乳房、奶眼皮肤和黏膜无肉眼可见的冻伤，但乳房表现典型的临床型乳房炎症状，乳汁中有凝固絮片等异常变化，可以是一个乳区发病，也可以是四个乳区发病，一般无全身症状。

中度病例其乳头管口(奶眼)或乳头末端出现大小不一的冻伤病灶，往往是乳区的后两个乳头先出现冻伤病变，后两个乳区先发生乳房炎，其次是前两个乳区发病。通常习惯左侧卧的奶牛左后乳头先出现冻疮，左后乳区先发生乳房炎；习惯右侧卧的奶牛右后乳头先出现冻疮，右后乳区先发生乳房炎；一般全身症状不明显。

重度冻伤性乳房炎的乳房及乳头均有严重冻疮，严重者整个乳头会因冻伤而发生坏死、脱落；乳房底部出现较大面积冻伤，甚至因坏死而变紫、变黑、感染、溃烂；重度冻伤性乳房炎或乳房冻伤可呈现体温升高、精神沉郁等全身症状。

三、预防措施

(1)低温、寒冷(冬季)来临前，清理、整理卧床，用稻壳、锯末等垫好卧床，避免奶牛直接卧于冰冻地面之上，而使乳头、乳房接触冰冷地面。

(2)对于没有卧床的牛场来说，在奶牛运动场上奶牛常卧区域铺垫麦秸、稻草、玉米秸等，并要及时更换，避免奶牛在躺卧过程中乳房、乳头直接与冰冻地面接触，而发生乳房冻伤。

(3)用同样的方法做好青年牛冻伤性乳房炎预防工作，防止青年牛发生冻伤性乳房炎。

(4)冬季奶牛乳头药浴要选用防冻药浴液。

(5)密封牛舍窗户等，做好牛舍保温防冻工作。

四、治疗

冻伤性乳房炎的感染菌主要为条件性环境致病菌，在做好上述预防工作后，给奶牛提供一个相对温暖的牛舍环境，采用对症治疗、抗生素治疗就可以获得较好的治疗效果，也可以用治疗冻伤的药物进行局部治疗。但要记住，严重的冻伤性乳房炎，将会对奶牛乳房结构造成一定程度的不可逆转的损伤。

子任务四　干奶期乳房炎

奶牛干奶期乳房炎是指奶牛干奶后到分娩后第一次挤奶时所表现出来的乳房炎。由于奶牛干奶期不产奶、不挤奶，人们往往容易忽视干奶期间乳房炎的防治工作，等奶牛分娩后挤奶时才发现奶牛患了干奶期乳房炎，此时治疗为时已晚，干奶期乳房炎已对奶牛本胎次的泌乳性能造成了严重影响，甚至造成瞎乳。另外，此时治疗不但增加了治疗成本，也增加了乳房炎的治愈难度。

一、奶牛干奶期乳房炎的危害

（一）对奶牛泌乳性能的影响

干奶期是奶牛乳腺休整、功能恢复、结构修复的一个重要时期。没有干奶期的乳房健康就没有奶牛下一泌乳期的高产、稳产，干奶期乳房炎对下一个泌乳期所造成的泌乳损失高达25%以上。

（二）对乳腺结构及功能的影响

干奶期乳房炎病理损害过程长，不易发现，得不到及时治疗。因此，干奶期乳房炎会对奶牛乳腺组织造成严重的不可逆的损伤，导致乳腺上皮细胞变性、坏死，乳腺萎缩、瞎乳，进而导致奶牛被动淘汰，干奶期乳房炎是普通乳房炎中淘汰率最高的一种。

（三）对犊牛哺乳及犊牛的健康成长带来不良影响

干奶期乳房炎会对初乳质量造成严重影响，而初乳质量是决定新生犊牛健康状况的重要因素。初乳细菌数升高、初乳 IgG 含量低下，将导致犊牛成活率下降、生长速度下降、发病率升高等一系列问题。

二、病因

干奶初期，乳腺功能突然改变及乳汁在乳腺中的残留；干奶期的中后期，乳腺细胞发生变性及代谢水平降低，抵抗微生物感染的能力明显降低。乳汁中的乳素对病原微生物有抑制和杀灭作用，干奶后奶牛停止泌乳，乳腺失去了乳素对病原微生物的杀灭作用；干奶后乳腺的血液循环显著降低，通过血液流经乳腺的免疫球蛋白和相应的抗体数量显著降低；这些因素为干奶期乳房炎发生创造了条件。

干奶期乳房炎的具体发病原因与泌乳期乳房炎基本相同，与泌乳期乳房炎发病原因的最大区别就是少了挤奶过程和挤奶机这些致病因素。化学性因素、物理性损伤、冻伤、生物性因素都是引发干奶期乳房炎的致病原因，环境中细菌、病毒等微生物，可通过奶眼、乳房损伤进入乳腺，也可以经过内源性血液循环导致乳腺感染而发生乳房炎。

三、临床症状

从乳房外部观察角度来看，干奶期乳房炎几乎具有泌乳期乳房炎的所有临床变化，如红、肿、热、痛等，刚停奶之后的干奶期乳房炎病例，如果进行挤奶也会出现乳汁异常（乳中有凝固絮片、乳汁变色等）现象。

除干奶期发生的梭菌性乳房炎外，干奶期乳房炎患牛一般无严重的全身性临床症状（如体温升高、卧地不起、食欲废绝等）。

四、诊断

干奶期乳房炎与泌乳期乳房炎一样，通过乳房外在表现可以做出确诊，但要确诊具体是由哪一种病原微生物感染引起的乳房炎，则必须通过实验室诊断手段来完成。

五、治疗

干奶期是治疗泌乳期遗留下来的乳房炎的最佳时期，实验证明，金黄色葡萄球菌引起的乳房炎干奶期治愈率为60%～85%，泌乳期治愈率10%～30%。乳房链球菌及停奶链球菌引起的乳房炎泌乳期治愈率为30%，干奶期治愈率为85%。

对干奶期乳房炎的治疗，不能挤奶(不包括刚停奶后发生的乳房炎)，也不能采用乳头送药法进行治疗，只能采用肌内注射、静脉注射及口服用药的方式进行治疗。在这一阶段，采用抗生素进行治疗不会产生乳中抗生素残留的问题，但选用抗生素治疗干奶期乳房炎要充分考虑本场导致奶牛干奶期乳房炎的病原特点。另外，要考虑所选药物对奶牛妊娠及胎儿的影响。

六、干奶期乳房炎监测及预防控制措施

干奶期奶牛停止泌乳，人与奶牛直接接触时间减少，在精细化管理不到位的情况下更容易造成干奶期乳房炎防控疏漏。另外，奶牛干奶期乳房炎监控也是奶牛精细化保健管理中的一个薄弱之处。

干奶期乳房炎监测内容主要包括临床型乳房炎监测和隐性乳房炎监测两大部分，其监控过程主要为停奶前监控、干奶前期监控和干奶中后期监控三个阶段。

(一)停奶前乳房炎监测与防控

1.临床型乳房炎监测

停奶前2周及停奶当天，用手工挤奶方式挤出欲停奶奶牛四个乳区的头三把奶，肉眼观察乳汁是否正常，观察乳房外表是否有红、肿、热、痛、损伤等病理变化，确定奶牛是否患有临床型乳房炎或外在性损伤，对患有临床性乳房炎的奶牛要采取相应的治疗措施进行治疗，等治愈后再实施停奶，对乳房的外在性损伤也要采取相应治疗处理。

2.隐性乳房炎监测与防控

停奶前2周，利用B.M.T诊断液对奶牛的四个乳区进行隐性乳房炎监测诊断，也可以用监测乳中体细胞的方式进行隐性乳房炎诊断。患隐性乳房炎可影响干乳期乳腺结构的修复和功能恢复，也可以发展成干乳期临床型乳房炎。停奶前做好隐性乳房炎监测与防控工作不仅可以防止干乳期乳房炎的发生，也有利于保证干乳期乳腺功能的恢复和结构修复。

3.治疗处理措施

对临停奶前监测出的临床型乳房炎和隐性乳房炎要采取相应的治疗方法进行治疗；两周后，到了预定的停奶时间，再对四个乳区进行一次化验监测。如果检测结果为弱阳性(摇盘法检测结果为“+”)以下，则按奶牛场例行的停奶方法进行干奶。

两周后，到了预定的停奶时间，如果检测结果为阳性(摇盘法检测结果为“++”)以上，则可延迟停奶时间，进行治疗后再停奶，但必须保证奶牛有不少于45 d的干奶期。对于隐性乳房炎的治疗可以选择口服隐性乳房炎防治药物或免疫增强剂。

如果经过延期治疗，症状或病理程度明显减轻，但仍患有一定程度的乳房炎，而距离奶牛预产期临近45 d时，这时必须进行干奶，不能再拖延。在这种情况下，干奶时向相应乳区注入加倍数量的干奶药进行停奶，并用长效成膜乳头药浴液药浴乳头，利用长效成膜乳头药浴液的成膜特点封闭乳头管口(奶眼)。如果此时检测结果正常，则按牛场例行的停奶方法进行干奶。

(二)干奶前期乳房炎监测与防控

干奶后的最初几天要注意观察乳房变化,乳房会出现肿胀,而且四个乳区对称性膨大;并不表现发红、疼痛、发热、发亮等异常现象,则说明干奶正常。

从停奶当天开始,乳房体积会逐渐变大,大约在停奶第 4 天时体积达到最大,随后乳房体积逐渐变小,经 3～5 d 后乳房中的奶会被逐渐吸收,停奶后大约 10 d,乳房中的残留乳汁被完全吸收,乳房恢复柔软,乳腺进入休息状态。如果在停奶前期奶牛乳房的变化与上述过程一致,则说明干奶过程没有问题。

如果在停奶初期奶牛表现出了临床型乳房炎的症状,根据停奶期时间的允许情况,要采取相应的治疗措施。可以挤出干奶药经过一段时间治疗后再重新停奶,但必须保证有 45 d 的干奶期。此时的治疗可以采用泌乳期临床型乳房炎的所有治疗措施。

(三)干奶中后期乳房炎监测及防控

在干奶中后期不能放松对乳房状况的观察,如果在干奶中后期发现奶牛患了临床型乳房炎,也要及时进行治疗。此阶段治疗乳房炎时不能挤奶,也不能采用乳头送药方式进行治疗,只能采用肌内注射、静脉注射及口服用药的方式进行治疗。停奶时选择干奶药的注意事项如下。

干奶药不仅具有预防乳房炎的作用,还有治疗干奶期乳房炎的作用。在选用干奶药时,要选用药效持续时间长、抗菌谱宽、并能促进乳腺上皮细胞修复的干奶药进行干奶。单纯用抗生素药膏进行干奶的方法,其防治干奶期乳腺炎的作用是不理想的。干奶药的技术含量在这几年得到了迅速提高,由于在药中加入了特殊的缓释剂,其药效在乳房中一般能维持 21 d 以上。

子任务五　青年牛乳房炎

青年牛乳房炎是青年牛在分娩前的妊娠期所发生的一种乳房炎,平时不易引起人们注意,往往在分娩后第一次挤奶时才被发现。青年牛乳房炎往往会导致瞎乳或泌乳性能极差而被淘汰,严重影响培育成本转化为经济效益,造成的经济损失巨大。

一、病因

(1)化脓棒状杆菌、链球菌、葡萄球菌等是本病的主要病原。另外,各奶牛场环境中存在的特殊病原菌也是重要病原因素。其感染途径主要为两个方面:

其一,环境中的病原菌通过奶眼及外伤进入乳房。

其二,体内脓肿或上呼吸道的病菌通过血液循环进入乳房。

(2)夏季地面温度高,牛卧下时在湿热作用下乳房血管扩张,奶眼扩张;奶牛冬季卧在冰冷地面对奶眼结构功能造成损伤,而使病原进入乳房。

(3)在后备阶段牛群中有吸吮其他奶牛乳房的牛存在,或青年牛有自吮乳头的习惯,也是导致青年牛乳房炎发生的一个重要原因。

(4)运动场泥烂、潮湿、粪便蓄积、卫生条件差、细菌大量繁殖。

二、临床症状

青年牛乳房炎多呈散发,在发生过本病的奶牛场可持续性发生。

多发生于一个乳区,个别情况下有两乳区发病的病例。发病乳区红、肿、热、痛、硬,由于管理疏忽，分娩前往往不易发现。

分娩后挤奶时发现乳房红、肿、硬、疼痛，乳汁呈灰白、黄色、浓汁样，有腐臭味。有些有全身症状，食欲差、精神差。病程长时乳房萎缩。

三、治疗

对由环境中的化脓棒状杆菌、链球菌、葡萄球菌等感染引起的青年牛乳房炎，选择相应敏感的抗生素进行治疗，治疗方法和经产牛乳房炎治疗相似，但不能采用乳房灌注药物的方法进行治疗。饲养员应该随时观察青年牛的乳房炎情况，早发现、早治疗，分娩前采取治疗比分娩后治疗效果要好；此类青年牛乳房炎在分娩后的治愈率很低，大多以瞎乳告终。

另外，对于发病牛要注意隔离治疗，病乳要集中处理，防止环境污染，青年牛乳房炎可能与环境中的某些特殊病菌感染有关。

四、预防措施

预防青年牛乳房炎主要针对相应的病因进行预防控制工作。

（1）对有吸吮乳头的问题牛要及时处理，可采取隔离措施或安装鼻钉的方式加以控制。

（2）低温时期做好青年牛后 2 个月的乳房保护工作，防止青年牛发生冻伤性乳房炎。

（3）夏季做好圈舍排水、清污工作，保持地面干燥，防止地面泥泞、积水，减少圈舍中腐败性病原菌存在。

（4）对于瞎乳或生产性能低下者及时淘汰，以减少牛群中的传染源。

任务二　奶牛乳房疾病防治

【知识目标】

- 掌握奶牛乳房疾病的主要类型和特点。
- 掌握主要乳房疾病的发生、发展规律和基础知识。
- 掌握主要乳房疾病的发病原因和发病机理。
- 对不同类别的乳房疾病有系统、全面的认知。

【能力目标】

- 能掌握奶牛乳房疾病临床鉴别诊断方法。
- 能掌握奶牛乳房疾病的系统化防控措施。
- 能掌握主要乳房疾病的诊断和治疗技术。
- 能掌握乳房卫生保健的临床基本技术、技能。

【素质目标】

- 培养学生爱农村、爱农业、关注乡村振兴的热情和动能。
- 培养学生在奶牛乳房疾病防治方面的创新精神。
- 培养学生树立高质量绿色环保理念、积极服务产业的务实精神。

【相关知识】

子任务一　伪　牛　痘

伪牛痘又叫副牛痘，国外于1963年以后有许多报道；我国从20世纪80年代开始，陆续报道在江苏、河北、浙江、北京和甘肃等地的奶牛场发生了本病。手工挤奶时，此病在泌乳牛群中的发病率可达60%以上。近年来，随着机器挤奶模式全面普及，此病的发病率总体呈明显下降趋势，但此病在我国范围内时有发生，而且传染性较强，发病率较高，不仅会给挤奶管理带来难度，也会影响产奶性能。此病牛间感染性强，但不感染人。

一、病原

伪牛痘是由痘病毒科副痘病毒属的副牛痘病毒引起的一种传染病。副牛痘病毒于1963年被Moscovici等分离到，为DNA病毒，病毒大小为190 nm×296 nm，为两端圆形的纺锤样。病毒能在牛肾细胞培养物中产生细胞病变，在肾细胞中培养后，病毒能在人胚成纤维细胞中生长，不感染家兔、小鼠和鸡胚。该病毒对乙醚敏感，氯仿在10 min内可使病毒灭活。

二、流行病学

伪牛痘在世界各地均有发生，为奶牛常见病。该病在我国20世纪90年代流行范围较广，近几年较少发生，一旦发生，极易引起全群流行。许多文献指出，康复的伪牛痘牛对本病缺乏免疫力或免疫力低下，病愈一段时间后仍可复发，从而呈现本病在牛群中反复发生的现象。

直接接触感染是本病的主要传播方式。挤奶用具、器械、毛巾、挤奶人员的手等是重要的传播感染媒介。泌乳牛是本病的主要感染对象，干奶牛、育成牛、青年牛很少感染发病。在北京地区，本病每年夏季发病率最低，进入秋季后开始升高，冬季12月至次年1月发病率最高，随着春季到来又逐渐降低。

三、临床症状及病理变化

在即将表现出病理变化的前几天，患病奶牛乳房敏感，抗拒挤奶，经2～3 d，患部出现红色丘疹，红色丘疹主要出现在乳头或乳基部。红色丘疹病变直径可达1～2 cm，呈圆形或马蹄形，然后变成水疱、破溃、结痂，在一个乳头上可呈现处于不同时期的病变。发病牛一般无全身症状，由于乳房、乳头皮肤破损，常继发细菌感染，导致乳房炎发病率大大升高。由于乳头皮肤损伤、感染可进一步加重乳房敏感程度，奶牛抗拒挤奶，在挤奶过程中常出现踢杯、掉杯等问题。乳头病变不都经过由丘疹到水疱、糜烂或溃疡以至痂皮形成这个典型过程，而是呈现轻重不同的三种表现。

第一种，首先表现为乳头皮肤表面的红色小丘疹，直径2～5 mm，高约1 mm，很快发展成薄软的橙红色、黄灰色或黄褐色痂皮。这种病变似乎不引起局部疼痛，愈合快，挤奶时痂皮容易脱落，局部不留任何痕迹。

第二种，表现为乳头皮肤上较大的丘疹，丘疹周围有红晕和轻度水肿。这种病变一般要经历水疱形成、破裂以至痂皮形成的过程，但是因受挤奶的机械性刺激，使这个过程又表现为两种情况：

（1）表现水疱完全形成，其直径与原丘疹基本一致或略小 1～2 mm。水疱在 24 h 内破裂，很快形成较厚的黄褐色痂皮。以后痂皮变得干硬，中央碎裂，呈块状或颗粒状脱落，残留周边隆起的痂皮环，即为本病典型的“马蹄形”或“戒环形”痂皮特征。

（2）较多见的是此种情况，即当丘疹未完全发展成水疱时，其顶部中央因遭受挤奶刺激而破损，使局部表现为典型的火山口状。之后痂皮很快形成，原丘疹逐渐消退，痂皮脱落方式大多如前述第一种表现。在这两种情况的痂皮形成早期，如挤奶活动多次造成痂皮脱落，则导致局部糜烂或溃疡逐渐扩大，挤奶中出血较多，愈合延迟。尤其当局部同时存在多个病变时，更易融合成大的糜烂或溃疡，边缘不整，面积可达 20 mm×30 mm，需数月方能愈合。这种严重的病变均表现“向心性”愈合方式，即糜烂或溃疡面积由周边逐渐缩小至完全愈合，整个过程伴有或不伴有痂皮覆盖，愈合后皮肤色素消失，愈合过程中有时会形成边缘不整或外形不正的痂皮环，但其直径未见超过 15 mm。

第三种，这种表现较少，表现为大水疱，局部肿胀严重。水疱呈椭圆形，与乳头长轴方向一致，大小约 16 mm×13 mm，隆起 2～3 mm，是前述乳头病变第二种表现中水疱的 2～3 倍。水疱明显分为中央和周边两个部分，中央是约 10 mm×7 mm 的椭圆疱，隆起最高；周边是宽约 3 mm 的环形疱，隆起约 1 mm。水疱液淡黄、清亮，含少量蛋白絮片。剪去水疱皮后，中央疱下面似肉芽组织样凹凸不平，中心有一个直径 2～3 mm、深约 2 mm 的小凹陷；周边疱下面即仅脱去表皮的皮肤组织，表面平滑，病变轻微。这种大水疱破裂后形成的痂皮极易在挤奶中剥脱，愈合缓慢。

四、诊断

根据临床症状、乳头病理变化特点、流行病学特点可做出初步诊断，确切诊断需借助光学显微镜、电子显微镜做病理组织学诊断或病原诊断。

另外，因引起乳房、乳头发生疱疹的疫病较多，所以在本病的临床诊断过程中要注意与疱疹病毒所致的乳头疾病的区别鉴定诊断。

（1）采取患病乳头上的早期丘疹组织，应用 10%福尔马林溶液固定，石蜡包埋切片，HE 染色后置于普通光学显微镜下观察。

可见丘疹表皮棘细胞层显著增厚，棘细胞间距离加大，棘细胞空泡变性、形体肿大，胞核悬浮于中央或位于细胞一侧。浅层棘细胞变性更为严重，胞浆透明，胞核固缩或消失，呈典型的气球样变，胞浆内有大小不一的嗜伊红性包涵体。丘疹中央棘细胞层一处或多处坏死，有大量多形核白细胞和淋巴样细胞浸润。

（2）采取患病乳头丘疹中部 1 mm^3 带有表皮的组织块，用 3%戊二醛溶液固定，常规制成超薄切片，醋酸双氧铀和柠檬酸铅双重染色后，电子显微镜下观察。在丘疹棘细胞中原纤维束之间观察到散在分布的病毒颗粒，其形态呈圆形或椭圆形，椭圆形颗粒的大小为（257～285）nm×（143～171）nm。颗粒中央有电子密度较高且比较均匀的核心，颗粒外面似由电子密度较低的双层膜包裹。也可能会观察到一般痘病毒核心典型的“哑铃状”结构。

五、防治措施

本病尚无特效治疗方法。应用等量混合的碘甘油治疗伪牛痘病毒感染造成的乳头糜烂或溃疡，能够迅速减轻局部炎症，促进愈合，有一定疗效。做好挤奶器械、用具的消毒，碘制剂乳头药浴，防止挤奶机功能异常对乳头造成损伤是防控本病的重点工作。

子任务二　奶牛乳房葡萄球菌病

奶牛乳房葡萄球菌病也叫乳房脓疱病、乳房疖病，以乳房皮肤及皮下形成的一种弥散性、粟粒样、脓疱状、化脓性炎症为典型病理变化特征，属于一种较为多发的奶牛乳房疾病。

一、病原

奶牛乳房葡萄球菌病病原为葡萄球菌，葡萄球菌广泛存在于自然界，在空气、土壤、尘土、污水中都可存在，本病属于条件性致病菌感染引起的疾病。葡萄球菌革兰氏染色呈阳性，煮沸可迅速致其死亡，常规消毒可将其大量灭活，药敏试验表现为对青霉素、氨苄西林、头孢类抗生素最为敏感，但长期单一应用容易产生耐药性。

二、流行病学

奶牛乳房葡萄球菌病没有明显的季节性，但是在夏季及多雨季节多发，可散发，也可呈地方性流行。本病多发生于排水不畅、圈舍泥泞、粪便蓄积、环境卫生较差的奶牛场和雨水较多的夏季。

主要通过损伤皮肤、黏膜、消化道、呼吸道等途径进行传染，也可经过汗腺、毛孔进入动物体内引起发病。养殖环境恶劣、圈舍地面污染严重，乳房不洁，擦洗乳房的毛巾被污染，乳房外伤、水肿及奶牛抵抗力低下等是导致本病发生的主要原因。

三、临床症状

在奶牛疾病防治中，我们对葡萄球菌所导致的奶牛乳房炎有着较为深刻的认识，但不少人对葡萄球菌所引起的奶牛乳房脓疱病则较为陌生。其实，奶牛乳房脓疱病就是葡萄球菌侵入乳房皮肤或皮下所引起的一种化脓性炎症，以乳房皮肤上出现大小不一的弥散性脓疱为病理变化特征。

患病牛乳房表面形成绿豆到花生粒大小的白色脓疱，小脓疱呈灰白色结节状、较硬，大的脓疱病变较软；脓疱破溃后流出脓汁，破溃面被脓汁及污物所形成的痂皮覆盖；几个破溃脓疱连接在一起可扩展成一个较大的溃烂灶，也可在破溃的周边形成新的脓疱。

上述理变化可遍布整个乳房，但以乳房间沟、乳房与大腿内侧紧贴的乳房左右侧部和乳头基部附近较为多见，乳房被毛长而密的地方也较为多见。病变小或未破溃时不易被发现，大多在脓疱破溃、流出内容物时才被挤奶员发现。

当脓疱的数量多时，会出现产奶量下降、食欲降低、体温升高等全身症状。病灶数量少时发病牛无全身症状，体温、呼吸、食欲、精神状态等均正常。

本病一般只发生于泌乳牛，后备牛和干奶牛很少发生；有此病存在的牛场，其乳房炎的发病率也会显著增高。

四、诊断

此病的特异性病理变化较为典型，有经验的兽医一般根据病理变化可做出临床诊断。

实验室诊断时，挤破较大或即将要破溃的脓疱，采取内容物进行涂片，瑞氏染色后，用显微镜（油镜）进行病原菌观察，在显微镜下可看到较多数量的葡萄球菌，结合临床资料即确诊为奶牛乳房葡萄球菌病。

五、治疗措施

用0.1%的新洁尔灭溶液对乳房进行认真清洗消毒，对病变部位进行局部治疗处理，脓疱成熟后，可将其挤破或剪破，用消毒液对病灶进行清洗处理，然后涂3%龙胆紫，或碘甘油，或土霉素鱼石脂合剂，或抗生素软膏，每天2次。

对个别有全身症状的病牛，在进行上述局部治疗处理的同时，应该配合肌内注射抗生素进行治疗。有时乳房疖病变先后反复出现，一次痊愈后又会出现一个或数个疖。

六、预防措施

（1）对发病牛群，不论是否患病，挤奶前用0.1%的新洁尔灭溶液对乳房进行认真清洗消毒，每天2次，连续2周。

（2）清理圈内积水、积粪，保证圈舍、卧床干燥卫生；清除动动场内的砖块、水泥块等异物，防止乳房外伤。

子任务三　无奶与泌乳不足

无乳症是指奶牛产后乳腺机能异常，泌乳量极少或完全无乳的一种病理现象，此病在奶牛群中总有一定比例发生，有人统计在饲养条件较差的牛场其发生率为8%～10%，造成的产奶损失较大。

一、病因

（1）忽视青年牛饲养管理，致使青年牛营养不良，日粮严重不平衡，蛋白质、维生素、矿物质等营养成分缺乏。这些因素将会严重影响乳腺发育，造成乳腺发育不良、机能低下，或乳腺发育受阻，从而出现产后无乳或泌乳不足。

（2）干奶期或分娩后机体神经、内分泌机能失调。当垂体机能紊乱，激素分泌机能受阻，催乳素、催产素不足时，可使乳腺发育受阻，分泌乳汁能力降低。

（3）分娩应激也是导致奶牛产后无乳或泌乳不足的一个原因。分娩是奶牛生产过程中的一个最大生理性应激，主要包括伴随分娩所发生的两大生理性应激：

其一，分娩过程中奶牛神经内分泌剧烈变化所带来的生理性应激，可导致奶牛产后神经、内分泌机能失调或紊乱，从而导致产后无乳现象发生。

其二，分娩过程及产后的疼痛、不适所造成的生理性应激（正常分娩造成的疼痛与不适、异常分娩造成的疼痛与不适等）。

（4）挤奶应激也可引起产后泌乳不足，挤奶应激是指产后挤奶时粗暴轰赶奶牛，挤奶机噪声、环境噪声等对奶牛产生的异常应激。

（5）先天性遗传因素也是导致产后无乳的一个原因。

二、症状

奶牛产后无乳或泌乳不足多发生于第一胎奶牛和胎次较大的老弱牛，除激素分泌紊乱外，头胎牛多因乳腺发育不良所致，胎次较大的奶牛多因乳腺机能减退或疾病所致。

由于青年牛阶段营养不良所致的乳腺营养发育不良主要表现为乳头、乳房体积小，乳腺组织松软。由其他原因引起的产后无乳，其乳房无特殊表现。最直观的临床症状就是无乳或乳量极少，乳质无异常，不表现全身症状。

三、诊断

此病无诊断难度，无乳或乳汁极少就是典型的诊断依据。

四、治疗

（1）每次挤奶时，挤三把奶及乳头药浴、擦干过程中，要严格规范挤奶程序，充分启动泌乳反射，充分按摩乳房，通过按摩改善乳房血液循环。

（2）肌内注射苯甲酸雌二醇 12 mg，1 日 1 次，连续 2 ～4 d。

肌内注射催产素 20 IU，1 日 1 次；连续 2 ～4 d。

肌内注射维生素 ADE 注射液 2～3 次。

（3）静脉注射催乳素 60 万 IU，连续 4 d。

（4）为减少头胎牛因分娩应激所致的无乳症，对青年牛可在分娩后肌内注射氟尼辛葡甲胺进行分娩应激缓解性防治，注射剂量为每千克体重 1～2 mg。

五、预防措施

（1）加强青年牛饲养管理，特别是妊娠后期，为青年牛成长发育提供充足的营养元素保障。仔细观察乳房发育情况，发现青年牛乳房发育不好，及时调整日粮结构，补加蛋白质、维生素等营养成分。

（2）认真做好成乳牛的干奶工作，保证乳腺在干奶期间获得良好的再生修复和机能恢复。

（3）头胎牛最好在其预产期的前 1～7 d，每天触摸乳房 1～2 次，以做好挤奶准备，减少挤奶应激。

子任务四　牛乳房水肿

乳房水肿是奶牛的一种围产期代谢障碍性疾病，乳房水肿属于一种浆液性水肿，其特征是乳腺细胞的组织空隙出现过量液体积蓄。本病主要发生于奶牛，在高产奶牛群和头胎奶牛群中的发病率为 14%～50%。可影响产奶量，重者可永久性损伤乳房悬韧带，导致乳房下垂。本病的临床特征是整个乳房或乳区发生水肿，皮肤发亮，无热、无痛，似面团状，用手指按压时有凹陷。

一、病因

奶牛乳房水肿发生的病因较为复杂，还有待深入探究。目前，认为引起奶牛乳房水肿的病因主要有如下几个方面：

(1)乳房水肿具有一定遗传性，子代母牛乳房水肿的发病率是种公牛性能评定的一个指标。

(2)分娩前后，母牛乳房血流量增加，乳静脉压增高而淋巴液急剧增加，雌激素分泌增强以及妊娠期过长、胎儿过大等皆可引起此病。

(3)乳房水肿与钠盐或钾盐摄入量有密切关系，奶牛每天采食氯化钠和氯化钾混合物，其乳房水肿发病率和严重程度都会升高。当饲料中不添加钠盐或钾盐时，乳房水肿的发病率和严重程度均降低。有人让奶牛每天采食氯化钠和氯化钾混合物 54 g，其乳房水肿发病率和严重程度都有提高。另外，为提高苜蓿产量而施用钾肥也可造成乳房水肿发病率升高。

(4)干奶牛或青年牛运动不足可促进此病发生。临床统计表明，无运动场(有卧床的封闭式牛舍)的牛群乳房水肿发病率显著高于有运动场的牛群。

(5)干奶期饲养不当是导致此病的一个主要临床原因，如精料饲喂过多、优质干草不足。研究发现，在妊娠最后 3 周，给妊娠青年母牛每天每头饲喂 7～8 kg 精料时，乳房水肿发病率升高，而不喂精料的青年母牛则未发病。

(6)心脏疾病、后腔静脉血栓、乳房静脉血栓、低蛋白血症、副结核等疾病均可引起奶牛乳房水肿。

二、发病机理

奶牛乳房水肿的产生机理目前仍然未完全阐明，仍是临床实验研究的一个热点。在此介绍 2 种有关奶牛乳房水肿发生机理。

(1)妊娠末期盆腔胎儿压力，造成静脉血流出乳房受到限制或淤积，或者说流入乳房的血液增加而流出乳房的血流没有相应增加，导致静脉血压升高、通透性升高，大量积液液体成分进入乳腺组织间隙而发生水肿。

(2)由活性氧代谢产物引起的乳腺组织氧化应激可能在乳房水肿的发生中发挥着作用。围产期奶牛代谢活动加强，产生过多的活性氧代谢物(如超氧化物和过氧化氢)，或者过多接触黄曲霉毒素，都会引起异常的氧化反应，从而导致脂质过氧化，蛋白质、多糖和 DNA 被破坏，破坏细胞膜的完整性及其细胞器的结构，使组织受到损伤，从而释放出大量的自由基；由于细胞受损使内源性清除自由基的 SOD 减少，由于水肿的出现，导致自由基潴留，加速 SOD 消耗，这几方面协同作用使机体抗氧化能力下降，加剧细胞损伤，进一步引起自由基代谢产物丙二醛增加和自由基清除剂 SOD 减少，从而诱发水肿。水肿导致自由基增多，SOD 减少使抗氧化能力下降，细胞及细胞膜的过氧化损伤进而加重水肿的恶性循环，使水肿进行性恶化。

三、奶牛乳房水肿的发病特点

(1)奶牛乳房水肿通常多发生于奶牛分娩的前后 2～4 d。

(2)乳房水肿主要发生于 1 胎、2 胎和 3 胎奶牛，头胎发病率占 45.9%，2 胎发病率占 25.8%，3 胎发病率占 15.5%，然后发病率随着胎次的增加逐渐降低。

(3)随着产奶量的提高，奶牛乳房水肿发病率呈升高趋势，此病与产奶量呈显著正相关。

(4)奶牛乳房水肿发病情况与季节有一定的关系，总体趋势是随着气温的上升，发病率逐渐上升，随着气温的下降，发病率逐渐下降，夏季发病率最高。

四、临床症状

根据水肿的程度，可将奶牛乳房水肿分为轻度水肿、中度水肿、重度水肿。

1. 轻度水肿

症状不明显，一般水肿部位在乳房后部或底部，局限于一个或两个乳区，乳房局部明亮，无热无痛，指压留痕。

2. 中度水肿

症状明显，乳房明显肿大，水肿部位可以波及整个乳房，皮肤发红发亮，乳房下垂，指压留痕。

3. 重度水肿

症状很明显，患病奶牛精神不振，步态迟缓，整个乳房增大、严重下垂、红肿、坚实，水肿可波及乳房基底前缘、下腹、胸下、四肢，甚至乳镜、乳上淋巴结和阴门等部位，水肿部位乳房皮肤发红、发紫，甚至出现坏疽、血乳，引发乳房炎症状，并且出现全身发热症状。

五、诊断

奶牛乳房水肿病根据病史和症状不难诊断，但需与乳房炎、乳房血肿进行鉴别诊断。该病的特征是水肿按压留痕，特别是在乳房底部，严重时整个乳房都会按压留痕，并且经常伴随出现腹侧水肿。

六、治疗

大部分病例产后可逐渐消肿，不需治疗。对产前或产后乳房水肿严重的奶牛，应采取积极的治疗措施，治疗原则是利水消肿。

(1)乳房按摩，每日 3 次，每次 15～30 min。通过按摩，可有效改善乳房局部血液循环，促进渗出液吸收。

(2)按每千克体重 1 mg 的剂量肌内注射呋塞米，每日 1～2 次；肌内注射黄体酮 50～250 mg，每日 1 次，连用 3 d。

(3)50%葡萄糖 500 mL 或 10%葡萄糖 1 000 mL、5%氯化钙 200 mL、25%硫酸镁 80～100 mL，一次性静脉输入。

(4)如果伴随乳房感染，可配合抗生素进行治疗。

七、预防措施

(1)挤奶时充分做好挤前的乳房按摩和泌乳反射启动工作。

(2)在怀孕末期给奶牛提供适当的运动空间，保证有适当的运动量。

(3)干奶期日粮精粗比例要合适，控制食盐给量（精料给量的 1%），不要给干奶牛设食盐补饲槽，如果给奶牛用舔砖要选用干奶牛专用舔砖。

(4)在患有地方流行性乳房水肿的牛群中，通过对阴阳离子平衡的估价来做营养方面的诊断是必要的。应当测定病牛和健康牛的总钾、钠量和血液化学状况。

【思考与练习】

一、填空题

1. 奶牛乳房炎依据其临床症状特点分为________、________、________、________、________。

2. 健康牛乳房挤出的牛奶，体细胞数为________万个/mL以下。

3. 干奶期乳房炎对下一个泌乳期所造成的泌乳损失高达________%以上。

4. 冬季奶牛乳头药浴要选用________药浴液。

5. 对于牛群中的慢性乳房炎应该采取________防控措施。

二、选择题

1. 奶牛的干奶期为(　　)。

A. 60 d　　B. 30 d　　C. 20 d　　D. 90 d

2. 奶牛的干奶期应不小于(　　)。

A. 60 d　　B. 45 d　　C. 30 d　　D. 60 d

3. 挤奶过程中，从挤出第一把奶到奶牛泌乳反射完全启动，需要多长时间？(　　)

A. 1 min　　B. 0.5 min　　C. 3 min　　D. 1～1.5 min

三、判断题

1. 干奶药不仅具有预防乳房炎的作用，还有治疗干奶期乳房炎的作用。(　　)

2. 干奶药在乳房中一般能维持21 d。(　　)

3. 停奶后大约10 d，乳房中的残留乳汁被完全吸收，乳房恢复柔软，乳腺进入休息状态。(　　)

四、简答题

1. 请总结梳理现代规模化奶牛场的挤奶工作流程。

2. 奶牛乳房炎治疗有哪些用药治疗措施或途径？

3. 请总结奶牛四种乳房炎的临床表现和病理学变化特点。

4. 请总结描述奶牛乳房伪牛痘病的流行病学及病理变化特点。

项目五答案

课程思政

乳房疾病是牛的一种常见病和多发病，对于奶牛而言，乳房疾病不仅会影响产奶量和牛奶质量，还会对哺乳犊牛健康造成严重影响。

本节内容要求学生掌握具体乳房疾病的发病原因和病理学特点，掌握不同类型乳房疾病的健康保健技术及诊治技术。通过临床实践，较好地掌握奶牛乳房炎防控的新技术、新理念。培养学生严谨的科学态度和良好的职业道德，培养学生好学敬业和吃苦耐劳的劳动精神。培养维护和保障奶牛产品质量安全的综合素养和优秀品德。

党的二十大报告指出：统筹推动文明培育、文明实践、文明创建，推进城乡精神文明建设融合发展，在全社会弘扬劳动精神、奋斗精神、奉献精神、创造精神、勤俭节约精神，培育时代新风新貌。

项目六

犊牛疾病防治

任务一　犊牛健康保健技术

【知识目标】

- 掌握犊牛健康保健基础知识。
- 掌握犊牛饲养管理基本知识。
- 掌握犊牛各阶段疾病防治新理念。
- 掌握犊牛哺乳期、断奶期的饲养管理原则。

【能力目标】

- 能熟练掌握犊牛健康保健基础技能。
- 能熟练掌握犊牛常见疾病的诊断技术。
- 能熟练掌握犊牛常见疾病治疗方法和技术、技能。

【素质目标】

- 培养细致认真的动物医学临床一线工匠精神。
- 培养临床一线以问题为导向的研究创新意识。
- 培养关爱生命、积极为企业解决实际问题的高尚情怀。
- 培养善于发现问题、破解生产难题的专业精神。

项目六彩图

【相关知识】

子任务一　犊牛健康保健基础知识

犊牛为0～6月龄的牛。对成乳牛而言，围产后期是成乳牛疾病高发期。对后备牛而言，犊牛阶段是疾病高发期。在犊牛阶段，哺乳期的犊牛发病率最高、饲养管理要求更高。犊牛饲养管理不到位或健康保健技术跟不上，将会给牛场造成重大经济损失。

一、犊牛出生前后生理功能及生存环境发生的变化

第一，犊牛出生前生活在母体子宫内，漂浮于羊水之中，这为胎儿安全发育、成长，提供了最良好的生存环境。胎儿在母体内，体温由母体调控，氧及维持胎儿生命活动的营养物质由母体通过脐静脉提供，胎儿的代谢产物由脐动脉通过母体排出；胎儿的免疫防护也由母体代为行使。

第二，胎盘上的血胎屏障还为胎儿筑起了一个更为精细的健康保护屏障。但在出生后的一瞬间，犊牛将丧失这一系列优越保障条件，转由依靠自身的器官功能维持其生命活动。犊牛出生后必须尽快开启自身的器官运转、建立自身的免疫力，接受细菌、病毒、寄生虫等致病因素的考验，才能健康生存下来。

第三，胎儿在母体子宫中生存时，除心脏在执行相应的血液循环功能外，消化系统的肝脏、胃肠，呼吸系统的肺脏，泌尿系统的肾等器官处在相对的静息状态；当犊牛出生后，这些器官开始运转，承担起相应的消化、呼吸、泌尿功能，开启胎儿独立的生命活动过程。

启动自身体内处于静息状态的器官、开启独立生命活动的过程，是犊牛出生后必须经历的一个重要挑战。在此，我们可以将其总结为犊牛出生后必须经历、适应的七大挑战：

(1)由“水生”到“陆生”的转变和适应。

(2)由脐带获氧、排出 CO_2 到用自己的肺获氧、排出 CO_2 的转变与适应。

(3)由依靠母体维持体温到由自身体温调节系统维持体温的转变与适应。

(4)由通过脐带获取营养物质、排出代谢产物到依靠自身消化器官获取营养物质、排出代谢产物的转变与适应。

(5)由依靠母体免疫力维护健康到依靠自身免疫系统维护健康的转变与适应。

(6)自身器官由静息状态到工作状态的转变与适应

(7)由以奶为主到完全吃草、吃料的生存模式转变。

二、奶牛初乳成分的特殊性

初乳一般指母牛产后 0～3 d 内分泌的乳，在规模化奶牛场的生产应用中，大家常将奶牛产后 24 h 内分泌的乳作为优质初乳。

初乳是犊牛出生后最为重要的物质，据报道，出生后未吃初乳的犊牛，死于大肠杆菌性败血症的可达 15%。奶牛初乳中不仅含有丰富的营养物质，而且含有大量珍贵的免疫因子和生长因子，有促进犊牛生长发育、改善胃肠道功能、增进免疫功能、延缓衰老、抑制病菌繁殖等一系列作用。初乳成分特点如下：

(一)初乳中的营养物质、营养元素显著高于常乳

对荷斯坦奶牛分娩后第 2 天(30 h)初乳所做的测定表明，初乳中蛋白质、脂肪、矿物质、乳糖的含量分别是常量乳的 2.85、1.37、1.53 和 0.95 倍。

初乳中所含的维生素也十分丰富，研究表明，荷斯坦奶牛分娩后 24 h 的初乳中，胡萝卜素、维生素 A、维生素 D、维生素 E、维生素 B_2、维生素 B_{12} 分别是常乳的 4.9、5.6、2.3、5.0、2～4 和 4～8 倍。初乳中的 Ca、Cl^-、Mg、Na、Fe、Zn、Cu 含量分别为常乳的 1.9、2.3、19.1、1.5、2.4、1.4、4.37～4.43 倍。

(二)牛初乳是自然界富含免疫因子最多的食品之一

牛初乳中的主要免疫因子包括免疫球蛋白(Ig)、乳铁蛋白(Lf)、乳过氧化物酶(Lp)、溶菌酶等。

(1)免疫球蛋白是牛初乳中最重要的免疫成分,它们是一类具有抗体活性或化学结构与抗体相似的球蛋白。根据分子结构上重链恒定区氨基酸组成和排列顺序的不同,牛初乳的球蛋白可分为 5 类,即 IgG、IgA、IgM、IgD、IgE。奶牛初乳中免疫球蛋白为 50～150 mg/mL,是常乳的 50～150 倍,其中 IgG 占 80%～90%,IgM 约占 7%,IgA 约占 5%。免疫球蛋白具有多种生物活性功能,主要功能是能与侵入机体的细菌、病毒等抗原进行特异性结合,从而使其丧失破坏机体健康的能力;另外,还具有活化补体、溶解细胞、中和毒素及通过胎盘向胎儿体内传递免疫力,增强胎儿和新生犊牛抗感染能力等功能。

(2)免疫细胞是牛初乳中又一类重要免疫成分,牛初乳中所含免疫细胞总数为(1×10^6)～(1×10^7)个/mL,有 γ 淋巴细胞、β 淋巴细胞、巨噬细胞、嗜中性白细胞等。这些细胞能分泌特异性抗体,产生干扰素,或者表现为直接的吞噬作用,对保护免疫系统尚未发育成熟的新生犊牛健康具有重要意义。牛初乳中的免疫细胞,特别是淋巴细胞能提高体液免疫力。实验表明,用含淋巴细胞的初乳喂犊牛,可提高其对病原的免疫应答,使犊牛血清中的特异 IgG、IgA、IgM、IgD 含量显著高于没有淋巴细胞的初乳组。

(3)溶菌酶是一种专门作用于微生物细胞的碱性球蛋白,也称细胞壁溶菌酶。在初乳中的含量为 0.14～0.7 mg/L,是常乳的 2 倍。对大多数革兰氏阳性菌和一些革兰氏阴性菌有溶解能力,具有杀菌、抗病毒、抗肿瘤细胞等作用。

(4)乳铁蛋白是一种铁结合糖蛋白,由转铁蛋白演变而来。在牛初乳中的含量为 1.5～5.0 mg/mL,是常乳的 50～100 倍。乳铁蛋白能通过吸附在细菌表面膜蛋白的特定部位,夺取细菌生长所需要的铁,具有强烈的抑菌和杀菌效应。另外,其还具有调节补体活性、调节免疫系统、抑制炎症、刺激淋巴细胞生长、抗病毒、中和毒素、促进铁吸收、调整胃肠道微生物类群等多种作用。

子任务二　犊牛饲养管理技术要点

一、初乳是初生犊牛启动自体器官开始自主工作的重要能量来源

犊牛出生后,生命状况发生了变化,犊牛必须依靠自己生存,实现由依赖母体生存向依靠自身器官生存的转变。在这一阶段,犊牛必须启动自身的所有器官,这个启动能量来源于初乳中的脂肪、蛋白和乳糖。如果犊牛出生后食入的初乳数量不足或质量较差,就会影响犊牛消化系统器官、呼吸系统器官等的正常启动,从而影响相应器官生理功能正常运转,第一次灌服或饲喂初乳的数量应不低于犊牛体重的 10%。

二、初乳是犊牛获得初始被动免疫能力的重要途径

新生犊牛胃肠道尚未发育完全,消化机能不健全,体内只有少量的营养贮备,缺乏母源抗体和对疾病的抵抗能力。研究表明,牛、羊等反刍类动物的胎盘为结缔组织绒毛膜型,具有这种类型胎盘的动物母体中的免疫球蛋白无法通过胎盘进入胎儿体内,所以新生犊牛必须从初乳中获得免疫球蛋白、抗体等。当犊牛食入初乳,初乳通过消化道吸收进入血液后犊牛才会获

得抗体及母源白细胞，犊牛才能建立起自身的免疫力，接受细菌、病毒、寄生虫等致病因素的考验，健康生存下来。

另外，初乳中的成分随泌乳时间的延长向常乳成分变化（表 6-1）；犊牛吸收初乳中免疫球蛋白、免疫细胞的功能会随出生时间的延长而迅速下降；所以必须在犊牛出生后尽早给犊牛灌服足量初乳。

表 6-1 奶牛产后第 1 天早、中、晚三次所挤初乳成分变化情况及与常乳成分对比

成分/%	第 1 次挤奶	第 2 次挤奶	第 3 次挤奶	常乳
全乳固体物	23.9	17.9	14.1	12.9
乳蛋白	14.0	8.4	5.1	3.1
免疫球蛋白	48.0	25.0	15.0	0.6
乳脂	6.7	5.4	3.9	4.0
乳糖	2.7	3.9	4.4	5.0
矿物质	1.1	1.0	0.8	0.7
维生素 A/(μg/dL)	295.0	190.0	113.0	34.0

注：三次挤奶间隔为 6 h。

正常情况下，应该在犊牛产出后 1 h 内给犊牛喂足初乳。初乳喂量不足或初乳灌服不及时将会对犊牛的生长发育和健康成长造成严重影响。另外，初乳还有促进犊牛胎粪排出及保护胃肠黏膜等作用。

三、初乳质量监测

由于母牛的初乳受胎次、健康状况及妊娠后期饲养管理等因素影响，为保证初乳质量，喂服初乳前应该做好初乳质量监测工作。一般情况下，头胎牛初乳质量低于经产牛，体质弱或病牛的初乳质量低于健康牛，妊娠 6 个月龄后母牛饲养管理差的牛初乳质量低于正常饲养的牛。初乳质量监测通常以初乳中的 IgG 含量作为评定指标，初乳质量监测一般用专用的折光仪（图 6-1、图 6-2）或初乳仪（图 6-3），或初乳电子测定仪来完成。初乳中 IgG ＞50 mg/mL 为合格的优质初乳。用折光仪或初乳仪判定奶牛初乳质量的标准见表 6-2。

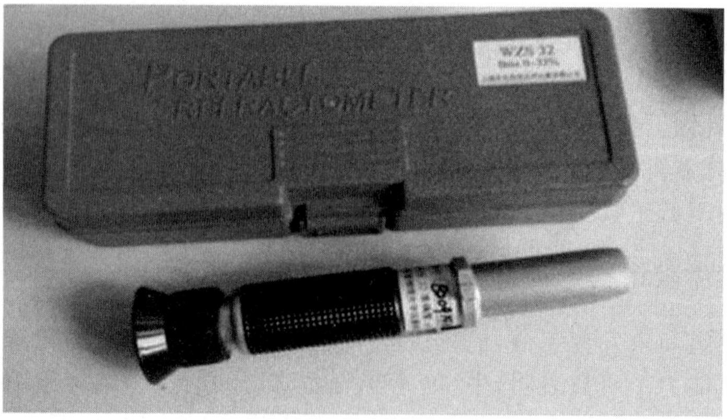

图 6-1 奶牛初乳 IgG 测定折光仪

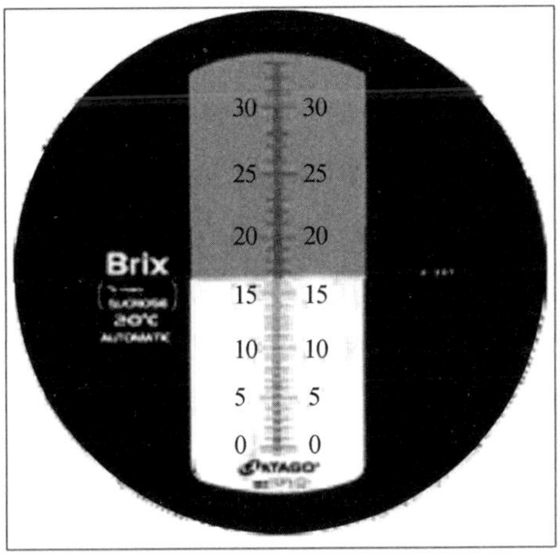

图 6-2　折光仪内置读数表

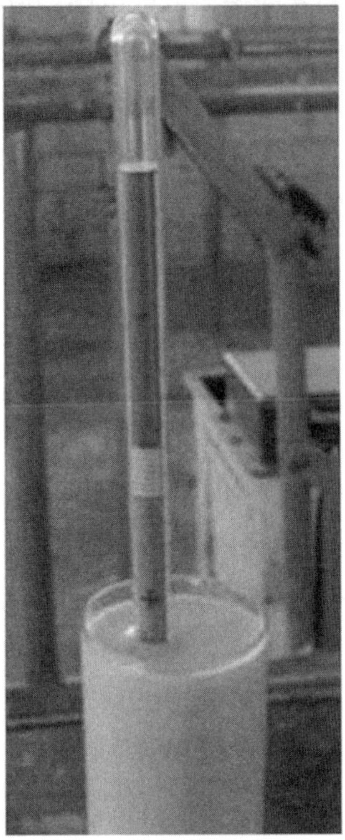

图 6-3　初乳测定仪

表 6-2　用折光仪或初乳仪判定奶牛初乳质量的标准

IgG/(mg/mL)	质量判定标准	折光仪读数	初乳仪颜色显示
>50	好	>22%	绿色
25～49.9	一般	20%～21.9%	黄色
<25	差	<25%	红色

另外，除用仪器进行初乳质量监测外，还要通过眼观检查的方法对初乳进行质量评定，杜绝用患有乳房炎的牛的初乳，或气味、色泽等异常的初乳喂犊牛。

四、初乳收集消毒、冷冻、贮存、融化加温与灌服管理

犊牛初乳灌服可以用从产后母牛乳房中挤出的鲜奶进行灌服，也可以用冷冻保存经加温、融化后的初乳进行灌服。

(一)初乳收集及消毒

用来灌服或保存的初乳在收集时，要严格按挤奶程序对母牛乳房进行擦洗、消毒，对所用灌服及保存器具进行清洗消毒，防止健康初乳在收集过程中被污染。

初乳的杀菌消毒用巴氏消毒方法进行，杀菌温度 60 ℃和 30 min 的处理时间是比较理想的巴氏消毒条件，能够杀死李斯特菌、大肠杆菌、肠道沙门氏菌、牛支原体和副结核分枝杆菌等；同时，可最大程度保留 IgG 和营养成分。

研究还表明，与饲喂生初乳相比，饲喂巴氏消毒的初乳可使犊牛 24 h 的血清 IgG 水平提高 25%，吸收效率提高 28%。

(二)初乳的冷冻与解冻加热

用于冷冻贮存的初乳经巴氏消毒后要放入冰柜中冷冻保存，存放时应按时间先后顺序排列存放，以便按先后顺序进行灌服使用，以免初乳在冷冻状态下保存太久。

在冷冻状态下，虽然可以防止绝大部分微生物繁殖或生存，但真菌、嗜冷菌等对低温有很强的抵抗力，在 0 ℃以下可存活、繁殖。另外，由于初乳是一个复杂的胶体平衡体系，长期冷冻状态下，也会发生一些理化性质变化，所以，冷冻保存的初乳不宜保存时间过长。

犊牛灌服初乳前应先解冻冷冻的初乳，融化冷冻保存的初乳用 40～50 ℃温水即可。应将初乳加热到 38～40 ℃，此奶温有助于犊牛食道沟反射；温度不能过高，温度过高会损伤胃黏膜，超过 60 ℃会发生凝固；奶温低可引起犊牛腹泻或发生肠炎。另外，初乳温度会影响初乳在犊牛真胃内的凝固时间(表 6-3)，即会影响初乳的消化吸收过程。

表 6-3　初乳温度对喂奶后胃内初乳凝固时间的影响

初乳温度	39 ℃	35 ℃	30 ℃	25 ℃
喂奶后初乳凝固时间/min	2～3	5	8	12

(三)初乳灌服及效果监测

初乳灌服可采用初乳灌服器(图 6-4、图 6-5)进行，但无论采用哪种初乳灌服器都要对灌服人员进行岗前培训，虽然初乳灌服技能很简单，但对于初次进行灌服操作的人员来说也有意外灌呛的情况发生。

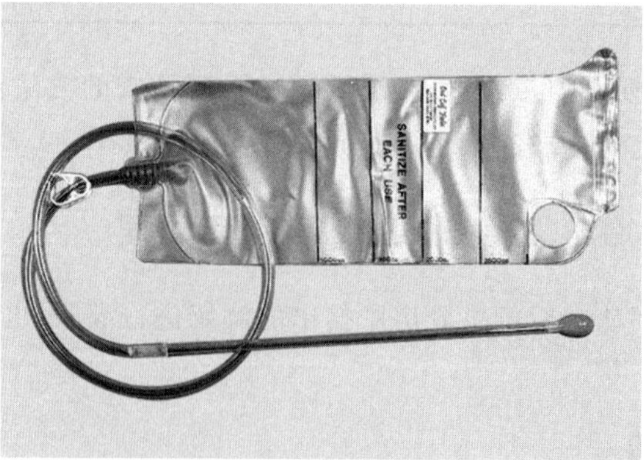

图 6-4　初乳灌服器(一)

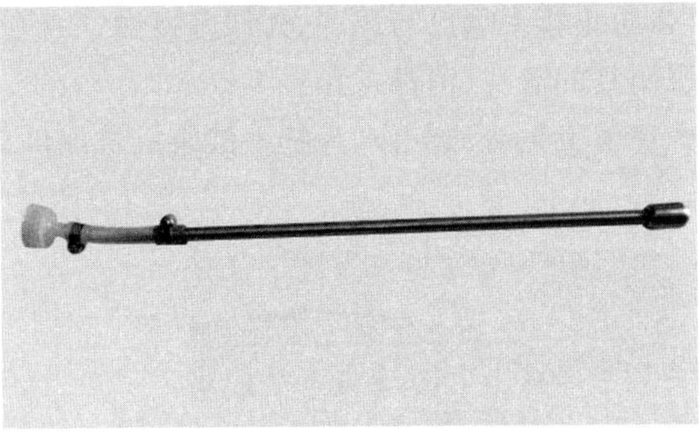

图 6-5 初乳灌服器(二)

(四)新生犊牛初乳灌服模式

(1)出生后一次性灌服模式。犊牛出生后 0～1 h,一次性灌服 10%体重的初乳,12 h 后开始喂服常乳。

(2)"4 + 2"模式。犊牛出生后 0～1 h,一次性灌服 10%体重的初乳,出生后 6 h 再灌服 2 L 初乳,12 h 后开始喂服常乳。

从临床对比来看,"4 + 2"模式,优于一次性灌服模式。

为了监测新出生犊牛的初乳灌服效果和饲养管理及犊牛健康,可在首次灌服初乳后 48 h,静脉采取犊牛 3～5 mL 血液,分离血清,用专用折光仪进行血液免疫球蛋白抗体监测。正常读数为 5～7,低于 5 说明喂量不足或初乳质量差或饲养管理不到位,大于 7 说明犊牛已经发病或有脱水问题存在。

五、犊牛疾病发生的两个主要时期

长期从事犊牛饲养和疾病防治的人员会发现,犊牛疾病发生有两个重要的多发期,在这两个时间点犊牛疾病发病率最高。对犊牛疾病防治及饲养管理而言,做好这两个时期的疾病防治工作最为关键。这两个关键阶段为:

(一)犊牛出生后 1～20 d 是犊牛疾病的高发阶段

犊牛出生后自身缺乏完全的免疫力,必须依靠初乳才能获得重要的被动免疫能力,但犊牛被动免疫能力的建立也要经历一定时间,即使初乳喂得及时、优质、足量,被动免疫力也不可能即喂即有,因此,出生后 0～3 d 就成了犊牛免疫力最弱的时期,这个空窗期就是犊牛感染病原的一个重要时期。刚出生的犊牛免疫力尚处在建立、提升之中,如病原微生物通过消化道等进入机体,微生物就很容易进入血液,通过血液进入相应的组织器官,病原进入关节就可引起犊牛关节炎,进入肺就可引起肺炎,进入肠黏膜就可引起肠炎,从而导致疾病发生。

疾病发生有一个致病因素与机体抵抗力进行斗争的潜伏过程,致病因素强于机体抵抗力则发病,反之则不发病,出生后 0～3 d 的感染往往在犊牛初生后 1～20 d 表现出症状。因此,这就要求我们要高度重视犊牛初生后 0～3 d 的疾病预防工作,这样才能减少犊牛初生后 1～20 d 的发病率,此阶段的疾病预防重点应从如下几个方面着手。

(1)防止初乳污染,保质、保量、及时喂好初乳;

(2)犊牛刚出生后,严格防止犊牛嘴巴与泥污、粪尿等接触;

(3)严格做好初乳喂服用具的清洗、消毒工作;

(4)严格做好犊牛圈舍环境卫生清洁工作,为犊牛健康成长提供良好环境、设施,图 6-6 为标准化示范牛场的“犊牛岛”。

图 6-6　标准化示范牛场的犊牛饲养管理设施

视频 13　犊牛现代化饲养管理

(二)犊牛出生后 61～90 d 是犊牛疾病的第二个高发时期

在犊牛的饲养管理阶段,人们会发现犊牛在出生后 61～90 d 是犊牛疾病高发的第二个时期,也是犊牛膘情下降较为明显的一个时期,为什么会这样呢?

目前,犊牛的哺乳期一般为 60 d,犊牛出生后 61～90 d 是断奶应激期。在这一时期,犊牛要实现由吃奶到吃料、吃草的完全转变。哺乳期的犊牛学食过程是培养犊牛采食、消化、吸收精饲料营养成分的一个重要时期,在这个时期如果犊牛吃的精料不足,胃肠对精饲料的消化吸收能力差,犊牛在由吃奶到吃料、吃草的转变过程中就容易出现消化吸收功能障碍,从而表现消化不良或腹泻,导致膘情下降、体瘦毛长、抵抗力下降、发病率升高、体重增长缓慢的问题。

有效控制奶牛断奶期疾病发生率高问题,必须做好犊牛哺乳期的开食、学食,保证犊牛在断奶后对精料、草有良好的消化能力。一般来说,犊牛断奶时每天的精料采食量应该不小于 1.5 kg,这样就可以有效预防犊牛断奶期疾病的发生。

六、做好出生后的防寒、保暖工作

犊牛出生后,要开启自体呼吸器官,实现自身呼吸系统生理功能,要开启自身体温调节功能,在环境中独立维持正常的体温指标。当环境温度突然从 37.5～39.5 ℃下降到了 10 ℃以下时,会给犊牛带来严重的低温应激,尤其是在我国北方的冬天。低温对犊牛的不良影响主要表现在如下 2 个方面。

(1)刚出生的犊牛体温调节功能尚未发育完善,突然的寒冷因素进一步加重了低温对犊牛的不良影响。一般认为,奶牛耐冷不耐热,对成年牛来说确实是这样,但对犊牛,尤其是新生犊牛来说则不同,犊牛是怕冷的,这一现象主要归因于不同年龄阶段的牛在生理功能方面的差异。

(2)寒冷的冬天,如果不重视犊牛的防寒保暖工作,将会导致犊牛免疫力下降,感冒、肺炎、腹泻、肠炎、传染病等的发病率升高。

犊牛冬季防寒保暖措施：

(1)犊牛出生后及时将其转移到新生犊牛舍，并用热风机(图 6-7)将犊牛身体吹干。

(2)犊牛舍地面要铺垫清洁的麦秸、稻草等垫料(禁用发霉垫草)，并及时更换，防止垫草潮湿、污秽、不洁，给犊牛躺卧休息创造一个保暖、防寒的地面条件。

(3)提升犊牛圈舍防风保暖能力。对于气候寒冷、圈舍保暖能力较差的牛场，冬天可给新出生 2 周以内的犊牛单建一个防寒保暖过渡圈舍(图 6-8)，并提供相应的保暖热源。

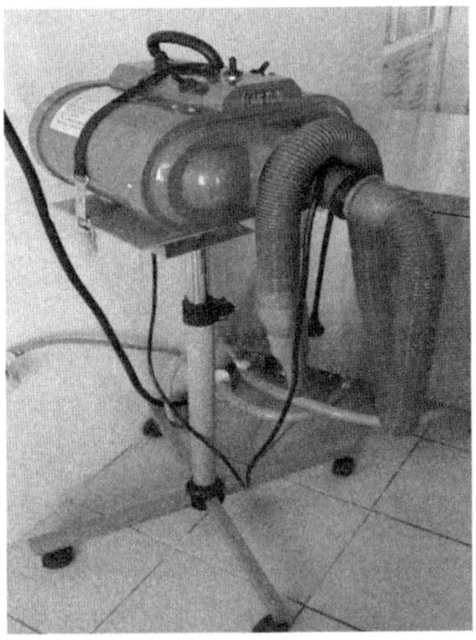

图 6-7　犊牛热风吹干机

图 6-8　犊牛防寒保暖过渡舍

(4)内蒙古、东北、新疆等寒冷地区，可在犊牛圈舍安装自动化热风及排风换气装备，用犊牛自动饲喂系统进行饲喂。

七、做好犊牛疾病及时诊断与治疗

正确的诊断是治疗的前提条件，离开准确诊断的治疗就是无的放矢，诊断错误必然会导致用药错误，这种情况下的治疗根本谈不上科学用药，不但会耽误治疗、浪费资源，也会对病犊牛健康造成进一步危害。因此，奶牛场要不断促进兽医专业技术水平提升；另外，也必须储备一定的快速诊断技术手段，以此为兽医及时、准确诊断疾病创造条件。

(一)重视以临床应用为主体的快速诊断技术的应用

对于奶牛场来说，生产是牛场的核心工作，诊断和治疗是兽医的重点工作，牛场不是科研单位，没必要也不可能建立起一流的研究性诊断实验室；但要重视以临床应用为主体的快速诊断技术的发掘应用。近年来，胶体金法技术的快速发展为牛场疾病快速诊断提供了方便，其准确性也得以大幅度提高，例如，牛轮状病毒病、传染性鼻气管炎病、犊牛大肠杆菌病、隐孢子虫病等快速诊断试纸条在临床上得到了推广应用，获得了较好的效果，牛场兽医应该充分挖掘这类应用技术的作用。

任何技术都有它的短板和不足，快速诊断技术也是如此。对于胶体金法诊断技术来说，其优点是方便、实用、操作简单;其缺点是国内生产的试纸条的无效率较高,对于奶牛疾病临床诊断而言,如果具有85%以上的有效性和准确性就很有应用价值,我们可以通过增加诊断样本的方法弥补这一不足,因为牛场犊牛发病时往往不会仅是一两头,因此,此类技术对于诊断、防控犊牛疾病有一定现实意义。

在疾病诊断治疗方面,企业应该强化积极利用社会公共资源的意识,加强与科研院所的融合,以校企合作、院企合作等方式,充分利用科研院所的科技、仪器、人力资源。

(二)与时俱进,提高犊牛疾病诊断治疗水平

由于犊牛抵抗力不如成年牛,所以犊牛疾病具有发病快、症状重、治愈率低的特点,在犊牛疾病治疗上要求要进行精准化治疗,在饲养管理上要求要精细化饲养。犊牛腹泻和犊牛肺炎是犊牛的两大多发病,我们就以犊牛腹泻治疗为例进行说明。

不论是一般因素还是细菌、病毒性因素引起的肠炎,都会以腹泻、拉稀为重要临床症状,许多腹泻犊牛往往死于严重脱水。对于腹泻的治疗,一般的兽医都知道要以"补液、消炎、对症治疗"为原则。但补液应该补多少,采用什么方式补液,一天应该补液几次,这才是补液治疗的精准化内容。对较严重的犊牛腹泻、拉稀要做到精准化补液治疗,就必须掌握以下几点。

(1)做出准确诊断,对病原类型要有相对准确的判断。一般而言,由于病原寄生于细胞内外的不同部位,由病毒引起的肠炎会严重损伤肠黏膜上的绒毛组织结构(图6-9),使肠黏膜对水的吸收功能严重障碍;而细菌对肠黏膜上的绒毛组织结构损伤较小,对肠黏膜吸收水分的功能影响不大。这就为我们选择补液方式提供了科学参考,口服补液也可以作为一种补液手段。

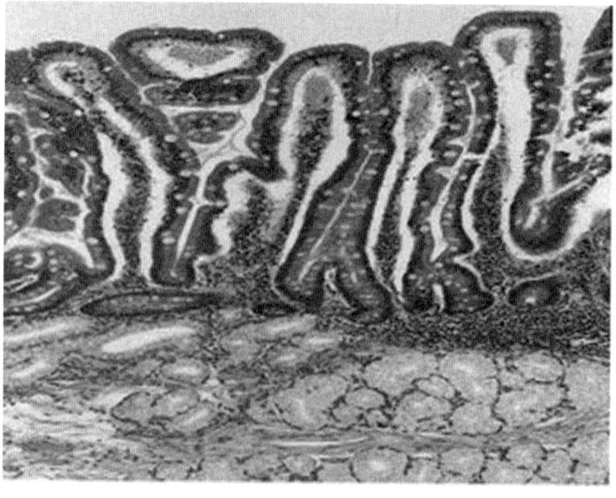

图6-9　肠黏膜上的绒毛组织结构

(2)确定补液方式。对于由病毒性因素引起的拉稀,如果我们单纯采用口服补液(如口服补液盐),因为肠黏膜吸收水分的能力受到严重损伤,就难以起到有效防止脱水的作用,很可能会导致治疗无效而最终死亡。既然口服补液吸收能力有限，那么静脉输液就是病毒性腹泻治疗补液的一种最佳方式。

对于由细菌性因素所引起的拉稀，我们单纯采用口服补液（如口服补液盐），因为肠黏膜具有一定的吸收水分的能力，口服补液会对脱水起到一定缓解效果。

(3)确定补液量。腹泻使犊牛出现了脱水，一次补多少液体才能起到相应的补液作用呢？如果每次的补液量不足以缓解腹泻所导致的严重脱水，那将会降低治疗效果，导致治愈率下降。有经验的兽医可以通过犊牛的脱水程度判定，估算出补液的量，但对于临床经验不足的兽医来说，这将是一项难以完成的任务。其实临床上也有简单的方式来帮助我们确定补液量，在给犊牛输液过程中，当犊牛出现排尿时，说明本次的补液量已经达到了要求的补液量。

(4)确定补液次数。对发生严重脱水的犊牛，一天应该补液几次呢？大量的临床治疗表明，对于严重脱水的犊牛一天应输液两次，即早晚各一次，这样可明显提高治愈率。

(5)确定持续补液时间。犊牛的肠黏膜绒毛组织有很强的再生、修复能力，当犊牛肠黏膜绒毛组织受到严重损害时，犊牛完成再生修复至少需要 4 d。因此，在这种情况下，我们输液纠正脱水的工作必须维持 4 d 以上，此时，犊牛肠黏膜绒毛组织结构得到了一定程度的再生修复，不同程度地恢复了从肠道吸收水分的能力，才可以停止输液。

任务二　犊牛疾病防治

【知识目标】

- 掌握犊牛常见病的致病机理。
- 掌握犊牛常见病的流行病学特点。
- 掌握犊牛解剖学病理变化特点。
- 掌握犊牛常见病的主要临床症状。
- 掌握犊牛常见病的诊断知识及新理念。

【能力目标】

- 能掌握牛病的流行病学调查分析调查技术。
- 能掌握病牛的解剖学诊断技术。
- 能掌握常用的牛病实验室诊断仪器使用技术。

【素质目标】

- 培养严谨的科学态度和良好的职业道德。
- 培养综合运用各项信息分析问题、解决问题的职业素养。
- 培养好学敬业和吃苦耐劳的职业精神。

【相关知识】

子任务一　犊牛大肠杆菌病

犊牛大肠杆菌病是由致病性大肠杆菌感染起的一种急性传染病。随着犊牛饲养管理模式发展变化，此病在犊牛疾病中变得较为突出，发病率上升。由于此病潜伏期短，感染后 6～7 h 就可发病，且发病过程急，如果治疗不及时或治疗失误，犊牛常常于发病后 1 周内死亡，感染发病率可达 90%左右，死亡率可达 10%～50%，如果能及时正确诊断、精准治疗，又可较好地挽回相应的经济损失。

一、病原

大肠杆菌广泛存在于自然界和动物肠道内，大肠杆菌抗原成分复杂，根据菌体抗原不同，可将大肠杆菌分为 150 多个型，其中 16 个血清型为致病性大肠杆菌，主要为 O78、O8、O86、O9、O15、O26 等菌株，这些致病血清型通常具有 K99 抗原，这也是通过检测 K99 抗原来诊断本病的原因。大肠杆菌为革兰氏阴性菌，杆状、有鞭毛、能运动，中等大小。能引起大肠杆菌病的大肠杆菌可分为败血症性大肠杆菌、产肠毒素性大肠杆菌和其他类型大肠杆菌。目前，临床上以具有 K99 抗原型大肠杆菌感染引起的肠炎型大肠杆菌病最为多见。

二、流行病学

犊牛大肠杆菌病是导致犊牛死亡的一个重要原因，犊牛出生后短时间内大肠杆菌就可进入胃肠道，可引起败血症、肠毒血症、肠炎。其主要传播或感染途径是消化道和脐带感染，也可以通过呼吸道感染。当犊牛出生后食入的免疫球蛋白不足，被动免疫能力低下，难以抵抗大肠杆菌的侵袭，就会导致大肠杆菌病发生。

此病是新生犊牛腹泻疾病中最先发生的一个，发病以出生后 1～3 d 最为突出，最快可以在喂初乳后 6～7 h 发病，也就是说，当新生犊牛感染大肠杆菌后 6～7 h 就可以发病，并可因剧烈的腹泻和脱水导致死亡。

三、临床症状

此病多发生于出生后 1～7 d 的犊牛，尤其是出生 1～3 d 的犊牛，从发病起始时间来看，此病是犊牛出生后最先面临的一个传染性疾病。犊牛出生后，往往表现正常、第一次排出的胎粪也正常或基本正常，犊牛以突然剧烈的喷射状急性腹泻（图 6-10）和急性脱水为主要临床症状。以肠炎和败血症为主要病理变化，脱水可导致肌无力，表现卧地不起或昏迷休克，可视黏膜苍白、吮吸反应减弱或消失。水样粪便常常呈黄色、白色或绿色，内含蛋花样未消化初乳成分，随病程度延长，水样腹泻会变为粥样腹泻。如不及时治疗大多于发病后 3 d 左右死亡。病程较长的病例后期腹泻物中有黏膜及血液成分。

图 6-10　患病犊牛水样、黄色、喷射状腹泻

患病犊牛体温初期升高(40.5 ℃),随后体温下降。犊牛精神沉郁、四肢、口腔、鼻镜变凉,发病初期表现呼吸加快、急喘等现象。后躯脏污不洁、粘有粪便、站立无力,体躯有脱毛现象(图 6-11、图 6-12)

图 6-11　后躯脏污不洁、粘有粪便、站立无力

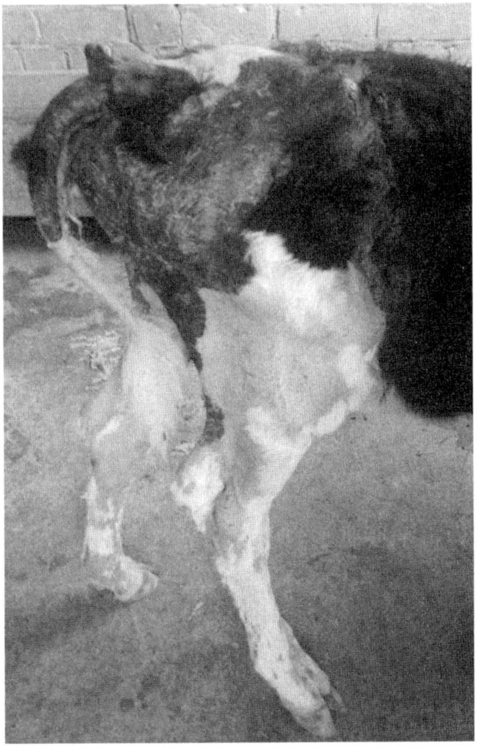

图 6-12　患病犊牛体躯脱毛、皮肤结痂

犊牛患大肠杆菌病，以突然剧烈的喷射状急性腹泻和急性脱水为主要临床特征。其水样粪便常呈黄色、白色或绿色，为什么腹泻粪便会表现黄色、白色或绿色，这与病例所感染的大肠杆菌血清型不同有关，不同血清型大肠杆菌的代谢产物和分泌的毒素有所不同，这是决定腹泻物颜色的基础性原因。所以，犊牛的腹泻物有些病例呈黄色，有些则呈白色或绿色。仔猪患大肠杆菌病时，腹泻物也会表现黄色、白色，二者是一样的道理，但在仔猪大肠杆菌病称呼上，往往通俗地将其根据粪便颜色称为仔猪黄痢或仔猪白痢。

大肠杆菌在肠道内大量繁殖，并产生大量毒素，吸附于小肠和结肠黏膜，这些毒素可以刺激肠道黏膜分泌水和电解质，使肠道里面的液体滞留，从而导致腹泻。

犊牛大肠杆菌病在病程后期，常常有一定数量的病例表现体躯脱毛现象，此现象可表现在后躯体表、头部及四肢。这一病理表现主要由如下三种原因所致：

其一，大肠杆菌感染后会在犊牛体内产生大量毒素，这些毒素通过皮肤向外排出的过程中，会破坏皮肤毛囊的结构和功能，这是导致患病犊牛体表脱毛的一个主要因素。

其二，犊牛发生大肠杆菌病后，肌内注射抗生素或静脉输注抗生素治疗是临床上常用的一种治疗手段，如果抗生素用量过大，或选用的抗生素可引发过敏，这种过敏反应是导致患病犊牛脱毛的第二个原因。

其三，犊牛患大肠杆菌病时，由于腹泻往往后躯脏污不洁、粘有粪便，如果不及时清理，这些黏附在体表、后肢上的腹泻物可腐蚀皮肤，加之躺卧时的摩擦可使皮肤坏死、结痂，从而引起脱毛。

四、病理解剖

死亡犊牛消瘦、脱水、眼窝下陷，真胃内有凝乳块，真胃黏膜变红，有充血及点状出血，以不同程度的炎症和出血病理变化为主，一般在小肠、结肠部位炎症较为严重。肝脏肿大，一些病例伴有肺炎及关节炎病理变化。

(1)由于犊牛大肠杆菌病病程急短，可在发病后 3 d 左右死亡，急剧脱水和毒素作用是导致迅速死亡的主要原因。所以从病理解剖结果来看，其肠黏膜、真胃黏膜的炎症变化并不十分突出，肠黏膜和真胃黏膜以充血、不同程度的炎症和出血变化为主体。且真胃中的初乳消化状态也基本正常，初乳呈凝固块状。

(2)患病牛的肝脏解剖病理变化呈肿大、质地变硬、颜色稍变深。肝脏是重要的解毒器官，大肠杆菌毒素在肝脏内蓄积是导致肝脏肿大的主要原因。

五、诊断

根据发病过程的流行病学特点及临床症状可做出初步诊断。用胶体金快速诊断试纸条诊断，是一种很好的临床确诊方法；也可以用 ELISA 方法或其他检查方法来确诊；也可做病原学诊断。

六、发病原因

(1)新生犊牛出生后，嘴巴与地面接触，食入环境粪便、污物中的大肠杆菌。犊牛出生后缺乏健全的免疫力，必须依靠初乳才能获得重要的被动免疫能力。犊牛免疫力的建立也有一个过程，不可能即喂即有，所以人们把犊牛出生后的 0～3 d 称为被动免疫空窗期，此期是犊牛感染的一个重要时期。

(2)新生犊牛食入患有乳房炎的初乳，或初乳被大肠杆菌污染。

(3)母牛在干奶期或围产前期饲养管理不当，影响了母乳中抗体及免疫球蛋白的生成，导致母乳质量下降。

(4)初乳喂服不及时。初乳灌服越早越好(0～1 h)，犊牛对初乳的吸收速率以出生后 0～6 h 为最高。由于初生犊牛的瘤胃小且无功能，所以饲喂或灌服的初乳将直接进入真胃，并以液状进入十二指肠，母源抗体及母源白细胞将以原形很快通过肠道屏障进入血液、加入被动免疫系统。犊牛出生后约 12 h 开启“肠闭合-肠道屏障”进程，至生后 24 h 左右基本完成。这就是初乳灌服越早越好的生理学原因。

(5)初乳喂量不足。以犊牛体重的 10%来确定灌服初乳量是牛场普遍使用的计算标准。为什么会有这样的标准呢？对于出生重为 40 kg 的初生犊牛而言，一般需要喂给 200～300 g 的母源性免疫球蛋白才可保证其被动免疫系统的建立。按初乳中免疫球蛋白的含量不低于 50 mg/mL(即 50 g/kg)来计算：4 kg×50 g/kg＝200 g。所以，犊牛出生后需要灌服 4 kg 的初乳才能满足被动免疫系统建立的基本要求。如果初乳灌服不足，被动免疫系统建立不完善，当然就容易感染大肠杆菌并发病。被动免疫系统经饲喂初乳后已充分建立，外周血清免疫球蛋白的含量应不低于 10 mg/mL。

初乳经过巴氏消毒后为什么还会在灌服初乳后发生犊牛大肠杆菌性腹泻？产肠毒素大肠杆菌（ETEC)是通过菌体自身分泌的肠毒素扰乱犊牛小肠的正常生理功能而引发腹泻。根据热稳定性的差异，肠毒素可分为两类：即热敏肠毒素(LT)和耐热肠毒素(ST)，由于分泌的耐热肠毒素对热的抵抗力强，巴氏消毒时就不易被破坏。所以，如果母牛乳腺存在一定程度的大肠杆菌感染，即使母牛乳房外观正常，初乳中也会含有一定程度的肠毒素，由于巴氏消毒并不能完全破坏这种耐热性毒素。所以犊牛吃了含这种毒素的初乳，即使初乳经过了巴氏消毒也可导致腹泻发生。

七、治疗

治疗方法示例。

【处方 1】

复方生理盐水　　1 000 mL

5%葡萄糖　　500 mL

5%碳酸氢钠　　200 mL

磺胺嘧啶注射液　　50 mL

用法：一次性静脉输，一日 1 次。

【处方 2】

庆大霉素注射液　　60 万 IU

用法：肌内注射，一日 2 次。

链霉素　　100 万～200 万 IU

用法：口服，一日 2 次。

病情好转后，可配合口服益生菌制剂，或促进消化的药物制剂。

治疗注意事项：

(1)犊牛大肠杆菌性腹泻，是一种急性传染病，剧烈的腹泻可在短时间内导致犊牛严重脱水，所以必须在第一时间进行以防治脱水为主题的治疗工作，即在第1次或第2次腹泻发生后就要及时进行治疗，越早越好。如果治疗延迟，其治疗效果将会大打折扣。第一次治疗后不见好转的犊牛，随后出现病情急剧变化，体温下降，死亡，这与是否及时治疗缓解脱水程度有关。

(2)第一次治疗不但要及时，补液量还要充足；如果第一次补液不足，严重脱水会对犊牛的生理功能造成严重损伤，随后的治疗效果将会明显变差，第一次治疗由于补液不足，将会严重影响犊牛的治疗效果。临床兽医可能会发现，如果第一次犊牛输液治疗后不见效果，第二次治疗效果将会明显下降，这其中就存在第一次补液量不足的问题。因为剧烈腹泻所导致的严重脱水，会严重影响全身细胞的生理代谢功能，从而使犊牛的生理代谢、免疫力等将变得更为低下。由此可见，第一次治疗决定着这头犊牛的病情发展。

(3)如何确定大肠杆菌性犊牛腹泻的输液量呢？有人以输液时犊牛出现排尿为参照标准，补液补到犊牛排尿，这是一个很有价值的参考指标，但总有一定病例出现休克或昏迷，怎么输液也不会排尿，这种情况如果还坚持标准继续提升补液量，可导致心脏问题或肺水肿而死亡。所以，建议大家在第一次输液时按照20～40 mL/kg(体重)来确定补液量，并根据脱水程度适当增减。当然，如果犊牛还能饮水，静脉补液和口服补液相结合是一种更理想的缓解脱水方式。

八、预防措施

预防是最省钱的一种疾病防控措施，针对病因进行预防是防控此病的关键。前面已经介绍了导致本病的主要病因，牛场根据各自在干奶期、产房、新出生犊牛的管理等环节，寻找不足进行防控，是杜绝本病发生，减少损失的重要一环，在这就不再赘述了。

子任务二　犊牛副伤寒

犊牛副伤寒也叫犊牛沙门氏菌病，是由多种血清型的沙门氏菌属细菌引起的一种传染病，可导致犊牛败血症、肠炎、关节炎、肺炎病理变化及临床症状。

一、病原

沙门氏菌为革兰氏阴性兼性需氧和兼性厌氧菌，形态与大肠杆菌相似。沙门氏菌属细菌对热、消毒药及外界环境有较强的抵抗力，对抗生素易产生耐药性。此类菌在水中可存活2～3周，在粪尿中可存活4～12个月及以上。此类型菌的血清型有2 400多种，许多沙门氏菌都能引起犊牛发病，最常见的沙门氏菌为鼠伤寒沙门氏菌、纽波特沙门氏菌、都柏林沙门氏菌、肠炎沙门氏菌。

二、流行病学

此病对犊牛危害巨大，呈地方性流行，发病率高达20%～70%，死亡率高达5%～75%。泌乳牛也可发病，成年牛多为散发或隐性带菌，牛群一旦感染本病，此病短期内难以在牛群中清除、净化，在多雨水的夏季此病发病率最高。

病牛和隐性带菌牛是主要的传染源，主要通过消化道传播流行，犊牛采食或接触了病牛粪便、尿、唾液、胎水、子宫排出物等污染的奶、饲料、饮水、喂奶用具、环境、犊牛体表等时可引起发病。

有一种说法认为，沙门氏菌种类及血清型较多，也是牛体内的一种寄生菌，通常情况下由于沙门氏菌在牛的肠道中数量少、毒力低，不会引起犊牛发病；但当犊牛营养不良、环境恶劣、牛群饲养管理不当、气候巨变、密度较大等导致犊牛免疫能力下降时，可引起本病发生。长期存在本病的奶牛场，此病的发生率高低就成了奶牛场饲养管理水平高低的一个衡量指标。

三、发病机理

沙门氏菌通过口腔进入消化系统后，在结肠、回肠内大量繁殖并进入肠黏膜，产生大量内毒素，从而引起肠黏膜炎症，表现充血、出血、水肿及回肠和盲肠黏膜增厚形成皱褶；同时，肠黏膜炎症过程中产生的前列腺素激活环磷酸腺苷环化酶，使肠上皮细胞分泌水，HCO_3^-、Cl^-等离子增加，抑制 Na^+ 吸收，肠蠕动加强，从而表现出腹泻、拉稀、脱水、低血糖、低血钠、休克等症状。

当犊牛免疫力进一步下降时，沙门氏菌侵入肠系膜淋巴组织并在其大量繁殖，通过肝脏的网状内皮细胞进行入血液，于 24～28 h 引起机体体温升高，并引起败血症和严重的胃肠炎。沙门氏菌也可以随血液循环到肺、关节，以菌血症的方式引起肺炎和关节炎。

患病后不死的犊牛，沙门氏菌可以在肠淋巴结、肝脏、肺脏、脾脏、胆囊侵害相应的组织器官，从胆汁和肠壁病灶中持续向外排出病原污染环境。

四、临床症状

根据犊牛副伤寒病程急缓、长短和严重程度可将其分为急性和慢性 2 种类型。

（一）急性型

急性型主要以败血症、急性肠炎和肺炎症状为特征，犊牛出生后 48 h 左右即可发病。病程短的 2～3 d 发生死亡，大部分在 12 d 左右死亡，病程长者 20 多天死亡，也可转为慢性型。发热和腹泻是急性沙门氏菌病的一个常见症状。初期体温可升高到 40～41 ℃，呼吸和脉搏加快，食欲下降或不食。沙门氏菌引起的肠炎粪便多呈黄色，粪便中常有血液、黏液，甚至有黏膜碎片，粪便稀而难闻，后期虚脱、卧地不起、消瘦、脱水、体温降低。急性犊牛副伤寒死亡率高达 10%以上。

（二）慢性型

慢性犊牛副伤寒包括 2 种情况。

（1）由急性副伤寒转变而来，主要表现为肠炎、肺炎。食欲较差、时好时坏，肺炎时轻时重，体温时高时低，咳嗽、流浆液性或脓性鼻涕。这种慢性病例恢复期很长，犊牛消瘦，生长缓慢。

（2）从发病初期就以关节炎为主要表现，并表现一定的腹泻或肺炎症状。此类型发病病程较长，可达 30～50 d，发病率可达 5%～24.3%。头胎牛也可发病，发病率为 5%。以关节肿胀为主要特征，关节肿胀具有一定的对称性，多为两前肢的腕关节、肩关节肿大，或为两后肢的跗关节、膝关节肿大。患病犊牛不愿走动、跛行、喜卧，食欲下降，精神沉郁，体温一般为 40～41 ℃，发病一周后体温大多恢复正常。患病牛消瘦，有些伴有轻度腹泻症状，个别患病犊牛流脓性鼻涕，伴有呼吸道炎症，犊牛脐带干燥、脱落情况不良。采用一般对症治疗效果不佳，除死亡病例外，多数因丧失饲养价值被淘汰处理。

另外，此病虽然被称为犊牛副伤寒，但首次分娩的奶牛产后也可发生本病，发病率可达5%，头胎牛发病多在产后一月内发病；成乳牛多为隐性感染带菌状态。

近年来，以关节炎为特征的慢性型病例较为多见；以败血症、急性肠炎和肺炎症状为特征的急性病例相对少见。

五、病理变化

关节腔内有多量、红色、混有少量纤维絮片的液体。关节周围的腱鞘肿大，腱鞘中含有多量淡红色渗出液。

胃肠黏膜呈出血性炎症，有出血点，水肿，肠系膜淋巴结肿大、出血；肝脏肿大，肝脏上有点状坏死灶。回肠和盲肠黏膜增厚形成皱褶，甚至出现溃疡病灶或纤维素性坏死。膀胱、肾有少量出血点，肺脏有炎性灶。

六、诊断

根据临床症状、流行特点及病理变化可做出初步诊断；确认本病可采取肝脏、肺脏、肠淋巴结或关节腔炎分泌液体做沙门氏菌培养、分离、鉴定。

七、治疗

此病的治疗原则是：杀菌消炎、防止虚脱、止痛排液；兼顾局部治疗和全身治疗。

(一)全身治疗措施

用长效土霉素注射液每天肌内注射一次或注射头孢噻呋针剂进行治疗。其次是对症治疗，如解热镇痛(氟尼辛葡甲胺)治疗、补液治疗、支持营养治疗等。

(二)局部治疗措施

(1)对肿胀严重者穿刺排液后内注青霉素、链霉素、地塞米松、盐酸普鲁卡因进行治疗，可进行2～3次，但在操作过程中要注意严格消毒。

(2)利用青霉素和盐酸普鲁卡因在关节上方进行封闭治疗，隔天1次。

(3)肿胀关节上涂抹活血、化瘀、消肿的中西药制剂进行配合治疗。

此病复杂性较高，奶牛一旦感染本病，难以彻底消除，此病在少数奶牛场长期存在，根深蒂固，造成的损失巨大。必须采取综合措施进行控制净化，重治疗、轻综合预防的思想是十分有害的。

八、预防措施

(1)做好产房消毒工作，及时清理排出的胎衣、胎水等分娩排出物，地面用3% NaOH每产、每天认真消毒。防止母牛通过分娩排出物对产房环境造成污染，防止犊牛通过接触隐性带菌母牛的分娩排出物而感染发病。

(2)犊牛出生后，立刻单独隔离饲喂，初乳要进行巴氏消毒，犊牛舍在全面彻底消毒一次后，每天坚持消毒一次。

(3)产房安排专人昼夜值班,保证犊牛在出生后 1 h 内喂上初乳,喂量为体重的 10%,提高犊牛自身免疫力。

(4)认真做好断脐工作,断脐后用 5% 碘酊浸泡或药浴脐断端,防止新生犊牛通过脐带感染此病。

(5)在此病发病时期,犊牛出生后,全部喂服药物进行预防控制,喂服时间为连续 5 d。可用土霉素粉,每天 1 次,直接向口中喂服 2 g/次;或注射用链霉素,早晚各口服一瓶(100 IU)。

(6)对发病牛立即进行隔离治疗。

(7)对无治疗价值的较重病例要及时进行淘汰处理。

(8)注射疫苗是预防此病的一种有效方法,可获得良好的预防效果。

子任务三　犊牛化脓性隐秘杆菌病

犊牛化脓性隐秘杆菌病以化脓性肺炎为主要病理变化,此病在奶牛化脓性隐秘杆菌病临床防控研究方面的报道较为少见;犊牛化脓性隐秘杆菌病的临床研究报道更是少见。2013 年以后,此病的发生率显著得到回升,成为犊牛肺炎中的一个重要疾病,引起了牛场的高度重视。

一、病原

化脓性隐秘杆菌属于隐秘杆菌属,革兰氏阳性,在加有血液琼脂培养基上培养时化脓性隐秘杆菌呈现透明的 β 溶血现象。分别将此菌以 2×10^7 CFU/只的剂量腹腔接种 6 周龄 Balb/c 小鼠进行毒性测定。化脓性隐秘杆菌在 5～7 d 内使小鼠表现食欲下降、精神沉郁等轻度症状。此菌对一般抗生素不敏感,且有较高的耐药性(表 6-4)。此菌是奶牛、肉牛等动物体的内源性、条件性致病菌,此菌主要存在于动物体内几乎所有的黏膜中,也可从健康奶牛的胃、肠道共生菌群中分离到本菌。在动物机体免疫力低下时,本菌可引起化脓性感染(特别是黏膜组织感染);继而引发奶牛乳房炎、奶牛子宫炎、肺炎、心内膜炎等疾病发生,对奶牛养殖危害严重。

表 6-4　犊牛化脓性隐秘杆菌药敏试验结果

药物代码	药物名称(中文)	抑菌圈直径/mm	敏感性
DA	克林霉素	13	低
S	链霉素	0	低
P	青霉素	0	低
AK	阿米卡星	16～20	中～高
K	卡拉霉素	18	高
TE	四环素	30	高
LEV	左氧氟沙星	23	高
CL	头孢氨苄	14	中
NOR	诺氟沙星	15	中
CE	头孢拉定	14	中

续表6-4

药物代码	药物名称(中文)	抑菌圈直径/mm	敏感性
OT	土霉素	0	低
NA	萘啶酸	30	高
ENR	恩诺沙星	30	高
SXT	复方新诺明	0	低
AMP	氨苄西林	34	高
E	红霉素	10	低
CFM	头孢克肟	19～23	高
CEC	头孢克洛	17	中
CFP	头孢哌酮钠	27	高
KZ	头孢菌素(先锋霉素)	23	高

二、流行病学

此病可在发病牛群中较长时间存在,发病率可达8.46%。犊牛开始发病时间为出生后1月龄,发病后采用磺胺、头孢、青霉素、链霉素及对症治疗无效,一般在2～2.5月龄死亡,死亡率100%,病程为60 d左右。同一牛场的育成牛、青年牛、泌乳牛无类似病例发生。成乳牛多为隐性感染带菌牛,个别成乳牛呈化脓性隐秘杆菌性乳房炎症状。隐性感染带菌母牛是重要的传染源,主要通过消化道和呼吸系统感染、传播本病。

三、发病机理

病原菌经由消化道黏膜进入血液循环系统,再进入肺或直接经由呼吸系统进入肺引起化脓性肺炎及脓毒血症,这是导致犊牛治愈率低及死亡的主要原因。

四、临床症状

此病多呈散发,突然发病,发病犊牛体温升高(40～41 ℃),咳嗽,咳嗽时伴有疼痛表现,流黏液及脓性分泌物,呼吸急促、困难,精神沉郁,心律不齐,双侧眼球高度突出,后期共济失调,行动不稳、跌跤,个别有腕关节肿大、腹泻症状。成乳牛往往呈隐性感染带菌。

五、病理变化

犊牛化脓性隐秘杆菌呈典型的化脓性肺炎病理变化。肺与胸膜粘连,肺脏表面、切面、胸膜上有大小不等的大量脓疱,大的脓疱稍大于鸡蛋、中等的脓疱大小如乒乓球、小的脓疱如粟粒大小,切开后流出大量液态脓汁,肺发生实变、暗红色、质地硬。气管及喉部蓄积大量脓汁。

心脏表面血管缺血,呈白色,死亡犊牛心内血液中可见少量脓汁;胆囊肿大,充满胆汁,胆汁浓黏;脑膜有轻度炎症。心脏表面血管缺血、呈白色这一病理现象,可能是由于犊牛患病后期出现极严重的脓毒败血症,血液中的脓汁成分堵塞血管所致。

六、诊断

通过临床症状、流行病学特点及病理解剖学特点可做出初步诊断，进一步确诊需采集患病犊牛肺、肝、心、脑组织及血液、脓汁、胆汁病料进行细菌分离、鉴定。

七、防控措施

在临床防控研究过程中，曾对 11 头患病犊牛进行了针对病原的抗生素治疗和对症治疗，但无一头治愈，最终患病牛均于 2～2.5 月龄死亡。这说明当犊牛出现临床症状时，已经在肺上形成了严重的化脓性肺炎病灶，其治疗效果将会很有限。因此，必须重视此病的预防工作。

(1)在有此病发生的奶牛场中，对刚出生的犊牛出生后连续 3～4 d 肌内注射复方磺胺对甲氧嘧啶钠，用量为每千克体重 15～20 mg，1～2 次/d，可有效减少此病的发病率。由此可见，在感染初期进行药物预防对降低此病发病率有一定作用。

(2)做好初乳检测工作，禁止用隐性感染此菌的母牛初乳喂犊牛，对由隐秘杆菌引起的乳房炎牛要进行净化。

(3)由于各奶牛场在治疗牛病时所用抗生素种类不尽相同，化脓性隐秘杆菌会产生不同的耐药性，各牛场在针对本病进行预防时应选用不同的抗生素，不可生搬硬套。

子任务四　犊牛坏死性喉炎

犊牛坏死性喉炎是由坏死杆菌引起的一种以喉部感染坏死为特征的犊牛恶性传染病。本病以口腔黏膜、喉部黏膜、喉部淋巴结坏死、溃疡、化脓等变化为主要特征，在此病的发生、发展过程中发病犊牛口腔及喉部黏膜上常会附着一种白色坏死性假膜，所以也称犊牛白喉病。

一、病原

引起此病的病原为坏死杆菌，坏死杆菌为革兰氏阳性菌，专性厌氧菌、无荚膜、不形成芽孢，呈多形性。

本菌对理化因素抵抗力不强，日光直照 8～10 h 可杀死本菌，1%高锰酸钾 10 min、5%来苏尔 5 min 可使该菌死亡。坏死杆菌在粪便中能存活 50 d，尿中能存活 15 d，在土壤中能存活 10～30 d。本菌对青霉素、四环素、磺胺、氟苯尼可敏感。

二、流行病学

坏死杆菌存在于自然界的土壤之中，也存在于各种动物的消化道内，包括牛瘤胃中也有一定数量的坏死杆菌。只要犊牛不采食含大量此菌的饲草、饲料，坏死杆菌在牛体内不能大量繁殖，可以维持相应的生物体系平衡，犊牛就不会发病。此病常呈地方性发病，病牛主要通过粪便、口腔分泌物向环境排出病原菌，犊牛通过采食、接触被病原污染的饲料、饮水、环境、垫草感染本病。另外，口腔黏膜损伤及脐带也是感染本病的一个途径。

2013 年 12 月，山东某规范化奶牛养殖场发生本病，先后有 31 头发犊牛病，发病后 7～10 d 出现死亡，死亡 12 头，死亡率为 38.7%。

此病多发生于冬季寒冷时期(12 月至次年 3 月)，冬季(尤其是初冬)气温降幅较大，犊牛在舍内待的时间增加，会使舍内垫草潮湿不洁、空气不清洁，如果不及时更换垫草，保持舍内地面干燥，就可导致舍内坏死杆菌大量繁殖，从而导致本病发生。

此病 3 月龄的犊牛多发，目前绝大多数奶牛场采用 60 日龄断奶，3 月龄犊牛处在断奶应激阶段，如果犊牛在哺乳期饲养管理不当，断奶时犊牛达不到精料、干草的正常采食标准，就会导致体质和自身免疫力下降，这会成为促使本病流行的一个重要诱因。

犊牛的饲草粗硬、加工调制不当的牛群易发生本病。完好的口腔黏膜具有抵抗坏死杆菌侵入体内组织的作用，当口腔黏膜的完整性受到破坏时，就为坏死杆菌的侵入创造了条件，由伤口侵入的坏死杆菌可在侵害部位大量繁殖，引起局灶性炎症和坏死，病变由口腔向喉、气管、肺延伸还可引起犊牛肺炎。因此，在犊牛饲养阶段要高度重视干草的加工调制，以防粗硬的干草损伤犊牛口腔黏膜。

肖定汉曾报道，京郊某牛场在饲养过腐蹄病病牛的圈舍内饲养犊牛，结果引起了犊牛白喉病流行；某牛场用成乳牛吃剩的饲草作为犊牛褥草，结果引起本病流行。由此可见，环境中坏死杆菌大量繁殖可引发此病。

三、发病机理

坏死杆菌侵入口腔黏膜组织或通过受损的黏膜表面创伤进入口腔黏膜组织大量繁殖，引起局灶性炎症，导致相应部位发生肿胀、化脓、坏死；同时，坏死杆菌在繁殖过程中会产生杀白细胞素和内毒素，对黏膜组织产生毒害作用，从而导致相应组织的坏死。这一病理过程可从口腔延伸到喉部，也可突破喉部的淋巴结进入血液或从喉部进一步扩展入肺，引起犊牛肺炎，从而导致犊牛死亡。

四、临床症状

此病一般发生于 2～5 月龄的犊牛，发病初期体温升高（40～41 ℃）；食欲下降、不食，流涎、口臭；呼出的气体难闻（腐臭气味），齿龈、颊部黏膜、硬腭、舌面有溃疡灶或坏死灶，喉部肿、黏膜脱落、局灶性坏死。当感染成肺炎时，鼻孔流脓液、呼吸困难（尤其是呼气时表现更为明显），咳嗽，咳嗽时表现痛苦，少数病例伴有喘鸣声音；患病犊牛瘦弱、喜卧、不愿意走动，个别病例腮部肿胀。随病情恶化犊牛表现消瘦、虚弱、卧地不起，大多于发病后 7～10 d 死亡。

五、病理变化

此病的典型病理变化主要表现在口腔、喉咽、气管和肺部。舌表面有数量较多、病变明显、黄豆大小的坏死灶和溃烂灶；口腔内颊部表面也有一定数量的溃烂斑，口腔内黏膜潮红；喉室入口因肿胀而变得狭窄，喉会厌软骨、杓状软骨、喉室黏膜附有一层灰白或污褐色假膜，假膜下有溃疡；咽喉部淋巴结化脓、坏死。气管内膜有一定的炎症变化，肺部有出血及炎症症状。

六、诊断

根据临床症状特点、流行病学特点和病理变化特点，可做出临床诊断。

确诊此病可采取喉部淋巴结化脓坏死组织立即进行涂片、染色，然后用油镜进行病原检查，可观察到呈短杆状、球杆状的革兰氏阴性菌。也可采取喉部淋巴结化脓坏死组织培养、分离，进行病原鉴定。

七、治疗

(1)对牛群中的发病牛及时进行隔离治疗;对无治疗意义的病牛及时淘汰。

(2)肌内注射氟苯尼可+维生素ADE注射液(用量与预防注射相同)。维生素ADE注射液每头牛注射2～3次即可,5 mL/次;氟苯尼可每天注射1次,每千克体重20～30 mg。

另外,每天配合输液治疗1次,除葡萄糖、电解质等对症治疗药物外,输液时加入磺胺甲氧嘧啶每千克体重20～30 mg进行治疗。

(3)对发病犊牛每天用3%过氧化氢清洗口腔1～2次,每次清洗后清理犊牛口腔中的坏死灶,溃疡面上涂抹碘甘油。

八、预防措施

(1)对发病牛群中尚未发病的犊牛,每头注射维生素ADE注射液一次,5 mL/次;按每千克体重20～30 mg的用量肌内注射氟苯尼可,每天注射1次,连续注射3 d;进行预防控制。

(2)彻底更换犊牛圈舍铺垫的垫草,保持垫草、地面干燥,并做好犊牛舍的通风换气工作,保证通风换气与保暖工作的协调统一。

(3)将用来饲喂犊牛的干草用揉碎机进行加工处理,保证干草柔软,防止粗硬的干草损伤犊牛口腔黏膜。

(4)加强哺乳期犊牛饲养管理工作,增加哺乳期犊牛的精料采食量,给哺乳期犊牛提供优质干草。

另外,引起犊牛坏死性喉炎的病原菌为坏死杆菌,而牛较常发生的一种蹄病叫牛腐蹄病,引发牛腐蹄病的病原菌也是坏死杆菌。所以,不能将犊牛养在曾经隔离处理过患腐蹄病病牛的圈舍,否则会导致犊牛坏死性喉炎发生。

子任务五　犊牛隐孢子虫病

隐孢子虫病是由不同种的隐孢子虫感染引起的一种疾病,隐孢子虫在世界范围内能够广泛导致人和动物腹泻发生。包括人在内的240多种动物均可感染,被感染的种类有哺乳动物、两栖动物、爬行类、鱼、鸟和昆虫。其中,反刍动物最为易感。

1971年美国的Panciera等首次报道了牛隐孢子虫病。目前,牛隐孢子虫病呈全球性分布。1985年我国首次发现本病,随后在我国青海、甘肃、陕西、广东、河南、安徽、湖南、山东、北京、天津等地相继发现了牛隐孢子虫病。近年来,该病在国内外的感染发病率呈逐年上升趋势,感染该病的牛可出现严重腹泻、体重下降、生长延迟、产奶量下降等损害。隐孢子虫对于免疫功能正常的牛呈隐性感染,对于免疫功能低下的犊牛则会造成致命性损害。此病给奶牛业造成了严重的经济损失。牛隐孢子虫病已成为当前严重危害我国养殖业的传染病之一。

一、病原

隐孢子虫属于顶复门孢子虫纲球虫亚纲真球虫目艾美球虫亚目隐孢虫科隐孢子虫属。能感染牛的隐孢子虫有8个有效种和2个基因型,8个种分别为安氏隐孢子虫、牛隐孢子虫、猫隐孢子虫、人隐孢子虫、微小隐孢子虫、芮氏隐孢子虫、猪隐孢子虫和犬隐孢子虫。一种隐孢子虫可以感染多种动物，同样，一种动物也会受到多种类型的隐孢子虫感染。最易感染牛的隐孢子虫主要有：小球隐孢子虫、安氏隐孢子虫、牛隐孢子虫等。

隐孢子虫的卵囊呈圆形或椭圆形，卵囊壁光滑，一端有裂缝，成熟卵囊内含有四个裸露的香蕉形的子孢子和一个颗粒状的残体。虫体寄生于宿主黏膜上皮表面微绒毛刷状缘内，虫体的主体与宿主细胞相融合，因此，有些人也称隐孢子虫为细胞内寄生。

小球隐孢子虫寄生于肠，卵囊指数为 1.06。小球隐孢子虫有 2 种基因型：一种是“人”基因型，另一种是人兽共患的“牛”基因型。通常所说的小球隐孢子虫指的是小球隐孢子虫牛基因型，小球隐孢子虫牛基因型是感染哺乳动物和人类的优势虫种。

安氏隐孢子虫寄生于胃内，卵囊指数为 1.35。安氏隐孢子虫不能感染免疫力正常的小鼠。2004 年日本学者 Satoh 等从自然感染牛体内分离到的“新型安氏隐孢子虫”可以感染小鼠，可能是安氏隐孢子虫的新生物型。

牛隐孢子虫寄生于肠，卵囊指数为 1.06。2002 年，学者对 2 个牛隐孢子虫分离株的 18S rRNA 基因序列进行了分析，确定该分离株为隐孢子虫“牛”基因型。

二、流行病学

牛隐孢子虫流行非常广泛，不受季节和地域的限制。牛隐孢子虫在不同国家和地区都有流行。国内调查结果表明，在广东、河南、南京、安徽、青海、无锡、合肥等地乳奶牛隐孢子虫的感染率分别为 8.46%、26.12%、20.60%、6.39%、36.5%、21.43%、13.62%。

犊牛易感染隐孢子虫病，随年龄的增长，牛的免疫功能逐渐增强，其感染率和感染强度降低。

奶牛的年龄与易感隐孢子虫种类有一定的相关性，微小隐孢子虫主要感染断奶前犊牛，安氏隐孢子虫主要感染育成牛和成年牛，牛隐孢子虫主要感染断奶后犊牛。对奶牛而言，3～4 日龄至 3～4 周龄的犊牛感染后易表现急性腹泻，5～15 日龄的犊牛最易感染，1 月龄的牛发病率亦较高，犊牛发病率一般在 50% 以上，病死率可达 16% 以上。

隐孢子虫病传播途径广泛，可通过水源、食物、空气和密切接触等途径传播。患病犊牛自 5 日龄至 3～4 周龄排出隐孢子虫卵；一旦感染结束，犊牛就停止排出虫卵。许多感染轻微的犊牛仅排出少量虫卵而无任何临床症状；但感染严重者则排出大量虫卵，导致肠道受损和腹泻。感染犊牛排出的虫卵可污染周边环境，包括饲料和水源。然后，这些虫卵被其他犊牛摄入，导致感染继续扩散。因此，奶牛场隐孢子虫病通常是犊牛相互之间的直接传染。有时候，这种疾病还会通过患病犊牛传染给饲养人员。

该病潜伏期为 36～48 h 至 7～12 d，病程 2～14 d；能独立发病，也能与轮状病毒、冠状病毒、大肠杆菌混合感染。

三、临床症状及病理

感染隐孢子虫的犊牛主要表现为精神沉郁、厌食、腹泻，粪便呈黄油状，灰白色或黄褐色，含有大量纤维素、血液和黏液，后呈透明水样粪便，有时体温略有升高；经过 10 d 左右水样下痢后缓慢变为泥状便、软便，后逐渐趋于正常。

患病犊牛体弱无力，被毛粗乱，生长发育停滞、极度消瘦，运动失调；常呈暴发式流行，死亡率可达到16%～40%。

隐孢子虫主要损害小肠表面的绒毛，这些绒毛负责吸收进入小肠的液体和营养。绒毛被损害后，小肠则不能正常吸收水分和营养，继而就会发展成为腹泻。此时，被感染犊牛会表现昏昏欲睡、食欲废绝，并最终发生脱水。腹泻一般持续数天，直到免疫系统清除感染，以及肠道自行修复了由隐孢子虫所造成的损伤。

病理组织学检查，隐孢子虫主要感染宿主的空肠后段和回肠，倾向于后端发展至盲肠、结肠旋袢，甚至直肠。空肠、回肠固有层嗜酸性、嗜中性粒细胞及少数淋巴细胞和单核细胞等的增生浸润，尤其嗜酸粒细胞的增生浸润散布在肠及肠淋巴组织中。当病程延长，肠黏膜绒毛变性、萎缩、坏死，丧失刷状缘，立方上皮细胞变矮，陷窝变长。

四、诊断

根据临床症状、流行病学资料调查等进行初步诊断，确诊需进行实验室检查，常用的实验室检查方法有以下几种。

(一)粪便镜检法

采取粪便标本，可直接染色镜检，或者将粪便标本先用浓集技术处理，然后再染色镜检，可以提高检出率。可用姬氏液染色，胞浆呈蓝色，内含2～5个致密的红色颗粒。也可用尼氏染色法检查粪便中的卵囊。

(二)免疫学检测法

免疫学检测方法主要包括：酶联免疫吸附试验、免疫荧光试验、单克隆抗体技术和单克隆抗体检测法。引用单克隆抗体检测法可检测隐孢子虫卵囊壁抗原，也可检出粪便标本和小肠组织病理(活体检查)标本中的隐孢子虫卵囊，并且可用于水源及环境中隐孢子虫卵囊污染的检测，特异性及敏感性可达100%，对于仅有几个卵囊的标本也可检出，目前国外已有商品化试剂盒销售。

五、治疗

国内外对此病的防治研究多数仍处于动物实验阶段，还未筛选出治疗隐孢子虫病的特效药，且用于临床的报告较少；国外学者已筛选了40余种抗生素用于治疗隐孢子虫病，但绝大多数无效。目前，有用阿奇霉素、乙酰螺旋霉素、泰乐菌素、抗球虫药物、中药等临床治疗此病的报道，但结论尚不一致，有待于进一步研究、验证。

临床治疗多采用对症治疗和支持疗法。一般对免疫功能正常的动物，应纠正水、电解质紊乱，就能取得良好的效果，尤其是对于脱水严重的病例及时补液、纠正电解质平衡能有效提高此病的治疗效果。而对于对免疫功能低下的个体，应恢复其免疫功能并且给予一些增强免疫力的药物进行治疗。

六、预防措施

奶牛隐孢子虫病时常发生，对于此病目前尚无特异性治疗办法；一旦环境被隐孢子虫污染，要想根除难度很大。面对这一困局，在针对此病的防控问题上，预防就显得更为重要，但隐孢子虫卵囊对恶劣的自然环境和常用的消毒药有很强的抵抗力；另外，隐孢子虫可感染多种畜禽,疫原不易明确;这些因素又给此病的预防工作增加了难度。

在疫苗预防方面,预防隐性孢子虫感染的疫苗研发目前几乎没有任何进展。有专家曾尝试给干奶牛接种隐孢子虫进行免疫,但无明显的预防效果。

在奶牛隐孢子虫病的预防上,我们应该重视如下几个方面的防控措施:

(1)对发病犊牛要及时隔离治疗,并彻底清除其粪便、严格消毒其圈舍。

对发病后的畜舍或流行区的畜舍,应定期用10%福尔马林溶液或5%氨水溶液或二氧化氯进行彻底消毒。

加强牛舍环境卫生和清洁是减少感染的关键。然而,一旦环境被隐孢子虫污染,要想根除难度很大,所以在平时的饲养过程中要加以注意。有条件的牛场要为成年母牛和犊牛提供一个清洁和干燥的场所,母牛分娩后立即隔离新生犊牛。

(2)对表现腹泻的犊牛要及时饮服口服补液盐溶液,并口服相应的抗生素、益生素等进行早期防控。同时,要认真做好犊牛饲喂用具的清洗、消毒和卫生管理工作。

(3)犊牛出生后,要严格防止犊牛口鼻与地面或污物接触,如果口鼻被污染,要用0.1%的新洁尔灭及时进行擦洗、消毒。因为初生后2～3 h是新生犊牛的免疫力空白期,是引起感染的关键时期。

(4)喂好初乳,防止犊牛发生胃、肠消化功能紊乱。

隐孢子虫对于免疫功能正常的牛呈隐性感染,对于免疫功能低下的犊牛则会造成致命性的损害。对新生犊牛来说,胃肠消化功能紊乱是导致免疫功能异常或低下的重要原因;而确保犊牛及时获得足量、优质、清洁的初乳,是保证犊牛胃肠消化功能正常的关键因素。

奶牛犊牛隐孢子虫病的发病率远高于肉用犊牛的发病率,其主要原因就是肉用犊牛自由采食初乳、常乳的数量和时间显著高于奶牛犊牛。笔者也发现,在现代化奶牛饲养模式下,犊牛出生后只灌服一次初乳的犊牛群隐孢子虫病发病率明显高于生后灌服2次初乳的犊牛群。

在现代化奶牛饲养模式下,为适应规模化养殖模式,犊牛饲养管理工艺得到了大量简化,奶牛出生后强行灌服一次初乳(灌服量为体重10%)的做法,也是诱发犊牛消化功能紊乱的一个重要原因。所以,存在此病的牛场,如果将一次性灌服改为2次灌服、即采用“4+2”模式,也可起到减少、减轻本病感染的作用。

子任务六　犊牛真胃溃疡

由生物性、物理性、分泌物或排泄物长期刺激真胃黏膜,在真胃黏膜上形成长期不愈的慢性病理性肉芽创就叫真胃溃疡。真胃溃疡是犊牛较为常见的一种慢性内科疾病,其发病率高达32%～76%,治愈率低、死亡率高、易复发是此病的特点。

一、病因

到目前为止,我们尚未完全破解犊牛真胃溃疡的真正病因。但临床研究表明,下述情形是导致或促进犊牛真胃溃疡发生的主要病因。

(一)初乳不足或质量低下

犊牛食入的初乳不足或质量低下是导致犊牛真胃溃疡发生的一个原因。初乳喂量不足或质量低下,可使犊牛从初乳中获得免疫球蛋白、淋巴细胞、母源细胞的数量显著减少,导致犊牛免疫能力低下，从而增大了产气荚膜梭菌、幽门螺旋杆菌、鼠伤寒沙门氏菌、八叠球菌等引发真胃溃疡的可能性。

（二）喂乳间隔时间过长

犊牛真胃分泌的凝乳酶、胃蛋白酶是犊牛消化胃内乳汁的两种主要酶，这两种酶都具有分解蛋白质的作用。当真胃空虚无内容物，且真胃内 pH 在一定范围内时，这两种酶可以分解胃壁组织，从而引发真胃溃疡。

研究表明，凝乳酶在 pH 为 3.0～3.8 的环境下分解、消化、凝乳的活性最强，pH＞3 时减弱；胃蛋白酶在 pH 为 2.0～2.5 的环境下分解、消化活性最强，pH＞3 时减弱。由此可见，犊牛空腹时，长时间的低 pH 环境可以导致凝乳酶、胃蛋白酶对胃壁黏膜的自我消化，从而导致真胃溃疡发生。如果真胃无内容物时，pH 维持适宜的值，或科学地减少哺乳期犊牛空腹时间，使犊牛真胃酸碱度更多时间维持在 pH＞3，就可以达到减少本病发生的效果。

进一步的临床研究表明，喂奶次数与犊牛真胃内环境的 pH 确实存在密切关系（表 6-5），结合养殖模式确定适当的饲喂次数，或采用犊牛自动饲喂系统，对减少犊牛真胃溃疡有实际作用；另外，增加喂乳次数也可防止真胃 pH 超过 5.5。

表 6-5　喂奶次数对哺乳犊牛真胃 pH 的影响（日喂奶量为体重的 12%）

24 h 喂奶次数	喂奶间隔时间/h	真胃 pH	真胃 pH＞3.0 在 24 h 内持续时间/h
0	—	1.73	0
2	12	3.44	11.8
3	8	3.69	16.4
4	6	3.64	14.6
8	3	3.67	17.0

由表 6-5 可以看出，在没有采用犊牛自动饲喂系统的情况下，一日三次喂奶是一种较为适宜的喂奶方式。

（三）异食

犊牛阶段由于其消化功能尚不健全，神经、内分泌系统对消化系统的调控调功能还在发育成熟之中，饲养管理不当（哺乳期过早给犊牛喂青贮饲料、学食的颗粒料品质差）就更容易发生消化功能功紊乱，犊牛此阶段也是最容易发生异食现象的阶段。如果犊牛岛或犊牛圈中的垫料为稻壳、锯末、沙子、发霉垫草或其他异物，犊牛容易因异食而食入此类异物，这些物质在此阶段的犊牛真胃中难以消化，损伤真胃黏膜，进一步促进了真胃溃疡的发生，也会因此引起犊牛腹泻等疾病发生。

（四）细菌及寄生虫

在犊牛真胃溃疡病变中，目前已经分离出了产气荚膜梭菌、八叠球菌属、鼠伤寒沙门氏菌等。

1988 年，堪萨斯州立大学兽医学院的研究员用人工实验方法，利用 A 型产气荚膜梭菌感染犊牛真胃引生了真胃炎，这也是为什么存在梭菌感染牛场，犊牛腹泻问题较多的原因之一。

此外，消化道寄生虫也是真胃溃疡的一个诱发因素。

另外，大家普遍认为幽门螺旋杆菌(Hp)是犊牛真胃溃疡发生的又一种病原菌，有资料显示，在人的胃溃疡病例中 Hp 的检出率为 70%～90%，在十二指肠溃疡病例中 Hp 的检出率高达 95%～100%。

(五)应激

应激(断奶、气温剧变、惊吓等)也是诱发真胃溃疡的一个原因。应激可通过神经内分泌系统增加胃酸分泌，减少胃肠黏液分泌(减弱胃壁的保护作用)，又可影响胃肠道黏膜的血液供应。另外，机体受到应激时产生多量肾上腺素类激素，这些类固醇还能减缓胃壁的再生能力。

二、真胃溃疡的类型及临床症状

根据真胃溃疡的组织损伤程度，可将其分为三种类型。

(一)轻度

真胃黏膜和黏膜下层组织受到损伤，黏膜下层血管轻度损伤，犊牛食欲下降，粪便中混有少量鲜血。

(二)中度

真胃黏膜及黏膜下层血管受损破裂出血，但未穿孔，患病犊牛食欲减退，排黑色粪便、粪便黏性增高。

(三)重度

真胃黏膜、黏膜下层、肌层及浆膜层受到贯通性损伤，真胃内容物进行入腹腔，依据穿孔大小可引起局部性腹膜炎或腹腔广泛性腹膜炎。患病犊牛食欲废绝，初期体温升高，精神沉郁，腹痛，胃肠蠕动停止，卧地不起并伴发痛苦呻吟，后期体温下降，休克。

除上述表现外，患病犊牛根据病情轻重还会表现不同程度的瘦弱、被毛粗乱无光泽，可视黏膜苍白、贫血，饮水多、呕吐，昏睡、磨牙，血液检查可见白细胞总数减少，粪潜血检查阳性等症状。

三、发病机理及病理变化

真胃溃疡的主体发病机理是真胃分泌的凝乳酶、胃蛋白酶在低酸度环境下对胃组织产生的自体消化。长期不愈的慢性病理性肉芽创炎症局灶是真胃溃疡的典型病变，在真胃壁可见到溃疡灶，重度真胃溃疡可形成胃穿孔及腹膜炎。

导致胃黏膜等胃组织糜烂、坏死、穿孔的基础原因是胃组织因局部缺血而发生的组织坏死。大量的病理剖检证明，其溃疡和坏死灶多发生于胃壁易发生缺血的部位，即真胃大弯中线附近。这是因为真胃的血管是从真胃小弯的中线开始，对称性地向胃壁两侧分布，在血管分布过程中血管分支逐渐增多，并由大血管变成细小血管，最后胃壁两侧的血管通过树枝样的小血管在真胃大弯中线部汇合，在两侧血管汇合处血管的分布存在肉眼可见的空白区域，真胃大弯中线部血管分布密度最小，所以，此部位也就成了最容易发生缺血的部位，血液循环最差的地方就是胃穿孔多发的地方。

四、诊断

对于犊牛真胃溃疡的诊断，在其病程后期，通过临床症状可做出临床诊断，但对于处于病程早期的或轻度的真胃溃疡临床诊断则较为困难。

实验室诊断中，血液白细胞总数减少、贫血、红细胞数下降、粪便长时间的潜血阳性是确诊此病的重要指标，再结合临床症状及病程可做出诊断。

五、治疗

(1)根据本场导致真胃溃疡发生的具体饲养管理因素，消除病因或改善饲养管理。

(2)清理真胃，灌服真胃黏膜保护药剂。

①禁食半天后，灌服液状石蜡油 200 mL，清理真胃。

②灌服氧化镁 100～150 g，每天 1 次；或灌喂服"胃得乐"5～10 片，早晚各 1 次；或灌服硅酸镁 50～100 g，每天 1 次；同时，口服磺胺类药物控制胃内细菌感染，抑制真胃黏膜的炎症过程。

(3)也可利用拮抗 H_2受体制剂，通过减少胃酸分泌的原理进行治疗。

(4)对症治疗

①针对贫血注射维生素 B_{12}、铁制剂、止血敏等进行治疗。

②针对腹痛注射氟尼辛葡甲胺等非甾体类解热镇痛药进行治疗。

③输糖、补液、补充营养元素。

④真胃臌胀严重时可用胃管导出胃内液体、气体进行治疗。

子任务七　新生犊牛窒息症

犊牛出生后即表现呼吸微弱或呼吸停止，但仍保持微弱心跳，称为新生犊牛窒息症。此病是新生犊牛的常见病，如不及时采取适当治疗措施，常常会导致新生犊牛死亡。

一、病因

(1)胎儿胎盘和母体胎盘过早分离，但胎儿未及时产出、产出延长或过慢。此情况多见于难产。

(2)脐带因挤压或缠绕而发生血液循环障碍。

(3)胎儿产出后未及时撕破胎膜。

(4)母牛在怀孕期间营养不良或患某些全身性疾病。

二、临床症状

根据其发生窒息的程度不同，可分为绀色窒息和苍白窒息。

(1)绀色窒息是一种轻度窒息，由于血液中二氧化碳浓度过高，可视黏膜发绀，口和鼻腔内充满黏液及羊水，舌垂于口外。呼吸微弱而急促，有时张口呼吸，喉及气管有明显的湿锣音，四肢活动能力微弱，心跳快而弱，角膜反射尚在。后躯常粘有胎粪。

(2)苍白窒息又称重度窒息，仔畜呈假死状态，缺氧程度严重，黏膜苍白，休克，全身松软，反射消失，呼吸停止，心脏跳动微弱，脉不易摸到，生命力非常微弱。

三、治疗

1.清除口鼻黏液，促进黏液及羊水排出

尽快清除胎儿口、鼻黏液，将胎儿倒吊起来抖动或用手拍打胸部，促进鼻腔及气管中的黏液排出；也可用导管吸出气管中的黏液。

2.诱发呼吸反射

可用呼吸机进行诱发呼吸，还可用针等物扎刺鼻腔黏膜，以此来诱发呼吸反射。

3.人工呼吸，输氧，保温

人工呼吸时可利用呼吸机，也可用手握住倒吊的犊牛的两前肢，有节奏地做“扩胸运动”。有条件的可给犊牛输氧。同时要做好保温工作。

4.药物急救

可注射尼可刹米、樟脑磺酸钠、安钠咖等药物进行抢救，具体用哪一种药物效果好要根据具体情况来定。注射上述药物后监测心跳变化，以观察相应药物的作用。还可补液、补糖、输注碳酸氢钠及过氧化氢，进行抢救治疗，但要注意输液温度。

子任务八　新生犊牛脱水热

新生犊牛脱水热是荷斯坦奶牛的新生犊牛在出生后不久发生的一种以脱水和发烧为特征的疾病，此病由水代谢障碍所致。

一、病因

(1)犊牛在出生后最初的数日内喂奶量不足、饮水不足，造成体温调节功能障碍，是导致新生犊牛发生脱水热的主要原因。

(2)出生后不良环境刺激而产生的应激，或某些先天因素，也可引发此病。

二、临床症状

(1)此病多发生于犊牛出生后2～3 d，患病牛体温升高到40～41 ℃。明显消瘦，皮肤失去弹性，用手指将颈部皮肤捏起后放下，皮肤不能立即展开，脱水越严重则所需时间越长。

(2)两眼球下陷，口腔干燥。脉细，甚至不易摸到。尿少或无尿。

(3)严重者表现衰弱、病危。

三、诊断

临床检查和问诊(喂乳量是否充足，有没有饮水等)是诊断本病的一个重要内容；也可结合实验室诊断。新生犊牛发生本病后，血液红细胞增多，平均为900万/mm^3；血沉减慢，平均仅为0.1 mm/h。尿液中无红细胞、白细胞和细菌。

四、治疗

(1)动物机体内的水，大部分是以游离水的形式存在的，只有小部分是以结合水的形式构成机体组织，所以牛机体脱水时可以用口服或注射的方法来补充水分，其中静脉输液补水作用迅速，能迅速解除脱水对机体的影响。剂量一般为每千克体重 20～40 mL。临床实践表明，一次性静脉输液补水，以输至血沉回升到正常值时效果最好。

(2)犊牛脱水都伴有不同程度的电解质丧失和体液平衡紊乱。所以，除补充水分外，还要注意补充电解质和纠正酸碱平衡。

(3)对于症状较轻，又有饮欲的病例，供给 1%食盐和 5%葡萄糖的混合溶液，任其自由饮用。

(4)对于脱水症状较重，饮欲差或无饮欲的病例，采用一次性颈静脉注射葡萄糖生理盐水 1 000～1 500 mL。静脉注射不方便时，可进行腹腔注射。必要时，隔 4～6 h 再输液一次。

(5)一般在治疗 1 h 后，体温开始逐渐下降，3～4 h 内恢复正常。

子任务九　犊牛胎粪停滞

新生犊牛通常在出生后数小时内排出胎粪。如果在出生后一天还排不出胎粪，并伴有腹痛现象，就称为便秘或胎粪停滞。此病在新生犊牛中偶有发生，主要发生于体弱的新生犊牛。便秘的部位多在直肠或小肠部。

一、病因

母牛营养不良，初乳品质不佳，或犊牛所喂初乳不足，或未吃到初乳，犊牛先天发育不良或早产、体弱，均易发生胎粪停滞。

二、临床症状

犊牛肠音减弱，表现不安，不食或少食，拱背、摇尾、努责。有时踢腹或回顾腹部，偶尔腹痛剧烈。以后精神沉郁，不吃，呼吸、心跳加快，腹部臌胀，全身无力，卧地不起。用手指进行直肠检查，可能触到硬固的粪块。

三、治疗

(1)用温肥皂水进行深部灌肠。

(2)灌服液体石蜡 100～200 mL，还可配合灌服酚酞 0.1～0.2 g。

(3)若上述方法无效时，可施行剖腹术。如有自体中毒时，要注意补液、强心、解毒。

四、预防措施

妊娠后期要注意饲养管理，以防母牛营养不良。分娩后要及时让犊牛吃足、吃好初乳。

子任务十　新生犊牛搐搦症

新生犊牛搐搦症多发生于 2～7 日龄。其特征为突然发病，表现强直性痉挛，随后出现惊厥和知觉消失；病程短，死亡率高。

一、病因

此病的发病原因不十分清楚。

(1)妊娠期间母体矿物质不足，由急性缺镁、缺钙所致。

(2)镁代谢紊乱。

二、临床症状

(1)犊牛突然发病,头颈伸直,四肢强直性痉挛。不断空嚼,嘴边出现白色泡沫、流涎。
(2)随后牙关紧闭,眼球震颤,角弓反张,全身性痉挛,随即死亡。

三、治疗

10%氯化钙 20 mL、25%硫酸镁 10 mL、20%葡萄糖 20 mL,混合后一次性静注。也可配合阿托品、多酶片、维生素等进行治疗。

四、预防措施

(1)对妊娠后期的母牛要供给营养丰富的全价日粮,尤其是矿物质。
(2)注意钙磷平衡,让犊牛多晒太阳、多运动。

子任务十一　犊牛水中毒

犊牛口渴时喝大量水,引起的阵发性血红蛋白尿就叫水中毒,也叫犊牛血红蛋白尿症或阵发性血红蛋白尿症。多发生于 6 月龄以下犊牛,特别是断乳前后和哺乳期增喂精料时。

一、病因

(1)天气炎热、气温过高,犊牛出汗多,丧失盐分,饮水次数又少,致犊牛一次暴饮大量温水或冷水。
(2)冬季水易变冷结冰,饮水次数又少,遇温水时易暴饮而发生水中毒。
(3)犊牛断奶前后,尤其是断奶后,改喂饲草饲料,需要的水分增加,饲养人员又未能及时增加饮水次数,都可造成犊牛一次暴饮大量水而导致发病。

一般而言,犊牛一次饮水超过 10 kg,就可能发生水中毒。犊牛的真胃和瘤胃发育较快,在断奶前后已有相当大的容积,因此,口渴时一次能饮大量水。在正常情况下,犊牛可通过神经-内分泌系统对肾脏的调节作用,加强其泌尿功能,从肾排出过多的水分,而不发生水中毒。当犊牛严重缺水时,可反射性引起垂体后叶分泌抗利尿激素作用加强,来减少体内水分丧失,这时其利尿作用降低,表现少尿或无尿。抗利尿激素作用经过 6 h 以上时间才能解除,如果在这段时间内给予大量饮水,而其利尿作用又弱,势必造成组织蓄积大量水分,过多的水分会使血液中红细胞发生溶解,血红蛋白从尿中排出,形成血红蛋白尿。过多的水分还能使脑组织细胞更加胀满,从而出现类似大脑水肿的神经症状。

二、临床症状

犊牛暴饮大量水后,瘤胃迅速膨大,经 1 h 左右,最早的只需 15 min,便可排出红色尿液。轻症犊牛只是精神欠佳,粪便变稀,排一次或几次红色尿液后即好转。

有的患犊在瘤胃臌胀时,出现精神紧张,呼吸困难,出汗,口吐白沫,从一侧鼻孔流出少量红色泡沫样液体,伸腰,回头观看,后肢踢腹,从肛门排出少量稀粪,同时频频排出红色尿液,以后逐渐变深变浓,呈咖啡色。重症者,突然卧地或起卧不安、颤抖、共济失调,阵发性或强直性痉挛甚至昏迷。个别病犊会很快死亡,体温正常或偏低。

三、诊断

根据每天饮水次数，犊牛暴饮的历史，饮水后排出红色尿液，尿沉渣无或只有少数几个红细胞的检验结果，即可做出诊断。但应注意和泌尿道出血、牛梨浆虫病、钩端螺旋体病区别。

四、防治

发病轻的犊牛，只要增加饮水次数或让其自由饮水，杜绝暴饮，病犊可以逐渐康复，不治而愈。发病重的犊牛，具有神经症状，可应用镇静药和静脉输注高渗溶液，如10%高渗盐水或葡萄糖溶液，每次静脉注射200～300 mL。

防止犊牛暴饮是预防本病的关键，采用自由饮水或冬天充分保证足够的温水，可有效预防此病发生。

子任务十二　犊牛脐尿管瘘

脐尿管瘘又叫脐部流尿，是犊牛出生后脐带中的脐尿管闭锁不全而引起的一种犊牛疾病。其临床特征是犊牛排尿或不排尿时从脐孔流出尿液。

一、病因

在妊娠期间，胎儿借助脐尿管将胎儿的尿液排到尿囊之中；出生后脐尿管在断脐后发生闭锁，膀胱底部的脐尿管孔发生闭锁。膀胱由袋状变为梨状，膀胱中的尿液经过尿道排出体外。

出生后如因断脐不当，或犊牛吮吸脐带断端，造成脐带感染，就会影响脐尿管或脐尿孔的闭锁而发生此病。另外，断脐过程中的强拉硬扯及“漏脐”也可引发本病。

二、临床症状

初期仅见犊牛排尿或不排尿时脐孔有漏尿现象，无全身症状。随着时间延长，会引起脐炎，形成一瘘管。有的犊牛由于并发脐炎而精神沉郁，体温升高，食欲不振。

三、治疗

(1)将脐部用消毒液进行认真清洗，每天在脐部涂抹碘酊2次，连续数日。还可配合脐部封闭注射(0.25%普鲁卡因15 mL、青霉素80万IU、链霉素100万IU)，隔日一次。

(2)还可将脐部清洗消毒后，用口袋缝合法进行缝合治疗。

(3)有全身症状时，要配合注射抗生素进行治疗，要注意防止败血症发生，还要考虑对症治疗。

四、预防措施

(1)断脐时要做好脐带消毒工作，在距腹壁6 cm处将脐带剪断、结扎，断端在5%～10%的碘酊中浸泡。

(2)为防止犊牛互相吮吸脐带，最好将新生犊牛于“犊牛岛”单独饲养。

子任务十三　新生犊牛肛门闭锁症

肛门闭锁包括2种情况：一是直肠发育正常，但肛门被皮肤封闭（称为肛门闭锁），没有肛门孔；在此情况中，还有一些病例，肛门开口于阴道壁上。二是除无肛门外，直肠末端形成盲囊，甚至有些直肠短于正常长度，盲端距离皮肤有一段距离，这种情况严格来说应该称为直肠闭锁。

一、病因

目前认为引起此病的原因主要有如下2点：

（1）近亲繁殖、隐性遗传。

（2）妊娠期维生素A严重缺乏。

二、症状与诊断

刚出生1～2 d的患病犊牛，一般无明显临床症状，粗心者不易发现。随后会发现患病犊牛不排胎粪，不安，频频努责、常做排粪姿势，不食。随时间延长出现腹痛，精神不振，腹部臌胀，其病程可达一周或再长一些，最后会出现自体中毒而发生死亡。

肛门检查时发现无肛门孔。

（1）肛门闭锁。当患病犊牛努责时，肛门处皮肤突起明显，甚至隔着皮肤能摸到胎粪。如果肛门开口于阴道，会从阴道中排出粪便，这种情况大多排粪不畅，只能排出少量稀粪。

（2）直肠闭锁。闭锁的直肠盲囊靠近肛门皮下时，其局部症状与直肠闭锁相似；如果距肛门皮肤较远，则看不到努责时肛门处皮肤突起，隔着皮肤也摸不到胎粪，但会观察到整个会阴向外突出。

通过检查肛门孔可确诊此病，但诊断时要注意与结肠闭锁、新生仔畜便秘相区别。

三、治疗

尽早手术是治疗此病的唯一方法，如果直肠严重发育不足、短缺部分太长，则无治疗价值。

（一）肛门闭锁

将犊牛侧卧或倒提保定，对手术部位进行剃毛、清洗、消毒，局部用2%～5%的盐酸普鲁卡因做浸润麻醉，在努责时突起最明显的地方切口，充分排出蓄粪、清洗，将直肠黏膜外翻缝合在切口的皮肤边缘上，形成一人造肛门孔。最后在人造肛门孔周边外涂油剂抗生素，每天1次，并注意清理，7～10 d拆线。

对于肛门开口于阴道壁上的肛门闭锁病例，在进行上述手术治疗处理的基础上，还要用羊肠线缝合阴道壁的开口。

（二）直肠闭锁

其手术治疗方法与肛门闭锁的治疗方法相似，不同之处是切开肛门处皮肤后，要寻找直肠盲囊，并分离、再将直肠盲囊尽量向外拉出，然后在直肠盲囊上切口，其后的处理方法与上述肛门闭锁相同。

子任务十四　犊牛维生素C缺乏症

一、犊牛维生素C缺乏症概述

维生素C也称抗坏血酸，维生素C缺乏症也叫坏血病，是动物体内抗坏血酸不足或缺乏，导致毛细血管壁通透性增大，而引起的一种出血性疾病。维生素C是一种酸性物质，缺乏维生素C时人及动物易患坏血病，这就是维生素C被称为抗坏血酸的原因。

现在，维生素C已经成为人们很熟悉的一种维生素，因此维生素C的重要性常常被大家忽视。在现代化奶牛饲养模式下，由于奶牛产奶量大幅度提升，日粮中饲料的多样性受限，从而导致奶牛维生素C缺乏症表现得较为突出，此问题在新生犊牛阶段表现得尤为突出，其次育成牛阶段的发病率也有所提升。

目前，犊牛维生素C缺乏症的发病率显著升高，由于兽医在牛病诊治过程中"重难轻易"，对维生素C缺乏症缺乏深刻的认识，鉴别诊断维生素C缺乏症、牛传染性鼻气管炎和病毒性腹泻方面的专业技术薄弱，不少维生素C缺乏症犊牛被贻误治疗时机。

还有部分兽医简单地将维生素C缺乏症称为犊牛"上火"，小看了维生素C缺乏症的厉害，耽误了治疗，进一步扩大了此病造成的经济损失。

患维生素C缺乏症严重的犊牛，如不及时准确治疗，会因低血容而休克甚至死亡。

二、发病原因

牛体内的维生素C主要来自日粮中的维生素C和牛自身合成的维生素C，牛的肝脏具有合成维生素C的能力，但犊牛在3周龄以后才开始具有合成维生素C的能力。所以，3周龄以内的犊牛维生素C缺乏症发病率最高。

(1)母乳中维生素C含量为1 mg/100 g，不足或缺乏可导致犊牛后天性维生素C缺乏症。母乳中维生素C不足或缺乏，主要由母牛怀孕阶段日粮中维生素C不足及母牛自身合成的维生素C不足所致。

(2)规模化大型牛场奶牛日粮成分相对单一、日粮中维生素C不足或母牛自身合成的维生素C不能满足胎儿快速生长发育的需要，可导致新生犊牛发生先天性维生素C缺乏症，新生的犊牛就可表现出"维生素C缺乏症"的症状。

(3)凡能引起牛肝脏功能障碍的因素，均可导致维生素C缺乏或不足。例如，牛脂肪肝、牛酮病、妊娠毒血症、牛肝脓肿、代谢病、某些传染病等。

三、临床症状

我们把母牛怀孕阶段由于维生素C缺乏导致的犊牛维生素C缺乏症，称为新生犊牛先天性维生素C缺乏症；由于母乳中维生素C不足和饲养管理等问题导致的维生素C缺乏症称为牛的后天性维生素C缺乏症。

从犊牛维生素C缺乏症的临床发病情况来看，新生犊牛的先天性维生素缺乏症最为多见，即在母牛怀孕阶段导致的犊牛维生素C缺乏症最多，新出生犊牛发病率最高，其次为哺乳期犊牛。哺乳期犊牛的后天性维生素C缺乏症发病率相应较低。

患维生素C缺乏症犊牛的体温、呼吸、心率正常。鼻端、鼻镜皮肤变红，打开犊牛口腔，可见齿龈充血，严重者呈暗红色，20%～50%的患病牛呈现此病理表现，还有皮下出血，腹泻，腹泻物中带血，出生1～2月龄的犊牛此症状表现最为明显。此类先天性维生素C缺乏症一年四季均可发生，常表现为某一时间段内出生的犊牛发病，另一时间段内出生的犊牛表现正常。这可能与母牛的饲养管理和日粮组成及配比有关。

发病较轻的犊牛精神与吃食情况一般正常，经1～2周时间鼻端红色消退，齿龈充血消退，恢复正常。患病较重的犊牛，常排出血色粪便，犊牛抵抗力下降，会因低血容而死亡。

患维生素C缺乏症的犊牛，极易继发细菌性肠炎，如大肠杆菌性肠炎、沙门氏菌性肠炎、梭菌性肠炎、链球菌病等。

另外，育成牛也可发生此病，育成牛维生素C缺乏症病牛在初期表现精神不振，食欲减退，随病情发展可表现出血性体质，出血部分多见于背部、颈部、口腔和齿龈，个别病例在体表会形成溃疡或坏死，血液红细胞和血红蛋白量下降、贫血。

四、犊牛维生素C缺乏症病理解剖变化

维生素C缺乏症除表现鼻头皮肤充血、出血、变红和齿龈充血、出血外；还有真胃黏膜充血、出血，肠浆膜出血，皮下出血，皮肤出血，肾盂出血等病理变化。

五、诊断

先天性维生素C缺乏症，根据本病的典型临床症状和病理解剖变化特点可做出诊断。定性诊断以检测患病牛血液中的维生素C含量为准。

此病在诊断上要注意与牛传染性鼻气管炎、病毒性腹泻的鉴别诊断，三者虽然有相近之处，但其区别也较为突出，如果在临床鉴别诊断上把握不住，可通过牛传染性鼻气管炎和病毒性腹病原学诊断来鉴别诊断。

六、治疗

(1)皮下注射维生素C注射液，每头700～800 mg，一天一次，连续7～10 d。

(2)给患病牛喂服维生素C水溶液50 mL，一天一次。

(3)为防止患病较重犊牛因失血性休克而死亡，对脱水的牛可静脉输复方生理盐水250 mL、25%葡萄糖250 mL，一天一次，连续2～3 d。

(4)对腹泻牛肌内注射庆大霉素注射液，每头每次20万IU，一天两次，连续2～3 d。

七、预防

(1)对于干奶牛，要保证日粮中有足够的维生素C，预混料中要重视维生素C的添加补充。

(2)经常发生本病的牛场要重视干奶牛日粮中维生素C的补充，干奶期奶牛每天添加维生素C 2～4 g。

(3)预防犊牛维生素缺乏症，可给犊牛饮水中加维生素C，让牛饮服。

子任务十五　犊牛球虫病

一、概述

引起犊牛腹泻的传染病有许多，大家所熟知的大肠杆菌、轮状病毒病、冠状病毒病、沙门氏菌病、犊牛副伤寒、冬痢、BVD等都属于细菌或病毒性腹泻。除病毒、细菌之外，寄生虫也是引起犊牛腹泻的一个重要原因。例如，球虫、贾第鞭毛虫、隐孢子虫、蛔虫等均能导致牛发生腹泻。

球虫病是全球普遍流行的一种寄生虫疾病，球虫病可引起犊牛腹泻，严重影响犊牛培育质量。犊牛球虫病多发生于春、秋两季，是一种危害较大的胃肠道传染病(死亡率高达40%)，如不采取科学的防治措施，会造成重大经济损失。

二、牛感染的球虫种类

能感染牛的球虫共有10余种，其中艾美耳属球虫中的邱氏艾美耳球虫和斯氏艾美耳球虫的致病力最强，可引起大龄犊牛消化不良和腹泻，可呈现严重的红色痢疾和死亡。

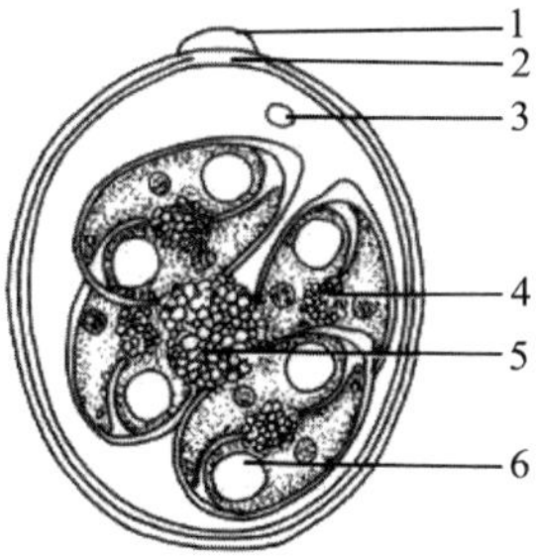

1.极帽　2.卵膜孔　3.极粒　4.孢子囊余体　5.卵囊余体　6.屈光小体

图6-13　艾美耳球虫卵囊结构模式图

三、球虫致病机理

球虫在生长初级阶段呈囊球状。球虫卵囊(图6-13)被犊牛从环境中食入，进入肠道大量繁殖/高强度增殖损伤肠道上皮细胞、破坏犊牛肠道黏膜，使肠黏膜的分泌功能、消化吸收功能、通透性发生变化，从而引起腹泻。

一些球虫种类能侵入肠壁导致犊牛肠黏膜损伤出血；犊牛肠道黏膜的破坏程度取决于感染球虫的强度和球虫种类。

四、球虫的生活史

球虫在犊牛肠道中高强度增殖一段时间后，再次形成卵囊，卵囊随着粪便被排出，然后在环境中成熟为感染性寄生虫。球虫从感染到排出的时间为6～24 d，具体时间长短与球虫种类有关。

五、流行病学特点

犊牛球虫病多发生于春、秋两季。

(1)被球虫侵染的成年牛可以不断向外界排泄球虫卵囊，而使病原广泛传播，但它们本身不会因此而感染。

(2)对于没有接触过寄生虫的犊牛，成年牛是传染源，成年牛多是球虫的携带者。

(3)如果犊牛已经感染过某一类球虫，则会对该类球虫产生免疫，但对其他类球虫没有抵抗力。

(4)通常犊牛在转群或转到运动场后,由于接触到其他牛只的排泄物而被感染。

(5)牛在合群时产生的应激反应,也会加快病原的传播。

(6)如果犊牛转群后大约 3 周出现腹泻,必须检查球虫。

(7)球虫病往往在更换饲料时突然发生,因此更换饲料应逐步过渡,减少应激。

六、临床症状

(1)肠道出血性腹泻和发烧(41.5 ℃)为犊牛感染球虫的典型症状。

(2)犊牛在感染邱氏艾美耳球虫或斯氏艾美耳球虫后的第 3 周,会出现该症状,并将持续 1 周。

(3)犊牛感染该类球虫的具体临床症状如下:

①腹泻、腹痛、严重时粪便为绿褐色,黏糊、发臭,后期为液体和血样腹泻,瘤胃蠕动音减弱,肠蠕动音增强,腹痛、腹泻,排带血稀粪,混有纤维性薄膜,气味恶臭。末期粪便呈黑色,带大量血凝块,患牛体温下降、脱水、消瘦、贫血,卧地不起。

②初期发烧,后期体温下降。

③直肠脱垂。

④极少数犊牛会出现运动障碍,头部向后弯曲,躺卧,眼睛震颤,患病犊牛皮肤干燥脱水,虚弱;如果患病犊牛存活下来,精心照顾几周,方可痊愈。

⑤其他种类的球虫感染,症状较轻,不会出现流血性腹泻,并且康复快,几乎不会出现犊牛死亡现象。

注意:球虫通常存活在牛舍里,牛舍里有其生长发育所需的热量和水分;阿拉巴艾美耳球虫生命力更加顽强,即使在寒冷的冬季仍能在牧场中存活。

七、诊断

在牧场采取有针对性的防治措施之前应进行精确检测,确定是何种球虫引起的感染。牛群球虫病可以通过检测其粪便中是否含有球虫卵囊进行诊断(图 6-14)。

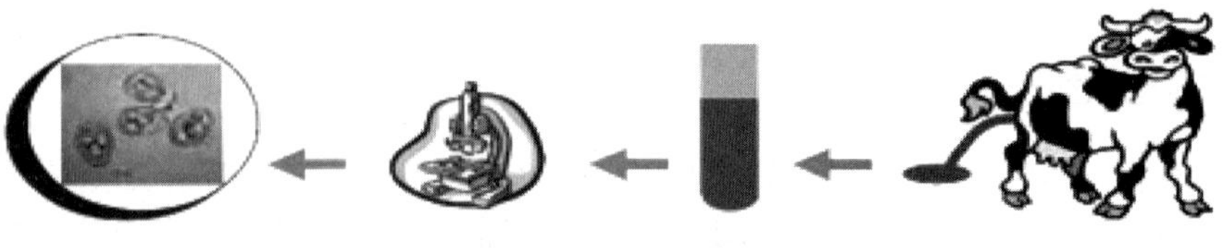

图 6-14 球虫病球虫卵囊检测步骤示意图

(一)直接涂片法

首先,在载玻片上加 50% 甘油或水数滴,再以火柴梗或牙签取粪便少许,与玻片上的甘油或水混合均匀,去掉大块粪渣,将粪液涂成薄膜,其厚度以能透视报纸上的字迹为度。然后加盖玻片,置显微镜下观察,检查时按顺序查遍盖玻片上所有部分。

(二)漂浮法/集卵法

先取一量杯,放入病料,倒满饱和盐水溶液使之与病料粪便混匀,再将载玻片放于杯口与液面接触,静置 30 min 后取下镜检。镜检观察到球虫卵囊即可确诊。

此病在临床上与肠炎、大肠杆菌病不易区分,要注意鉴别诊断。

注意事项:

(1)仅依据球虫卵囊检测是不够的。只有了解球虫种类才可以确定检测结果是否与临床症状相符。

(2)由于疾病症状会发生在卵囊排出之前,这意味着阴性检测结果并不一定代表牛只没有感染球虫。

(3)建议尽可能多次地对球虫病疑似患牛进行检查(排出的时间为 6～24 d)。

(4)其他病原微生物可以使被球虫感染的犊牛肠道受损更严重;同样,如果肠道已经感染其他病原微生物,球虫感染的结果也会更严重。

八、预防管理要点

1.定期清理牛群粪便

这是预防犊牛感染球虫最重要的措施。

球虫需要水分和热量才能稳定生存,如果定期清理含有球虫卵囊的牛粪便,就会防止虫卵囊在牛舍周围积聚,降低感染概率。

2.保持环境干燥

潮湿的环境有助于球虫生存;干燥的地面环境可降低球虫卵囊的存活率。

3.防止饲料和饮水被污染

定期清洁饮水器和饲喂槽、饲喂用具。防止粪便进入饲料和饮水。

4.更换饲料要逐步过渡,以减少应激

我们在更换饲料时,应由少到多,在一周内逐步完成饲料更换。

5.定期消毒

可用 3%～5%热碱水消毒地面,用 1.5%～2%氢氧化钠、0.3%过氧乙酸等消毒牛栏、饲槽、饮水槽,每周消毒一次。

6.药物预防

(1)氨丙啉以 5 mg/kg(体重)混饲,连用 21 d。

(2)莫能菌素 1 mg/kg(体重)混饲,连用 30 d。

九、治疗

(1)氨丙啉按 20～25 g/kg(体重)剂量口服,连用 4～7 d 为一疗程。

(2)莫能菌素按 20～30 mg/kg(体重)剂量口服,连用 7～10 d。

(3)用磺胺二甲嘧啶钠每千克体重 100 mg,一次性静脉注射,以后改为每天肌注一次,连用 5 d。

(4)抗球虫药物治疗,用磺胺-6-甲氧嘧啶 50 mg/kg(体重),配合等量小苏打内服,2 次/d,

连用 4～5 d 。

对未发病牛群，可在犊牛饲料中添加氨丙啉，以每千克体重 5 mg 混入饲料，连用 7 d。

(5)按每千克体重 20 mg 给牛口服氯苯胍，2 次/d，连用一周，停 5 d，再用一周。然后换用磺胺二甲氧嘧啶片，再给病牛口服 2 周；或肌内注射磺胺二甲氧嘧啶 8 mL，每天一次，连续 3～5 d。

(6)每次每头病犊使用氯苯胍 10 mg×7 片＋呋喃唑酮(痢特灵)0.1 g× 5 片，分上午、下午两次口服，治疗 2～3 d。

同时按治疗剂量减半投入奶中对出生 7 日龄后犊牛喂服 2～ 3 d，进行预防给药。

(7)对症治疗。对脱水严重、血便严重者，止痛、止泻、止血(用安络血 10 mL，维生素 K_3 100～200 mg)，肌内注射；补液、补水等对症治疗措施。

注意事项：

①由于球虫易产生抗药性，所以用药种类不要单一，要适时更换驱虫药物以免产生耐药性。

②由于 B 族维生素有助于球虫的无性繁殖，故使用抗球虫药时，应避免使用 B 族维生素。若不慎添加，会大大减低抗球虫药剂的效果。

③对未发病牛群，可在犊牛饲料中添加氨丙啉，以每千克体重 5 mg 混入饲料，连用 7 d。

【思考与练习】

一、填空题

1. 牛初乳中主要的免疫因子包括________、________、________、________。

2. 犊牛出生后应该在出生后 ____ h 内完成第一次初乳灌服、第一次灌服初乳量为________。

3. 给犊牛灌服或饲喂初乳的温度为________。

4. 对初乳进行巴氏消毒的温度为 ________，巴氏消毒的维持时间为________。

5. 进行初乳质量检测时，正常初乳所含的免疫球蛋白应大于________ mg/ mL。

6. 一般初乳的中所含的免疫球蛋白为 ________ mg/mL。

7. 质量过关的初乳免疫球蛋白为 ________ mg/mL。

8. 初次灌服初乳后 24 h 时，用专用折光仪进行血液免疫球蛋白监测，健康牛的血清免疫球蛋白折光仪计数应该为 ________，低于此数值说明 ________ 。

9. 初乳一般指母牛产后________ d 内分泌的乳，在规模化奶牛场的生产应用中，大家常将奶牛产后 ________ h 内分泌的乳作为优质初乳。

10. 犊牛肠黏膜绒毛组织受到严重损害时，犊牛完成再生修复至少需要______ d 。

二、判断题

1. 犊牛副伤寒只发生于犊牛中，其他阶段的牛不患此病。(　　)

2. 犊牛大肠杆菌病多发生于出生后 1～7 d，是新生犊牛面临的第一个犊牛疾病。(　　)

3. 犊牛副伤寒是犊牛出生后面对的第二个犊牛疾病。(　　)

4. 犊牛搐搦症是由机体缺镁所致。(　　)

三、简答题

1. 犊牛的断奶时间为什么是 60 d?

2.犊牛初乳灌服的模式有哪几种?

3.请介绍犊牛初乳灌服的具体方法及操作过程。

4.犊牛患大肠杆菌病时,静脉输液治疗时如何确定补液量?

5.犊牛搐搦症患病犊牛有哪些临床症状?

四、综合分析题

1.请总结分析犊牛大肠杆菌病的治疗要点和注意事项。

2.患犊牛大肠杆菌病的犊牛会出现脱毛现象,请解释这一病理表现的发生原因和机理?

3.新生犊牛脱水热有哪些临床表现?如何进行防治?

4.请总结球虫的生活史。

5 请制订一个犊牛球虫病治疗方案。

6.为什么治疗球虫病时不能给患病牛服用B族维生素?

7.请叙述盐酸氨丙啉抑制球虫繁殖的机理。

8.请叙述磺胺类药物抑制球虫繁殖的机理。

项目六答案

课程思政

本节内容要求学生学习掌握犊牛健康保健基础知识,犊牛饲养管理基础知识,犊牛常见疾病防治新技术、新理念。熟练掌握犊牛临床常见疾病诊治技术,熟练掌握犊牛饲养管理工作流程。

培养细致认真、明察秋毫的工匠精神,培养以问题为导向的研究创新精神,培养救死扶伤、爱护动物的仁爱素质和善于发现问题、破解疑难问题的科学家精神。

党的二十大报告指出:加快建设世界重要人才中心和创新高地,促进人才区域合理布局和协调发展,着力形成人才国际竞争的比较优势。加快建设国家战略人才力量,努力培养造就更多大师、战略科学家、一流科技领军人才和创新团队、青年科技人才、卓越工程师、大国工匠、高技能人才。

项目七

牛肢蹄病防治

任务一　牛蹄保健护理技术

【知识目标】

- 掌握牛蹄的解剖结构特点及保健护蹄的基本知识。
- 掌握主要蹄病的发病机理及蹄病预防基础理论知识。
- 掌握牛修蹄及蹄病诊断治疗基础知识。
- 掌握牛传染性蹄病的流行病学特点和防控知识。

【能力目标】

- 能够胜任修蹄员岗位工作任务。
- 能够正确诊断牛常见蹄病。
- 能够治疗处理牛的常见蹄病。
- 能独立承担牛蹄保健与蹄病治疗临床工作。

【素质目标】

- 培养严谨的科学态度和良好的职业道德。
- 培养综合运用专业知识分析问题解决问题的职业素养。
- 培养好学敬业，不断学习、不断成长的学习精神。

项目七彩图

【相关知识】

子任务一　修蹄护蹄技术

修蹄是指利用刀、剪、锉、电动打磨机、电动修蹄机等修蹄器械，利用外科手术方法使蹄的形状及其生理功能得到矫正、恢复的一种技术。

修蹄是奶牛肢蹄保健工作中的主要技术措施之一，是大型现代化奶牛场及标准化奶牛场进行肢蹄保健的一项例行工作。

修蹄的主要目的是矫正蹄形，使负重面符合蹄生理要求，让蹄外形美观，保持蹄最佳生理功能。合理且及时地修蹄，能够防止蹄变形程度加剧而导致肢势改变；对已发生蹄病的奶牛还有诊断和治疗功效。

一、修蹄类型

根据修蹄的目的，临床上一般将其分为两类，即预防性修蹄和治疗性修蹄。

（一）预防性修蹄

预防性修蹄是指在蹄形无明显异常、无跛行出现时进行的以预防为目的的经常性或定期修蹄。其作用是减少蹄挫伤的发生和变形角质的形成；预防蹄过度负重而引起蹄叶炎等蹄病发生，减少跛行发生或减缓跛行程度。预防性修蹄是防止亚临床型蹄病向临床型发展的重要措施之一。

（二）治疗性修蹄

治疗性修蹄也叫功能性修蹄，是指蹄已发生变形或因蹄病出现跛行，通过对蹄进行切削修整，使蹄形恢复正常，使跛行减轻或消失，蹄功能恢复健康。因其具有治疗作用，所以称为“治疗性”修蹄。由于治疗性修蹄可解除过度负重引起的知觉部挫伤，缓解或预防再度受到挫伤，因此修蹄时可将患指（趾）削低，除去松脱的角质。

预防性修蹄和治疗性修蹄并无绝对区别，其功效是相互统一的，如果奶牛刚发生跛行就进行修蹄，因受挫伤的真皮还未形成开放性病灶，此时修蹄简单、效果好，预防性修蹄本身就可奏效。修蹄早，能防止蹄病向深部发展，临床上起到了预防蹄病发生的作用，在发生跛行之前对奶牛每年 2 次定期修蹄，也可使预防性修蹄产生治疗蹄病的作用。

二、修蹄时间

例行的预防性修蹄可根据各场的实际情况，在充分做好检蹄工作的基础上合理确定修蹄时间和修蹄次数。一般来说，要求每头、每年修蹄 1～2 次。

修蹄一般可安排在奶牛分娩后出产房时进行，也可安排在泌乳量较低的时期进行；也可安排在每年春（4 月）、秋（10 月）进行。

就季节而言，安排在雨季来临前修蹄是比较科学的做法。在雨水较多、地面泥泞的季节修蹄，不利于修蹄后的护理，也易引发其他蹄部损伤性疾病。

另外，在气候干燥季节修蹄，由于蹄角质硬脆会影响修蹄质量。对于发生肢蹄病的牛，要及时进行蹄病治疗和修蹄工作，蹄病早期的修蹄或治疗更能促进奶牛蹄病康复，减少治疗开支，减少泌乳损失。

三、正常蹄的外形标准

要修蹄或诊断治疗蹄病，一定要熟悉奶牛前、后蹄的正常标准和基本解剖结构（图 7-1）。

发育良好的蹄质地坚实、致密、无裂缝，指（趾）间隙紧密，蹄底的形状前蹄为圆形，后蹄为椭圆形。内外指（趾）形状、大小严格来讲是有区别的，前蹄的内侧指稍大些，且指尖向外弯，外侧指比内蹄略小；后蹄的外侧趾比内侧趾略大一点，外侧趾尖多向内弯。

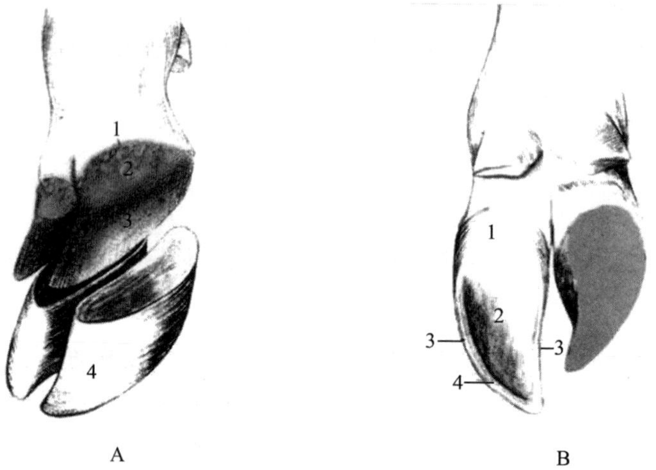

A：1.蹄缘真皮　2.蹄冠真皮　3.真皮小叶　4.蹄壳

B：1.蹄踵　2.蹄底　3.蹄壁　4.白线

图 7-1　牛蹄结构模式图

（奶牛修蹄工培训教材，侯引绪）

正常奶牛前蹄蹄前壁长为75～85 mm，与蹄踵壁长度之比为2∶1.5，蹄角度为47°～52°（图7-2）。

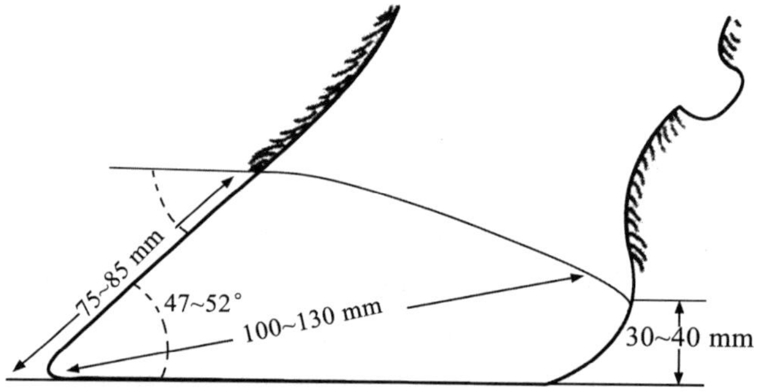

图 7-2　正常蹄前蹄的大小和角度

（奶牛修蹄工培训教材，侯引绪）

不同的运动场地面与蹄角度的大小相关，水泥地面、有沟的地面及有垫草地面三者相比，有垫草地面上的奶牛蹄角度最小，水泥地面上的奶牛蹄角度最大；运动场为方砖或水泥地面的蹄变形发病率较运动场为三合土地面高。另外，圈舍及运动场粪尿过多积聚，使蹄部受粪尿浸渍，蹄角质受到一定程度刺激而过度生长，也容易发生蹄变形。

无论哪种肢势和蹄形，修蹄后都应尽可能达到蹄与肢势相适应，指（趾）轴一致，蹄底平稳，站立踏着确实、运步均衡轻快。

四、修蹄前的准备

(一)药械准备

修蹄前应该检查、准备好相应的修蹄器械、保定设备及所需药品。

1. 器械

准备好要用的修蹄用具如蹄刀、剪、锯、锉、打磨器等修蹄用具;检查电动保定架、修蹄设施功能是否正常。

2. 药品

要准备好相应的治疗处理药品,如酒精棉球、2%~5%碘酊、紫药水、磺胺粉、硫酸铜、松馏油、鱼石脂、蹄炎膏、脱脂棉和绷带等。

修蹄过程中,必然会遇到一些蹄病,充分准备器械和药品,有助于修蹄者实现修蹄、护蹄和蹄病治疗的有机结合。

3. 修蹄过程

修蹄过程也是治疗处理蹄病的一个方便时机,可以把修蹄和治疗结合起来。例如,对指(趾)间皮肤增殖、疣性皮炎等蹄病,可以在修蹄时根据轻重程度采用外科手术或烧烙的方式进行治疗。这就要求修蹄时也要准备相应电烙铁或去角器等治疗器械。

(二)修蹄前的牛蹄检查

在修蹄前要认真地对每头牛进行站立与运动检查,观察牛站立、走动的情况,从牛前、后、侧面查看蹄延长及突出部角度,对左右蹄、内外蹄进行对比,判断其蹄形、肢势,判定患病肢蹄,分清蹄病类型及蹄形类型。

五、修蹄方法

修蹄方法或修蹄过程可分 4 步,这 4 步相互衔接;做好这 4 步修蹄工作的基础是对牛蹄基本结构和蹄负重力学特点的充分认识和理解。

【第 1 步】

把过长的蹄尖修整到正常长度,前蹄从冠状带到蹄尖的标准长度为 7.5~8.5 cm,后蹄从冠状带到蹄尖的标准长度为 8.0~9.0 cm。

初学者最好用尺子进行具体测量(图 7-3),然后削去或切去长出的部分,让蹄的长度符合标准长度。完成第 1 步之后牛蹄前方呈方形断面,可以看到蹄白线穿过蹄尖末端,蹄壁也显露无遗,这就是正确的负重沿,而不仅仅是负重点了。尽管现在蹄前壁的长度合适了,但蹄尖还是太高,蹄角度还不合适。

【第 2 步】

从蹄尖的蹄底表面除去多余的角质,即相对于蹄踵进行削蹄,使蹄前壁有一个新的负重着力线,线段 AB(即第 1 步中蹄前部的切削点与蹄踵底面连线)以下的角质都要削除或打磨去(图 7-3)。第 2 步的第一部分的蹄壁、蹄底可用电动打磨机或削蹄刀修削去除,修削过程中用拇指按压检查蹄底软硬程度,不能出现角质变软的情况,一旦按压时感觉蹄底变软应马上停止修整。这时角质离真皮也就几毫米了,一旦刺入真皮,使该蹄部真皮暴露,会导致严重和顽固的跛行。

如果第 1 步所切的位置正确,那么从蹄尖底面去除角质直到暴露白线和邻近的蹄壁就不难。这时的蹄壁就是负重面,做到这一点非常重要,否则脆弱的蹄白线就会负重,将导致严重后果。

第 1 步所切的蹄角质不能过多,如图 7-4 所示的假想线那样。如果切削过多的话,如从第 1 步的切面末端到蹄踵所划的线(图 7-4 中 AB 线),将暴露蹄尖底部真皮而导致出血或严重跛行。

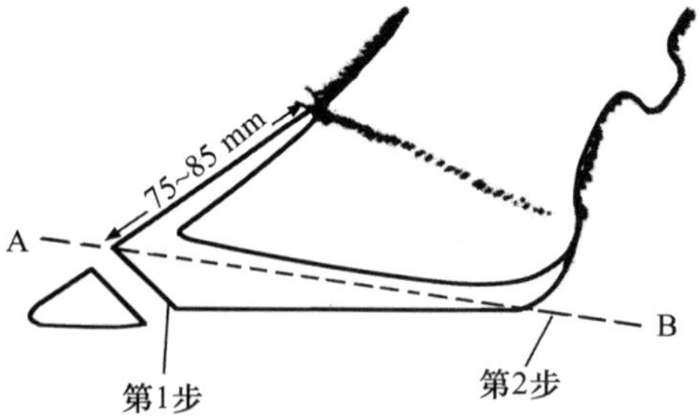

图 7-3 正确修蹄示意图

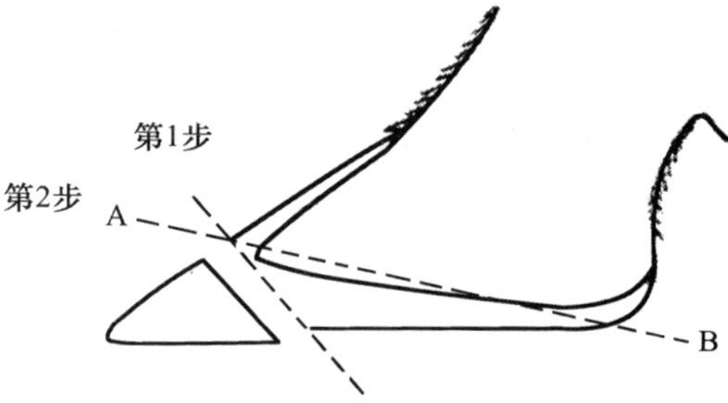

图 7-4 蹄尖角质削切过多

【第 3 步】

包括沿两指(趾)底面轴侧蝶形线(图 7-5),去除蹄底轴侧的角质,使蹄底内侧前部 2/3 的蹄底呈凹陷状态,这样就降低了蹄底的负重。这是因为蹄底角质硬度远低于蹄壁,蹄的负重、支撑作用主要是通过蹄壁的负重沿由蹄壁来承担的,如果蹄底前内侧部不削成凹陷状态,蹄底和地面直接接触,地面上的石子等坚硬物就会硌伤蹄底。

另外,通过这样的修削,蹄骨屈肌结节下部的负重将降到最低,更符合蹄负重的力学特性。

第 3 步还要把指(趾)间的空间适当扩大一些,这样泥土和其他异物就不容易进入了,减少蹄腐烂、指(趾)间皮炎和指(趾)间皮肤增殖等疾病的发生。

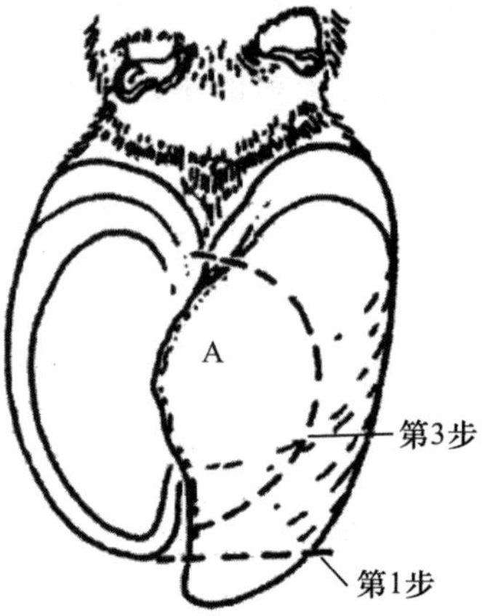

图 7-5 第 3 步及修后状况

【第 4 步】

修整两指(趾),使大小近似。这通常需要去除后蹄外侧趾、前蹄内侧指多余角质,使四肢恢复直立状态,保持负重平均。

修整完成后,两指(趾)的尺寸也应该相同,而且两个蹄底面也应在同一横向水平面上。

保留蹄踵角质是可取的,除非它严重影响行走,否则按第 4 步做即可。如果蹄踵有少许麻点,也最好保留,因为去除蹄踵会引起蹄骨向后旋转,易得蹄底溃疡;另外,蹄踵对维持正常的蹄功能,调节蹄部血液、代谢、神经调节功能起着重要作用,损伤蹄踵将会对蹄功能产生严重影响。

六、修蹄注意事项与要求

(一)修蹄过程中的注意事项

为了能够在修蹄时顺利进行工作,使修蹄后的奶牛蹄肢生理功能及时得到恢复,临床操作时应注意以下要点。

(1)修蹄前要做好蹄部检查,检查项目包括长度、形状和趾高,判断蹄形。确定削蹄顺序、方法,设定正确削蹄要达到的目的。

(2)无论修整何种变形蹄,都应根据各个蹄形的具体情况,决定修去角质的程度。当趾长度正常时,蹄底部只能稍加切削即可,不要将蹄底削得太薄,否则易伤及知觉部。对变形十分严重者,修蹄时应倍加小心,因其趾(指)的内部结构形状发生了变化,要防止过削出血。

(3)为了保证蹄的稳定性和良好功能,尽量少削内侧趾,或使两趾等高。在奶牛站立时,新的蹄负面要和跖骨的长轴有合适的角度。

(4)注意蹄底的倾斜度,蹄底应向轴侧倾斜,即轴侧较为凹陷,在趾的后半部,越靠近趾间隙,倾斜度也应越大。保留一定倾斜度的目的在于减少蹄底溃疡和裂隙的发生;减少来自地面对蹄底病变部位的反压力;能使蹄在负重时两侧趾分开,蹄趾间不易存留污物、粪便。

(5)发生角质病灶时,应将趾后方尽量削低,除去蹄底、球部和蹄壁的松脱角质;削薄角质缘并使过渡平缓。创内真皮因受刺激而增生,如果突出明显而基部狭小,可用锋利的蹄刀将这种增生的肉芽组织整个切除。

(6)对跛行病牛,修蹄时应先修患蹄,再修健蹄。由于一肢跛行,健肢的外侧趾必然过度负重,因患肢常呈减负或免负体重,健肢的过度负重将会持续。为保证健肢的良好功能,应对其进行功能性修蹄。如跛行严重,健肢不能提起,置病牛于干净、干燥、松软地面的良好舍饲环境,加速病愈;跛行减轻,再尽快给健肢修蹄。通常情况下,跛行病例经修蹄治疗很快会好转。当经修蹄后数日或 1 周后,跛行仍无明显改善甚至加剧,此时,应对相关趾再进行详细检查。

(7)修蹄过程要尽快完成,以防牛由于长时间的过度躺卧压迫或悬吊而出现站立困难等情况。

(8)凡因蹄病(真皮损伤)而经修整处理后的病牛,应置于干净、干燥的圈舍内饲喂。保持蹄部清洁,减少感染机会;也可给患病蹄穿上蹄靴。

(二)蹄底修整的注意事项

远轴侧壁负面削除角质的数量支配着蹄底的外形,蹄底必须削到使其向轴侧壁倾斜,这样才能使两指(趾)的蹄底形成一个凹面。解剖学上动物的负重直接在蹄壁上,蹄底最薄的部分是蹄底与球负面结合的部分,这个部位角质变薄可引起挫伤(无败性小叶炎),甚至局限性蹄皮炎,通常这个部位的角质容易削切太多。

用锋利的蹄刀修整蹄底或许是最好的方法。经验证,也可广泛使用转动砂轮,特别是有大量牛需要治疗的时候。应该经常用拇指压迫,检查蹄底的回弹性,弹性症候一出现,就应停止削蹄。

七、修蹄失误补救措施

削蹄时尽量做到人畜安全,一旦出现指(趾)蹄损伤,一定要及时加以处理,不得轻视,否则会发生继发感染，治疗起来不仅比较困难，而且预后难以确定。

另外，一定要避免双侧趾蹄均受损，一旦发现一侧受损，另一侧在处理时一定要倍加小心，或者只稍做护理，等患趾创伤愈合后再进行处理。双侧都受损严重，一般愈后多不良，建议在处理蹄伤时用如下方法：

(1)对蹄底陈旧伤口的腐烂处理，要合理扩创，清洗去除污物及腐烂组织。

(2)用3%过氧化氢溶液消毒、擦干，涂2%～5%碘酊、土霉素粉或蹄炎膏或松馏油或磺胺粉，然后用蹄绷带包扎，有条件者可给牛穿上蹄靴。

(3)为防止继发感染出现全身症状，可肌内注射头孢噻呋或静脉注射磺胺类药物。

视频14
修蹄技术视频

削蹄要适当，能达到修整目的即可，削蹄过程中应坚持宁轻勿重的原则，对于一次不能校正的指(趾)蹄可以多修几次，逐渐校正。切勿急于一次完成，而削蹄过度或造成新的蹄伤。

子任务二　变形蹄的类型及修蹄要点

变形蹄又称蹄变形，是蹄匣的某一部分或全部形状发生改变，并使其内部组织受到影响。主要是由肢蹄病、削蹄不合理、肢势异常和饲养管理不当造成的。有的变形蹄不能一次矫正，需几次削蹄才能矫正过来，有的变形蹄则无法矫正。变形蹄问题与肢势和负重关系密切，应从小牛起就注意合理削蹄和矫正，在形成不可逆性变化前，将其矫正过来。随着奶牛集约化饲养程度的不断提升和产奶量的持续提高，变形蹄的发病率呈逐年上升的趋势。

由于变形蹄的情况比较复杂，到目前为止，对变形蹄的分类说法不一。在此，笔者从实用角度出发，对主要变形蹄类型及修蹄要点进行介绍。

一、过长蹄

过长蹄是由于蹄角质生长过程中磨灭得少，或没有定期修蹄形成的。过长蹄一般容易矫正。在此，我们将每种过长蹄的特点和矫正方法简述如下。

(一)延蹄

延蹄指蹄的两侧蹄支超过了正常蹄支长度，蹄角质向前过度伸延，外观呈长形。

用蹄铲刀或蹄钳切削去蹄尖过长角质(图7-6)，提高蹄角度，缩短纵径，使其为正常形状。最后用蹄锉锉去蹄尖壁下外缘(图7-7)，也应对蹄底做适当修整，严重者通过多次矫正，逐渐达到趾轴一致。

(二)长嘴蹄

蹄尖伸长向上翻，也叫铗状蹄，其状如蟹钳，蹄幅度较窄，内外蹄尖部明显向轴侧弯曲并交叉，又叫剪状蹄或交叉蹄。蹄尖微向上翘起，蹄踵低而多负重，呈狭踏肢势。当后肢狭而前踏时易出现铗状蹄，也有先天性的。

不应一次切削过多，以防过削，双弯翘起的蹄尖先用蹄钳剪去，再用铲刀切去过长的角质，对蹄底前半部适当多削，提高蹄角度，注意扩大蹄横径与蹄负面，最后用蹄锉修整，从侧面看尽

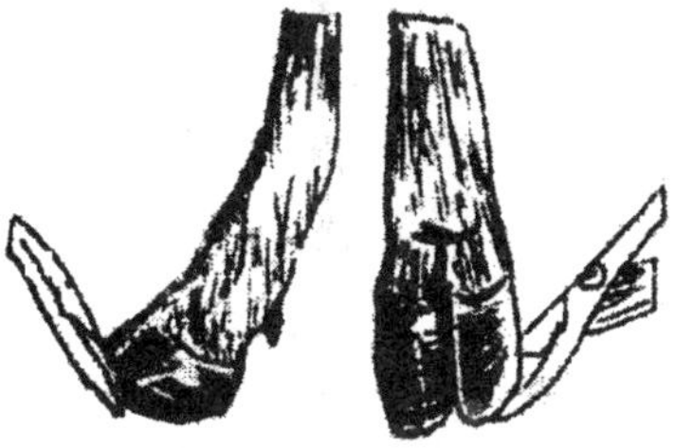

图 7-6　剪去过长角质

图 7-7　锉平边缘

可能使趾轴一致，严重者应多次修削使蹄逐渐得到完全矫正。

(三)长刀蹄

蹄纵径长，蹄前壁凹弯，尖端上翻，由于蹄底积有大量枯角质而呈异常膨隆，外形呈长刀状，故名长刀蹄(图 7-8)。蹄角度小。蹄踵负重大，过度磨灭。前后肢都可发生，肢呈前踏肢势。从外形也可叫雪橇蹄或船底状蹄。

图 7-8　长刀蹄

矫正时尽可能切削蹄尖，保护蹄踵，适当切削蹄尖前半部角质，并将蹄底膨隆的枯角质切削，扩大蹄负面、减轻蹄负重。蹄踵负担，尽可能使趾轴趋向一致，严重者通过多次修削使趾轴达到一致，可隔一周修一次。

(四)拖鞋蹄

蹄前壁向远轴侧壁明显倾斜，左右扩张，为横径大的过长蹄，蹄底浅而广，呈广蹄和平蹄形状。蹄角度小，前后肢都可发生，呈前踏肢势。常诱发白线裂和白线腐烂。也可叫扁平蹄，俗称"大脚板"。蹄形外观如拖鞋一样，因此而得名。

矫正时保护蹄踵，将延长的宽大的角质切削去，适当多切削蹄底前半部，对蹄下缘加以修整，在修整中要着重对蹄缘与负面的形状进行修整，不可修削过度，通过多次修削蹄，逐步改善，使趾轴逐渐趋于一致。拖鞋蹄的蹄前壁及远轴侧壁的倾斜度小，向外缓慢地不正形扩张，又称扁平蹄。

以上四种变形蹄严重的都要经过多次修削矫正，最好 2 个月进行一次，直到彻底矫正，再转入正常护蹄。

二、翻蜷蹄

翻蜷蹄的特点是从蹄壁向趾间卷，前蹄发生卷蹄时，内侧指向内卷，后蹄发生卷蹄时，外侧趾向内卷，严重者以蹄壁着地，蹄尖上翘，两蹄尖交叉，卷蹄负面狭窄、纵径细长呈麻花状，严重者呈螺旋状蹄，由于蹄角质过长，负重不平衡，多以蹄踵担负体重，呈严重的后方卷折，蹄角质干硬，运步常出现跛行，站立困难，卧多站少。

矫正时，用小直铲刀把过长的卷蹄角质切去，多削蹄底前半部，扩大横径，将翻卷侧蹄底内侧增厚的角质削去，尤其对压迫趾间隙的角质充分削除，对卷侧的蹄负面在允许范围内多削，以扩大支持面。使角细管尽可能垂直于地面，修正内外负面的高低，从侧面看尽力使趾轴趋于一致，但削蹄重点放在蹄尖部上，蹄底应向内倾斜，促使蹄踏着于地面，使上翘消失，经多次修蹄，恢复正常后转为正常护蹄。

三、低蹄

蹄角度小于45°，指轴后方波折明显，蹄尖壁和蹄踵壁的比例为(3～4)∶1，我们将这种变形蹄称为低蹄。

为了将低蹄矫正至正常的蹄角度，可预先用笔在蹄壁上做标记，再用蹄钳剪去过长角质。然后用电动修蹄机对蹄底及蹄壁进行打磨。打磨后用蹄刀对蹄底及蹄踵进行修整，重建蹄底负面。

四、高蹄

蹄角度大于55°，指轴前方波折，蹄尖壁与蹄踵壁的比例为5∶4。高蹄的修蹄要点是充分切削蹄底及蹄踵，使其恢复蹄角度。

五、山羊蹄

蹄尖壁与蹄踵壁同高。蹄骨、关节和腱有先天性或后天性异常。修蹄时应该充分切削蹄底及蹄踵，使其恢复蹄角度。

六、平蹄

蹄尖壁和远轴侧壁倾斜很缓，负缘非常大，蹄底平、无穹隆，并与负面同高。

平蹄不可一次修整至正蹄形，应有计划地多次修整。首先应剪去蹄尖及远轴侧壁扩张的角质。用电动修蹄机对蹄壁及蹄底进行修整，使蹄壁光滑。最后用蹄刀对蹄底进行修整，重建蹄底的负面。

七、丰蹄

蹄壁广而宽，蹄底膨隆，突出于负面。蹄壁上有明显平行的蹄轮，蹄冠下的蹄壁有凹陷带。和平蹄一样蹄质脆弱，易发生白线裂。

丰蹄的修整同样不可一次修整至正常蹄形，应有计划地多次修整。修蹄方法与平蹄相同。

八、狭蹄

可分为蹄冠狭窄、蹄底狭窄和蹄踵狭窄。蹄角质发育不良、全身性营养障碍、地面干燥可引起本蹄形。

修蹄时应扩大蹄底远轴侧部位的负重面积，削除轴侧壁多余的角质。

九、弯蹄

内侧指(趾)或外侧指(趾)某部位发育失调的一种变形蹄，发育好的一侧蹄壁凸隆，对侧指(趾)发育不好则呈凹弯。与肢势关系很大，呈重度外向兼广踏肢势，外侧指远轴侧凹弯，内侧指则凸隆。主要发生于幼龄削蹄失宜牛，弯蹄不易矫正，对于弯曲的蹄壁要尽量切削。剪去蹄尖过长的角质。打磨远轴侧壁及蹄底，切削轴侧壁凸隆的角质。切削蹄底，使其负重均衡。

十、倾蹄

内侧指(趾)或外侧指(趾)一侧较小,在蹄底狭窄的基础上,远轴侧蹄壁代替蹄底着地负重,蹄尖向轴侧捻转,轴侧壁向上并凹弯。倾蹄又称卷蹄,严重时叫螺旋蹄。

应重点切削磨灭不足的患指(趾)。剪去蹄尖过长的角质,用电动修蹄机将内、外侧指(趾)的蹄底、蹄踵打磨至同一高度。削除蹄底多余的角质。削除轴侧壁过度生长的角质。在允许范围内,可适当扩大患指(趾)的负重面积,使患指与健指的负重比增大,改善患指(趾)的磨灭状况。

十一、猪蹄

蹄发育不良,无光泽,蹄轮细长。蹄纵径长,蹄底狭窄且深,多发腐烂。蹄角度小,蹄踵负重大,指(趾)间开张。

首先剪去蹄尖过长、上弯的角质。打磨掉蹄底磨灭不正的角质。因蹄底狭窄,修整时应扩大蹄底的负重面积,使内、外侧指(趾)负重均衡;切削蹄尖过长、上弯的角质;多切削蹄尖部,保护蹄踵,提高蹄角度,使指(趾)轴一致。

十二、芜蹄

芜蹄(图 7-9)由慢性蹄叶炎后遗症形成。角质过度生长的部位,蹄轮间距宽。蹄尖壁凹陷向上弯,弯曲部蹄轮密集,蹄尖负面不接地,以蹄踵负重。蹄骨变位,蹄骨尖向下,严重时可使蹄底穿孔。修削时根据肢势稍加修整即可,没有必要也无法彻底修整。

图 7-9 芜蹄

(奶牛修蹄工培训教材,侯引绪)

十三、广蹄

蹄壁倾斜缓、负面广的变形蹄称为广蹄。广蹄也称宽蹄,严重者称平蹄。与延蹄不同,广蹄的蹄横径增大,纵径常不增大。指(趾)轴波折不明显,肢势良好。各种年龄和胎次均可发生,多见于后肢。在现代集约化养殖场,饲养管理不当是引起广蹄的主要原因,如运动场、牛床和挤奶厅的地面潮湿,使蹄匣角质因湿度过大变软,弹性减弱,导致蹄底下沉,迫使蹄匣扩张,久之成为平蹄或丰蹄。

矫正时,如果蹄前壁过长,用蹄钳剪至合适的长度。将远轴侧壁过宽的角质剪去或用电动修蹄机打磨修整,打磨蹄底时注意有无发生白线病。

十四、外向蹄

伴随外向肢势的蹄称为外向蹄。前后望时,全肢或腕、跗部以下转向广蹄外方的肢势称为外向肢势。外向肢势在奶牛中非常普遍。

拴饲喂养的奶牛前肢易发生外向蹄,奶牛上槽时身体前倾,重心前移,使前肢负重增大,自然外展,久之导致前肢外向肢势。在体重过大、乳房过大的奶牛,后肢易发生外向肢势。发生外向蹄的奶牛体重偏落于内蹄踵,多并发延蹄、倾蹄、螺旋状指(趾)。

矫正时，外向肢势分为先天性、后天性和一时性。先天性外向肢势很难恢复正常肢势，修蹄时应适应肢势。对于后天性和一时性外向肢势应做诱导修蹄进行矫正。外向蹄一般内蹄踵代偿性发达，应多削内蹄踵，保护外蹄踵，以促使内、外侧指（趾）均衡负重，达到矫正外向肢势的目的。

十五、内向蹄

伴随内向肢势的蹄称为内向蹄。全肢或腕部（或跗部）以下偏向内方的叫内向肢势。内向肢势在奶牛罕见。

矫正时，内向蹄的修整方法与外向蹄相反。内向蹄一般外蹄踵代偿性发达，应多削外蹄踵，保护内蹄踵，以促使内、外侧指（趾）均衡负重，达到矫正内向肢势的目的。

十六、开蹄

奶牛在站立状态下，指（趾）间呈“八”字开张的变形蹄称为开蹄。正常的指（趾）间隙长约 7 cm，前宽后窄，两蹄尖间的距离约为 1 cm。开蹄的指（趾）间隙呈八字开张，两蹄尖的距离可达 4～6 cm。

此病易发生在沙地育成牛、坡度较急的放牧牛和弱系牛，以及因先天性或后天性第三、四指（趾）间韧带软弱的牛。后踏肢势可促发本病。伴有后踏肢势的奶牛因体重偏落于指（趾）尖部，使第三、四指（趾）间韧带受到牵拉，如果第三、四指（趾）间韧带软弱则易发生开蹄。蹄向外过度开张，可引起指（趾）间皮肤过度紧张和剧伸，粪、尿刺激易引起指（趾）间皮肤增殖。有开蹄的公牛，25％有指（趾）间皮肤增殖，有指（趾）间皮肤增殖的公牛 50％为开蹄。

开蹄如发生在 2～4 个月龄的犊牛，则可能与遗传有关。

开蹄无法根治，只能通过修蹄减小指（趾）间隙开张的程度。修蹄时应保护蹄踵，切削延长的蹄尖，使蹄立起。充分切削轴侧壁，使奶牛在驻立时对指（趾）产生一种“内收”的力，使指（趾）间隙减小。

任务二　牛主要肢蹄病防治

【知识目标】

- 掌握牛肢蹄病防控治疗的基本理论知识和共性原则。
- 掌握牛肢蹄结构特点和肢蹄病的主要发病原因。
- 掌握牛肢蹄结构方面的解剖学特点和力学特点。
- 掌握牛主要肢蹄病防控及护蹄的基本理论知识。

【能力目标】

- 掌握牛肢体骨折诊断、治疗的基本技术、技能。
- 掌握常见变形蹄的整形要点和治疗方法。
- 掌握修蹄器械、设备的使用和维护技术。
- 掌握开放性骨折和闭合性骨折的临床诊治技术。
- 能胜任牛场一般的修蹄护蹄及骨折诊疗岗位工作。

【素质目标】

- 培养爱农村、爱农业、爱劳动、不怕苦不怕累的实干精神。
- 培养理论联系实际,在实践中不断学习成长的良好品质。
- 培养学生发现问题、分析问题、解决问题的综合素质。
- 培养学生助人为乐、互相理解、互相支持的团队精神。

肢蹄一体,牛四肢病可引起肢势及蹄底负重异常,蹄底磨灭异常,从而导致变形蹄或蹄病发生。蹄病也会促进关节疾病及四肢肌肉、骨骼疾病发生。准确诊断、及时治疗四肢疾病对控制肢蹄病发生有重要的意义。

子任务一　牛四肢骨折

当外力超过了骨所能承受的极限应力时,外力作用部位骨的完整性或连续性就会遭受机械性破坏而发生骨折。骨折的同时常伴有周围软组织不同程度的损伤。

骨折是奶牛较常见的一种四肢外伤性疾病,如果治疗处理不当会使牛丧失饲养价值或肢体变形或肢势异常。

一、骨折的病因

骨折多数为偶发的损伤,主要与饲养管理和保定不当等因素有关。

(一)外伤性骨折

1. 直接暴力

骨折多发生在打击、挤压、火器伤等各种机械外力直接作用的部位。如车辆冲撞、重物压轧、蹴踢、角抵、跌摔等,骨折大都伴有周围软组织的严重损伤。

2. 间接暴力

指外力通过杠杆、传导或旋转作用而使远处发生骨折。如奔跑中扭闪或急停、跨沟滑倒等,可发生四肢长骨、髋骨或腰椎的骨折;肢蹄嵌夹于洞穴、地漏缝隙等时,肢体常因急旋转而发生骨折。

(二)病理性骨折

病理性骨折是指骨在本身的病理性因素作用下发生的骨折。如患有骨髓炎、骨疽、神经营养性骨萎缩、慢性氟中毒、骨质疏松等情况下的病理性骨折,这些处于病理状态下的骨骨质疏松脆弱,遭受不大的外力,也可引起骨折。另外,肌肉突然强烈收缩,可导致肌肉附着部位的骨发生撕裂。

二、骨折的分类

(一)按骨折病因分类

可分为外伤性骨折和病理性骨折。

(二)按骨折处皮肤是否破损分类

1.闭合性骨折

骨折部皮肤或黏膜的完整性未被破坏,骨断端不外露。

2.开放性骨折

骨折伴有皮肤或黏膜破裂,骨断端外露。此种骨折病情严重,容易发生感染化脓。

(三)按有无合并损伤分类

1.单纯性骨折

骨折部不伴有主要神经、血管、关节或其他器官的损伤。

2.复杂性骨折

骨折时并发邻近重要神经、血管、关节或器官的损伤。如股骨骨折并发股动脉损伤,骨盆骨折并发膀胱或尿道损伤等。

(四)按骨损伤的程度和骨折形态分类

1.不全骨折

骨的完整性或连续性仅有部分中断,如发生骨裂或骨膜下骨折。

2.全骨折

骨的完整性或连续性完全被破坏。骨折处形成骨折线。根据骨折线的方向不同,可分为横骨折、纵骨折、斜骨折、螺旋骨折、嵌入骨折、穿孔骨折等;如果骨断离成两段(块)以上,称粉碎性骨折。

三、骨折的症状

(一)骨折的特有症状

1.局部变形

两断端因受伤时的外力、肌肉牵拉力和肢体重力的影响等,造成骨折段的移位。常见的有成角移位、侧方移位、旋转移位、纵轴移位(包括重叠、延长或嵌入)等。骨折后的患肢呈弯曲、缩短、延长等异常姿势。诊断时可把健肢放在相同位置,仔细观察和测量肢体有关段的长度并两侧对比。

2.异常活动

正常情况下,肢体完整而不活动的部位,在骨折后负重或做被动运动时,出现屈曲、旋转等异常活动。

3.骨摩擦音

骨折两断端互相触碰,可听到骨摩擦音,或有骨摩擦感。但在不全骨折、骨折部肌肉丰厚、局部肿胀严重或断端嵌入软组织时,通常听不到。骨骺分离时的骨摩擦音是一种柔软的捻发音。

诊断四肢长骨骨干骨折时,常由一人固定近端后,另一人将远端轻轻晃动。若为全骨折时可以出现异常活动和骨摩擦音。

(二)骨折的其他症状

1. 出血与肿胀

骨折时骨膜、骨髓及周围软组织的血管破裂出血,经创口流出或在骨折部发生血肿,加之软组织水肿,造成局部显著肿胀。闭合性骨折时肿胀的程度决定于受伤血管的大小、骨折的部位,以及软组织损伤的轻重。肋骨、髋骨、掌(跖)骨等浅表部位的骨折,肿胀一般不严重;臂骨、桡骨、尺骨、胫骨、腓骨等的全骨折,大都因溢血和炎症,肿胀严重,皮肤紧张发硬,致使骨折部不易摸清。随着炎症的发展,肿胀在伤后数日内很快加重,如不发生感染,经过10多天后逐渐消散。

2. 疼痛

骨折后骨膜、神经受损,病畜即刻感到疼痛,疼痛的程度常随骨折的部位和性质反应各异。在安静时或骨折部固定后疼痛表现较轻,触碰或骨折断端移动可使疼痛加剧。骨裂时,用手指压迫骨折部,呈现线状压痛。

3. 功能障碍

骨折后因肌肉失去固定的支架,以及剧烈疼痛而引起不同程度的功能障碍,在骨折后会立即发生。例如,四肢骨骨折时突发重度跛行;不全骨折的功能障碍不如全骨折明显。

(三)全身症状

四肢骨骨折一般全身症状不明显。闭合性骨折在骨折发生2～3 d后,会因组织损伤后坏死分解产物和血肿的吸收,引起轻度体温升高。骨折部若继发感染时,体温升高,局部疼痛加剧,食欲减退。

四、骨折诊断

根据外伤史和局部症状,一般不难诊断。根据需要可用下列方法做辅助检查。

(一)X射线检查

对诊断骨折有重要参考价值,可以清楚地了解到骨折的形状、移位情况、骨折后的愈合情况等。

(二)直肠检查

用于大动物髋骨或腰椎骨折的辅助诊断,常有助于了解骨折部变形或骨的局部病理变化。

(三)骨折传导音的检查

可用听诊器以骨折任何一端骨隆起的部位作为收音区,以叩诊锤在另一端的骨隆起部轻轻叩打,病肢与健肢对比。根据骨传导音质与音量的改变,判断有无骨折发生。正常骨的传导音清脆、有实质感,骨折后音变钝而浊、弱,有时甚至听不清楚。

开放性骨折除具有上述的变化外,可以见到皮肤及软组织的创伤。有的形成创囊,骨折断端暴露于外,创内变化复杂,常含有血凝块、碎骨片或异物等,容易继发感染化脓。

五、骨折治疗

骨折的治疗方法较多,也很细致,结合治疗价值和奶牛兽医临床情况,在此对奶牛骨折常用的治疗方法做介绍。

(一)闭合性骨折的治疗

包括复位与固定和功能锻炼两个环节。

1.复位与固定

四肢是以骨为支架、关节为枢纽、肌肉为动力进行运动的。骨折后支架丧失,不能保持正常活动。骨折复位就是使移位的骨折段重新对位,重建骨的支架作用。治疗处理越早越好,力求做到一次整复成功。为了使复位顺利进行,应尽量使复位时无痛和局部肌肉松弛。一般应在侧卧保定下进行,可选用全身麻醉、局部神经传导麻醉或不麻醉。奶牛后肢骨折,可用硬膜外腔麻醉或全身麻醉;如果病牛性情温驯,骨折较单纯,容易整复,可不麻醉。

(1)闭合复位与外固定。闭合复位与外固定在兽医临床中应用最广,适用于大部分四肢骨骨折。整复前应该使病肢保持于伸直状态。前肢可由助手以一手固定前臂部,另一手握住肘突用力向前方推,使病肢肘以下各关节伸直;后肢则一手固定小腿部,另一手握住膝关节用力向后方推,肢体即伸直。

轻度移位的骨折整复时,可由助手将病肢远端适当牵引后,术者对骨折部采取托压、挤按,使断端对齐、对正;若骨折部肌肉强大,断端重叠而整复困难时,可在骨折段远、近两端稍远离处各系上一绳,按“欲合先离,离而复合”的原则,先轻后重,沿着肢体纵轴做对抗牵引,然后使骨折的远侧端凑合到近侧端,根据变形情况整复,以矫正成角、旋转、侧方移位等畸形,力求达到骨折前的原位。复位是否正确,可以根据肢体外形,抚摸骨折部轮廓,在相同的肢势下,按解剖位置与对侧健肢对比,以观察移位是否已得到矫正。有条件的最好用X射线检查判定。在兽医临床上,粉碎性骨折和肢体上部的骨折,在较多的情况下只能达到功能复位,即矫正重叠、成角、旋转,有的病例骨折端对位即使不足1/2,只要两肢长短基本相等,肢轴姿势端正,角度改变不大,大多数病畜经较长一段时间后,可逐步自然矫正而恢复功能。

外固定在兽医临床中应用最多,临床常用的外固定方法有夹板绷带固定法和石膏绷带固定法。

夹板绷带固定法:采用竹板、木板、铝合金板、铁板等材料,制成长、宽、厚与患部相适应,强度能固定住骨折部的夹板数条。包扎时,将患部清洁后,包上衬垫,于患部的前、后、左、右放置夹板,用绷带缠绕固定。包扎的松紧度,以不使夹板滑脱和不过度压迫组织为宜。为了防止夹板两端损伤患肢皮肤,里面的衬垫应超出夹板的长度或将夹板两端用棉纱包裹。

国外广泛应用热塑性塑料夹板代替木制夹板作外固定材料,其优点是使用方便,70～90 ℃热水即可使之软化塑型,在室温下很快硬固成型,重量轻、透水、透气、透光。还有“弹性记忆”,加热后可恢复原状,便于重复使用。

石膏绷带固定法:石膏具有良好的塑形性能,制成石膏管与肢体接触面积大,不易发生压疮,对犊牛四肢骨折有较好固定作用。对青年牛或成年牛,石膏管最好夹金属板、竹板等加固。

改良的Thomas支架绷带,是用小的石膏管,或夹板绷带,或内固定固定骨折部,外部用金属支架像拐杖一样将肢体支撑起来,以减轻患部承重。该支架用铝或铝合金管制成,其他金属材料亦可,管的粗细应与动物大小相适应。支架上部为环形,可套在前肢或后肢的上部,舒适地托于肢与躯体之间,连于环前后侧的支杆(可根据需要和肢的形状做成直的或弯曲的)向下伸延,超过肢端至地面,前后支杆的下部要连接固定。使用时可用绷带将支架固定在肢体上。

这种支架也适用于不能做石膏绷带外固定的桡骨及胫骨的高位骨折。

近年来，国内外对石膏的代用材料研究较多。用树脂和玻璃纤维制成的外固定管具有重量轻、强度高的优点。水固化高分子绷带在室温下浸于水中 30 s 即开始硬化，10 min 可固化成形，30 min 可达到最大硬度，重量轻，强度高，已在兽医临床上应用。

(2) 切开复位与内固定。用手术的方法暴露骨折段进行复位。复位后用对畜体组织无不良反应的金属内固定物，或用自体或同种异体骨组织，将骨折段固定，以达到治疗的目的。

切开复位与内固定是在直视下进行手术，以使骨折部尽量达到解剖学复位和相对固定的要求。但是切开复位与内固定存在不少缺点，例如手术必须分离一定的组织和骨膜，可破坏骨折血肿和损伤骨膜，导致骨折愈合延迟；局部损伤后易于继发感染，引起骨髓炎；采用人医所用内固定材料对成年牛的骨折，常因固定不够牢固，术后易于松动、弯曲或破坏而失败；骨折愈合后，某些内固定物需要再次手术拆除；医疗费用较多等，这些缺点大大地限制了它的使用范围。但在兽医临床上，当遇到骨折断端间嵌入软组织，闭合复位困难时；整复后的骨折段有迅速移位的倾向时(特别是四肢上部的骨折)；陈旧性骨折或骨不愈合时，以及用闭合复位外固定不能达到功能复位的要求时，采用切开复位与内固定。近年来，用内固定结合外固定治疗奶牛四肢骨折也有一些报道，但应该考虑其经济价值。接骨板固定法(图 7-10)是内固定中应用最为广泛的一种方法。

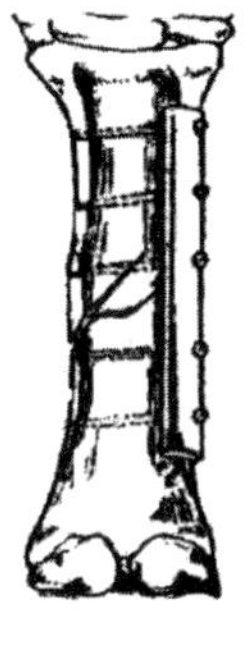

图 7-10　接骨板固定

(家畜外科学，郭铁)

接骨板固定法是用不锈钢接骨板和螺丝钉固定骨折段的内固定法。

接骨板的种类和长度，应根据骨折类型选购，特殊情况下需自行设计加工。固定接骨板的螺丝钉，其长度以刚能穿过对侧骨密质为宜，过长会损伤对侧软组织，过短则达不到固定目的。螺丝钉的钻孔位置和方向要正确。为了防止接骨板弯曲、松动或毁坏，绝大部分病畜需加用外固定，特别是对大动物，并用外固定是必需的。

近年来，在小动物和大动物外科临床上，普通的接骨板固定已被压拢技术所取代。所谓压拢技术就是使骨折断端对接的断面之间密切接触，并产生一定的压力，从而使骨折部产生最少的骨痂，达到最迅速的愈合。这种技术一般可采用牵引加压器械来进行。如果没有这种设备，在使用接骨板时，也应注意尽力压紧骨折断端后再拧螺丝固定。

2. 功能锻炼

功能锻炼可以改善局部血液循环，增强骨质代谢，加速骨折修复和病肢的功能恢复，防止产生广泛的病理性骨痂、肌肉萎缩、关节僵硬、关节囊挛缩等后遗症。它是治疗骨折的重要组成部分。

骨折的功能锻炼包括早期按摩，对未固定关节做被动的伸屈活动、牵行运动及定量使役等。

(1)血肿机化演进期。伤后 1～2 周内，病肢局部肿胀、疼痛，软组织处于修复阶段，容易再发生移位。功能锻炼的主要目的是促进伤肢的血液循环和消肿。可在绷带下方进行搓擦、按摩，以及对肢体关节做轻度的伸屈活动，也可同时涂擦刺激药。这一时期的最初几天，奶牛通常要协助起卧，要十分注意对侧健肢的护理。

(2)原始骨痂形成期。一般正常经过的骨折，2 周以后局部肿胀消退，疼痛消失，软组织修复，骨折端已被纤维连接，且正在逐渐形成骨痂。此期的功能锻炼，以改善血液循环、减少并发症，最好能关在一间小的土地面的厩舍内，任之自由活动，地面要保持清洁干燥。或是开始逐步牵行运动。一般在最初几天牵行运动后，大多数病畜可出现全身性反应，而且跛行常常加重，但以后可逐渐好转。

（3）骨痂改造塑型期。当病畜已开始正常地用病肢着地负重时，可逐步进行定量的运动、负重以加强患肢的主动活动，促使各关节能迅速恢复正常功能。

（二）开放性骨折的治疗

新鲜而单纯的开放性骨折，要在良好的麻醉或保定条件下，及时而彻底地做好清创，对骨折端正确复位，创内撒布抗菌药物。创伤经过彻底处理后，根据不同情况，可对皮肤进行缝合或部分缝合，尽可能使开放性骨折转化为闭合性骨折，装夹板绷带或有窗石膏绷带暂时固定，并按病情需要更换外固定物或做其他处理。

软组织损伤严重的开放性骨折或粉碎骨折，可按扩创术和创伤部分切除术的要求进行外科处理。手术要细致，尽量少损伤骨膜和血管。分离筋膜，清除异物和无活力的肌、腱等软组织，以及完全游离并失去血液供给的小碎骨片。用骨钳或骨凿切除已污染的表层骨质和骨髓，尽量保留与骨膜相连的软组织，且保有部分血液供给的碎骨片。大块的游离骨片应在彻底清除污染后重新植入，以免造成大块骨缺损而影响愈合，然后将骨折端复位。如果创内已发生感染，必要时可做反对孔引流。局部彻底清洗后，撒布一定量抗菌药物，如青霉素鱼肝油等。按照骨折具体情况，做暂时外固定，或有窗石膏绷带，用有窗石膏绷带时要露出“窗口”，便于换药处理。

在开放性骨折的治疗中，控制感染化脓十分重要。必须全身应用足量（常规量的 1 倍）敏感的抗菌药物 2 周以上。

（三）骨折的药物疗法和物理疗法

多数临床兽医认为用一定的辅助疗法，有助于加速骨折的愈合。骨折初期局部肿胀明显时，宜选用有关的中草药外敷，同时结合内服有关中药方剂。

为了加速骨痂形成，增加钙质和维生素亦是需要的。可在饲料中加喂骨粉、碳酸钙和增加青绿饲草等。幼畜骨折时可补充维生素 A、维生素 D 或鱼肝油。必要时可以静脉补充钙剂。

骨折愈合的后期常出现肌肉萎缩、关节僵硬、骨痂过大等后遗症。可进行局部按摩、搓擦，增强功能锻炼。同时，配合物理疗法，如石蜡疗法、温热疗法、直流电钙离子透入疗法等，以促使其早日恢复功能。

子任务二　截指（趾）术

一、截指（趾）术适应症

当牛在外力因素作用下，一指（趾）蹄匣损伤严重，难以愈合，或蹄关节、冠关节发生严重化脓性感染时，我们可以考虑选用截指（趾）术。当感染进入蹄关节或冠关节形成化脓性关节炎时，做外部治疗是无效的。对于一肢来说，截去一指（趾）后对侧指（趾）的结构、功能会代偿性增强，患牛行走时外观无异常。

二、牛截指(趾)术的截指(趾)高度确定

手术的截指(趾)高度或位置确定有一定的多样性，临床上主要有以下几种截指(趾)截断部位：

(1)在蹄关节做关节断离术，切口低于蹄冠水平，让角质再生以便保护残端。

(2)直接在冠关节处做关节断离术。

(3)在冠骨的中央做指截指(趾)术。

(4)还可在系骨(第一指节骨)水平截断。

牛的大掌骨或跖骨在其远端分开，由第3指(趾)和第4指(趾)组成了一对蹄，以便与两组指节骨形成关节。牛的两个掌指关节或两个跖趾关节是相互沟通的，所以截趾术不应高于第一指(趾)骨的中部。

在此，我们对经第一指(趾)骨中部的截趾术操作方法做介绍。

三、保定及术部处理

将牛侧卧保定，病肢在上方；或在修蹄架上，由蹄冠部至系关节处剃毛消毒，趾间皮肤及蹄部应彻底清洗、除毛，然后用0.1%新洁尔灭清洗消毒皮肤，再涂碘酊、酒精棉球脱碘。

(一)麻醉

采用局部麻醉。后肢跖神经封闭应在跗关节下方8～10 cm处进行，用2%～5%普鲁卡因5～10 mL沿深屈腱的内侧缘和外侧缘分别注射2点，封闭两条神经。

术部采取掌神经或跖神经传导麻醉，在腕关节或跗关节下方约8～10 cm处，系关节下方软组织以及与指之间可用2%～5%盐酸普鲁卡因浸润麻醉。

(二)术式

切开前，用一根止血带在系关节上方紧紧系好，以防止出血，蹄部可以用外科锯或产科钢丝锯(图7-11)，也可用双筒管来控制钢丝锯。

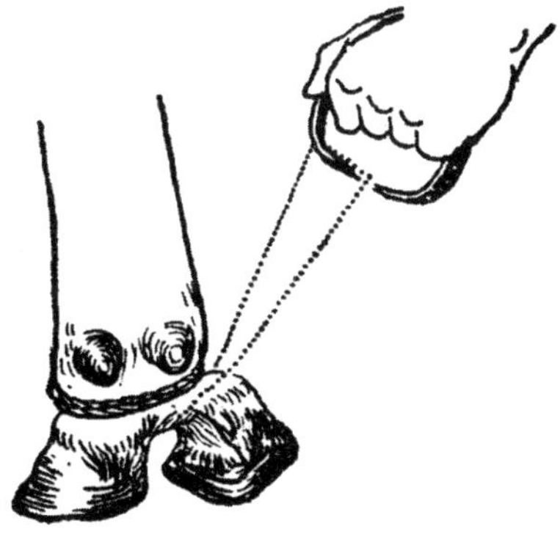

图7-11　牛截指(趾)术

(奶牛疾病学，齐长明)

皮肤及皮下组织切口可由悬蹄下方及第一指骨的中央开始，多用一些压力切开所有软组织，一直切至骨部分，继续向下切开一直至接近冠状带，略向前弯曲继续在冠状带上方，切口接近第一指骨的前方时应向上弯曲，继续超过第一指骨的中央部一直至系关节直下方。第二次切口开始于第一切口之处，向侧方呈一曲线再继续向内侧面同样进行切开，尽可能将皮肤保留下来，一直遇到第一指骨前方的第一次切口为止，将第一指骨周围的软组织由外侧和内侧加以分离，应略比需要截断部位稍长一些。将侧方皮瓣拉起，用骨锯在第一指骨中央部分作向下和向外倾斜进行锯开，移去趾骨，放松止血带，看看有无任何血管出血以便加以结扎。止血是非常重要的，因为分解的血液在创口可以延迟愈合。

用结节缝合法缝合2片皮瓣，缝合时下方留一小开口以便引流。创伤内可撒一些抗生素或磺胺粉。最后用敷料盖于术部，用绷带加以包扎，最外面一层绷带涂上水玻璃，避免受到尿、

水、粪的浸泡。一般在 3～4 d 拆去包扎的绷带，换药观察。

(三)术后护理

要将病牛置于干燥、清洁的圈舍内；术后护理以防止感染为主。

子任务三　新生犊牛屈腱挛缩治疗技术

新生犊牛屈腱挛缩是牛场较为常见的一种疾病，除严重的屈腱挛缩病例外，其手术治疗有较高的治愈率，治疗方面的经济效益显著。

一、病因

新生犊牛屈腱挛缩有先天性与后天性两种。先天性屈腱挛缩的病因尚不完全清楚，应考虑到遗传关系，如先天的腱短缩，以及钙、磷代谢紊乱和维生素 A、维生素 D 缺乏。本病常发生于犊牛，多为两前肢，而后肢基本不发生。

后天性幼畜屈腱挛缩的原因，主要是幼畜在发育期间完全舍饲，运动不足，全身肌肉不发达，消化障碍，营养不良所引起。风湿性肌炎、佝偻病也能诱发此病。有的腱挛缩继发于腕腱鞘炎、指腱鞘炎及腱损伤。

二、临床症状

犊牛的屈腱挛缩(图 7-12)根据程度不同，表现多种多样。先天性的某些屈腱挛缩较轻的病例，以蹄尖负重，行走时容易猝跌，球节腹屈。挛缩重的球节基本不能伸展，球节前面接触地面行走。

后天性屈腱挛缩，指浅屈肌腱挛缩时，蹄踵仍可接地面，球节屈曲。指屈深肌腱挛缩时，蹄踵高抬，离开地面，更严重者仅能以蹄尖壁接触地面。

不论先天性或后天性的屈腱挛缩，球节前面接触地面时，不久引起创伤，损伤关节，往往并发化脓性关节炎。

图 7-12　犊牛先天性屈腱挛缩

(规模化牧场奶牛保健与疾病防治，侯引绪)

三、治疗

先天性幼畜屈腱挛缩，包扎石膏绷带或夹板绷带，在打绷带同时应将患肢的球节拉开使蹄负面完全着地。用石膏绷带固定是可以矫正的，但必须注意预防发生褥疮。

后天性挛缩，可试用石膏绷带固定矫正。屈腱挛缩较重的幼畜，有必要做腱切断术。

视频 15
犊牛屈腱挛缩

犊牛先天性腱挛缩，犊牛出生后就以蹄尖或蹄前壁着地，当用夹板绷带不能矫正其变形使蹄变成正常姿势时，就应当进行腱切断术。中等程度的腱挛缩可采用指(趾)浅屈肌腱切断术进行矫正。严重的腱挛缩，应做指(趾)深屈肌腱切断术进行矫正。

(一)保定

犊牛先天性腱挛缩常常发生在两前肢,采取右侧卧保定,将两后肢捆绑在一立柱上,两前肢的腕关节以上部分捆绑在另一个立柱上,腕关节以下呈游离状。

(二)麻醉

速眠新或静松灵全身麻醉,剂量为 1 mL/100 kg(体重),肌内注射,也可仅做局部浸润麻醉。

(三)切口定位

指(趾)浅屈肌腱和指(趾)深屈肌腱切断术均可在掌(跖)中部的内侧做切口,一般切口长 2.5～3 cm。

(四)手术方法

指(趾)浅屈肌腱切断术:在指(趾)浅屈肌腱和指(趾)深屈肌腱之间的交界处,做一 2.5～3 cm 的皮肤切口,止血钳分离皮下组织,显露屈腱,用止血钳将指(趾)浅屈肌腱和趾深屈肌腱之间的联系分离后,用手术刀伸入两腱之间隙中,将指(趾)浅屈肌腱切断(图 7-13)。皮肤切口用丝线或羊肠线进行缝合。

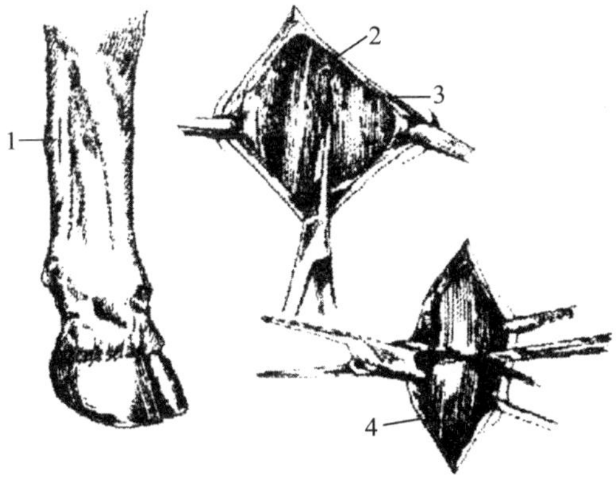

1. 皮肤切口　2. 指(趾)浅屈肌腱　3. 指(趾)深屈肌腱　4. 切断的指(趾)浅屈肌腱远端

图 7-13　犊牛先天性屈腱挛缩手术

(奶牛疾病学,齐长明)

指(趾)深屈肌腱切断术:在指(趾)深屈肌腱的前缘做一 2.5 cm 皮肤小切口,用止血钳经皮肤小切口内伸入,止血钳紧紧贴着指(趾)深屈肌腱前面向对侧进行钝性剥离,并将掌心内外侧动脉、静脉和掌神经剥离至腱的前面去,剥离的间隙后面仅有指深和指浅屈肌腱,术者左手指在指(趾)的对侧感觉钳端是否已剥离到对侧皮下,待到达对侧皮下后即可退出止血钳,术者持手术刀经分离的间隙平行于腱插入,然后将手术刀旋转 90°,使刀刃对着指(趾)深屈肌腱,术者固定手术刀,令助手抓持犊牛蹄部缓缓用力伸直患肢,使指(趾)深屈肌腱紧张,在指(趾)深屈肌腱紧张的状态下手术刀就切断了该腱。然后退出手术刀,检查患肢的腱挛缩是否被矫正,若没有矫正过来,应检查指(趾)深屈肌腱是否被完全切断了,只要指(趾)深屈肌腱被完全切断了,腱的挛缩就可完全矫正。缝合皮肤切口,用灭菌纱布包扎保护。

(五)术后护理

对患肢装置夹板绷带,使肢蹄保持正常形态。夹板绷带装置时间10～12 d,然后解除绷带并拆除缝线。

术后用青霉素、链霉素肌内注射3 d,或头孢类药物控制切口的感染。

术后对犊牛适当补钙和补充维生素A,以纠正其佝偻病的发生。

个别严重的屈腱挛缩手术治疗无效。

子任务四　牛腕前皮下黏液囊炎

腕前皮下黏液囊炎(图7-14)俗称“膝瘤”,也叫“腕关节水瘤”。主要发生于牛和羊,多为一侧性,有时也可同时发病。

黏液囊存在于皮肤、筋膜、韧带及肌肉下面,骨及软骨突起的地方也有黏液囊,内有黏液,其主要作用于是减少摩擦。黏液囊有先天性的也有后天性的,后天性的黏液囊是由于摩擦引起组织分离形成裂隙而成。除腕前皮下黏液囊炎外,易形成黏液囊炎的还有枕部、鬐甲部、肘头、坐骨结节部、膝前部、跟结节部的黏液囊。

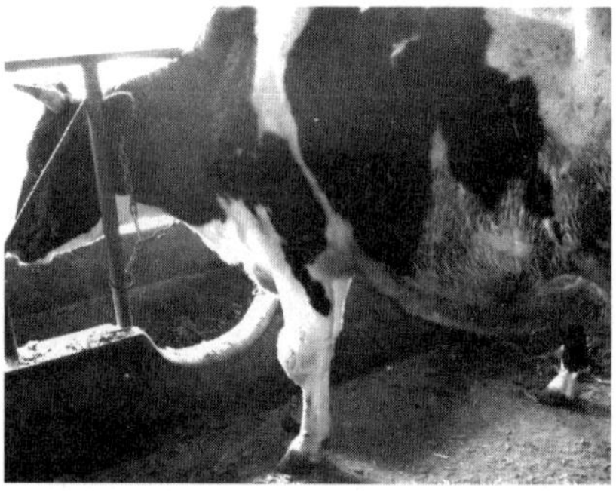

图7-14　牛腕前皮下黏液囊炎(左前肢)

(侯引绪摄)

腕前黏液囊炎是奶牛兽医临床上常见的一种黏液囊炎,腕前黏液囊炎的下方是第三腕骨和桡骨远端、旁边还有指总伸肌腱鞘(腕桡侧伸肌腱腱鞘)。

一、病因

1.圈舍地面坚硬粗糙,奶牛在长期的起卧过程中因腕关节前部反复摩擦所致。

2.饲槽设计不合理,腕关节前面长期碰撞饲槽、栏杆等所致。

3.跌跤、碰撞、击打等因素。

4.布鲁氏菌病可并发或继发腕前皮下黏液囊炎,布鲁氏菌病可引起关节炎,从而导致了腕前皮下黏液囊炎发生。

二、临床症状

腕关节前面出现局限性隆起,由大变小,无痛、无热、质地柔软而具有波动。随时间延长,肿胀处的皮肤脱毛、增厚。肿胀随时间的延长而逐渐增大,在奶牛可达篮球大小。

肿胀的内容物多为浆液性,内有一些纤维絮块、血液,如果化脓可成为化脓性黏液囊炎。

一般不引起运动障碍,除非黏液囊肿胀至体积很大时可引起机械障碍。其内容物大多数情况下是无菌的,但在个别病例中发现过布鲁氏菌。一般无全身症状,如果引起化脓感染则可出现不同程度的全身症状,也可引起生产性能下降。

三、诊断

主要依据临床症状进行诊断,无痛、无热,肿胀位于腕前面略下方,这是此病的临床特征。

诊断时要注意和腕桡侧伸肌腱的腱鞘炎相区别。腕桡侧伸肌腱的腱鞘炎，呈纵行的分节状肿胀，指压时肿胀内的液体可互相流动。患急性腕桡侧伸肌腱的腱鞘炎，有跛行症状。

另外，也要注意和腕关节滑膜炎相区别。腕关节滑膜炎的肿胀位于腕关节的上方和侧方，触压时有疼痛感。患急性腕关节滑膜炎时有运动机能障碍。

四、治疗

（一）较轻的病例

可外涂碘酊或95%酒精，通过加强护理就可恢复。

（二）较重病例

可穿刺放液，然后注入青霉素、链霉素和皮质激素类药物进行治疗，隔1～2 d重复用药1次。还可装压迫带，或选用封闭治疗。

（三）严重病例

（1）向黏液囊中注入5%硫酸铜或碘酊，破坏黏液囊内壁后，再切开、刮除、冲洗、用药包扎。

（2）手术摘除。在肿胀的前面、正中、稍下方，做一梭形切口，将黏液囊整体剥离、清洗，用药，修正后结节缝合，包扎。多余皮肤不要切去，以免皮肤收缩，切口裂开。

子任务五　牛髋关节脱位

髋关节脱位可发生于各种动物，但相对而言奶牛较为多发，因为牛的髋臼较浅，股骨头呈球状，其颈粗大，从骨的长轴向内突出，髋臼边缘有三个切迹，即前外、前内和后内切迹，为了使浅的髋臼能容纳股骨头，在髋臼边缘有纤维软骨加强，并跨越这些切迹。股骨头窝和髋臼窝由股骨头韧带连接并附着。

髋关节脱位可分为全脱位和不全脱位。前者为股骨头从髋臼完全脱出并移位，后者为股骨头与髋臼仍保持着部分联系。

一、病因

最常造成本病的原因是外伤性因素，滑倒、跌倒、碰撞，特别是摔倒时两后肢叉开更易发生髋关节脱位；发情牛追爬是引起此病的一个多发因素；保定时后肢转位不合理，牛爬卧综合征，产后闭孔神经损伤等也可引起此病。

另外，缺乏运动，患骨质疏松症也是此病发生的原因之一。

二、临床症状

髋关节脱位常为一侧性，常发于2～5岁的牛。在脱位之中，前上方脱位在髋关节脱位中较为常见，占髋关节脱位的80%。

后方脱位股骨头移位于坐骨外下方，站立时病肢向侧方叉开，并比健侧肢长，患肢臀部皮肤特别紧张，股二头肌前方出现一沟，转子处也有一凹陷，运步时呈三脚跳，病肢只能以蹄尖拖曳前进，并呈外展，迅速向后提举患肢时，可听到移位骨的摩擦音。

内方脱位股骨头移位于耻骨横枝下方或移位于闭孔内，移位于耻骨横枝下方时，患肢呈现短缩，髋股关节上方出现凹陷，膝关节部皮肤形成皱襞，运步时很难以病肢负重，拖曳患肢前进并向外划弧。运动时外展容易，但内收则受到限制。

移位于闭孔内时，也可见到病肢短缩，内收和外展患肢都非常容易，运步时患肢不能完全负重，只能以蹄尖沿地拖曳前进。直肠检查时可在闭孔内发现移位的股骨头，奶牛如损伤闭孔神经时，可出现闭孔神经麻痹症状。

外上方脱位股骨头移位于髋臼上方，站立时患肢显著短缩，且呈内收和伸展状态，同时肢的背侧面转向外方，跗关节可比对侧高数厘米，关节部变形，转子的轮廓可变得很明显，运步时病肢拖曳前进并向外划大圈，转出的转子在运步时可前后运动，以手掌放在凸出部可感觉到它的移动。

髋关节不全脱位时，也可突发重度混合跛行，但患肢仍可负重。髋股关节常不变形或变形很轻微。

三、诊断

根据临床表现和病史可做出诊断，影像学检查可证明股骨头脱位情况，但需用 200 mA 以上的大型 X 光机，并需全身麻醉。直肠检查对腹侧脱位有诊断价值。

四、预后

发病后 24 h 还有可能整复，以后由于肌肉收缩和软组织纤维化，整复非常困难。对于新发病例，即使整复成功，常常发生重新脱位，所以预后慎重。

五、治疗

犊牛可用闭合整复，在全身麻醉下将牛放倒，利用杠杆作用整复。支点放在股骨远端内面，患病肢向远后侧牵引，使膝关节向内旋转，跗关节向外旋转，在支点的作用下，股骨头有外展和向后下方移动的可能性，不断调整牵引方向，检查支点是否合适，直到整复成功。复位后向髋关节四周分点注射 95% 的酒精，可提高治疗效果。

一般情况，在脱位后 24 h 内整复，效果较好。超过 24 h 的病例，整复不易成功，即使成功，也容易发生重新脱位。

子任务六　牛肩关节脱位

成年牛较少发生肩关节脱位，相对而言，犊牛比成年牛发病率要高。

一、病因

跌倒时，肢压在身下，特别是前肢过度屈曲时，容易造成肩关节脱位。严重的肩部损伤也可并发肩关节脱位。犊牛副伤寒时有一些病例会并发肩关节脱位。

二、临床症状

牛站立时，可见肩关节轮廓变形，肢外展并短缩。运步时，有明显跛行。触诊局部，动物有疼痛反应。

三、治疗

在刚发病时，及时整复可能成功，将患病牛倒卧保定，给以镇静剂或麻醉剂（速眠新或静松灵），使肌肉松弛，将肢向后下方牵引，并用力强压臂骨头，使其复位。奶牛肩关节窝较深，整复后一般不会再发。

子任务七 牛膝关节脱位

由不同原因使膝盖骨位置发生改变而固定于其他位置时，称为膝盖骨脱位。由于膝盖骨脱出的方向不同，分为向上脱位（上方脱位）和向外脱位（外侧脱位），其他方向的脱位在奶牛中罕见。脱位后如关节面仍保持部分接触时称为半脱位。有的牛经常出现脱位，脱位后可自然复位，这种脱位称习惯性脱位。脱位一般为后天性脱位，也有先天性脱位。

一、病因

直接引起本病的原因是滑倒、跌跤、跳跃、外力撞击等致使膝直韧带伸张，同时股四头肌强力收缩，常引起膝盖骨向上脱位，膝盖骨移位到内滑车嵴顶端，并被内侧直膝韧带的张力支持和固定，膝盖骨下缘牢固地嵌固在股骨内滑车嵴上缘，膝盖骨不能自由降下。由于某些原因，如创伤引起内直膝韧带或膝内侧韧带和十字韧带剧伸、弛缓或断裂；严重的慢性关节炎，可引起膝盖骨向外脱出，形成向外脱位，这是成年奶牛常见的病因。

在犊牛，向外脱位多为先天性的，可能是一侧脱位，还可能是两侧脱位，可能是完全和持续性脱位，也可能是部分和间歇性脱位。先天性的膝盖骨向外脱位与股骨滑车嵴及有关韧带结构发育不良有关。

结构有缺陷和股四头肌痉挛以及直膝韧带松弛等都是本病的病因。有人认为，营养不良和遗传因素也是此病的病因。

二、临床症状

膝盖骨向上脱位多见，有的牛发生于妊娠后期。膝盖骨向上脱位时，安静站立下，患肢的膝关节和跗关节高度伸展，并向后伸出，人为屈曲也不可能。不但膝关节不能屈曲，其以下各关节也不能屈曲。运步时，患肢拖着前进，不能伸出，同时高度外展，或以蹄尖划地，或根本不能着地，呈现三脚跳（少见）。触诊膝关节时，可发现膝盖骨移位到上方，内直膝韧带非常紧张。轻轻以蹄尖着地，运步时，患肢着地瞬间出现崩屈，不能负重。

两侧膝盖骨向外脱位时，患病牛通常不能站立。人为帮助站立时，两后肢呈蹲伏状态。触诊膝盖骨发现其移位到滑车外侧，原来膝盖骨的位置出现凹陷，同时直膝韧带向上、向外倾斜。

膝盖骨向内脱位奶牛也可发生，症状与向外脱位类似，触诊时，膝盖骨脱至股骨滑车的内侧。膝盖骨向内脱位一般见于小于 1 月龄的犊牛。

三、诊断

膝盖骨脱位的症状很明显，诊断通常不会遇到困难，但膝盖骨向上脱位诊断时，应与痉挛性轻瘫相区别，膝盖骨外方脱位应与股神经麻痹相区别。

四、预后

膝盖骨上方脱位时，预后慎重；外方脱位时，预后可疑，常为不良；习惯性脱位时，预后可疑。

五、治疗

膝盖骨向上脱位的保守疗法有多种，有的有一定疗效。如有人用使患畜后退的办法，使脱位的膝盖骨整复；还有人用一条绳子拴在患肢系部，从后向前牵引患肢，将绳子环系于颈部，边使患畜前进，边压迫推动膝盖骨，也有整复的病例。

脱位整复后，膝关节部应涂以强刺激剂或软膏，增进炎症过程，防止脱位再发。

如用保守方法不能整复时，也可用手术整复。患病牛在全身麻醉下，横卧保定，患侧肢在下面，健肢用去势转位的方法转位，露出膝关节内侧面，局部剃毛消毒，沿内侧膝直韧带和中直膝韧带之间，避开血管，在胫骨结节上 2～3 cm，切开皮肤、皮下组织和筋膜，切口不必太大，3～5 cm 即可。露出内侧膝直韧带后，以球头刀插入内侧膝直韧带下将其切断（图 7-15）。韧带切断后，立即缝合筋膜、皮下组织和皮肤。手术后膝盖骨可马上复位，膝关节可自由屈曲。但手术实施较晚时预后应慎重。某些间歇性上方脱位病例可自发痊愈。

膝盖骨向外脱位时，可在麻醉下整复，并在内侧韧带或内直韧带处皮下注射热液体石蜡（90 ℃）或烧烙，使瘢痕组织形成，以增强韧带的固定作用。

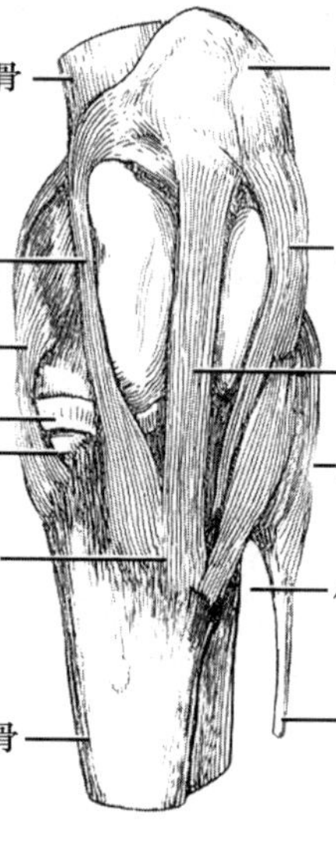

图 7-15　膝关节结构图（左侧）

（家畜解剖图谱．西北农学院）

子任务八　关 节 扭 伤

在间接的机械外力作用下，关节发生瞬间的过度伸展、屈曲或扭转，引起韧带和关节囊损伤称关节扭伤。此病是奶牛四肢关节的多发病，以系、冠、肩和髋关节扭伤最常见，此病奶牛多发，相对而言犊牛、育成牛、青年牛发病率高于成年牛。

一、病因

牛在运动中，由于失足蹬空、滑走、急转、急跑骤停、跳跃、跌倒，肢体负重瞬间失衡，一肢陷入洞穴而急速拔出等，使关节的伸、屈或扭转超越了生理活动范围，引起关节周围韧带和关节囊的纤维剧伸，发生部分断裂或全断裂。

二、临床症状

关节扭伤后立即出现跛行，站立时患肢屈曲，减负体重，以蹄尖着地或提举悬垂，运动时呈不同程度的跛行。患部肿胀，但四肢上部关节扭伤时，因肌肉丰满而肿胀不明显。触诊患部热痛，被损伤的关节侧韧带有明显压痛点，被动运动使受伤韧带紧张时，疼痛剧烈。若关节韧带断裂，则关节活动范围增大，重者可听到骨端撞击声音。当转为慢性经过时，可继发骨化性骨膜炎，常在韧带、关节囊与骨的结合部受损伤时形成骨赘。

（一）系关节扭伤

系关节扭伤时多损伤关节内、外侧韧带；有时波及关节囊。轻者稍显机能障碍，局部肿胀，有热痛反应，重者站立时以蹄尖着地，系关节屈曲，系部直立，运动时系关节屈曲不充分、不敢下沉，常以蹄尖着地前进，呈中等程度支跛，触诊患部有明显热痛、肿，被动运动患病关节时疼痛剧烈。

（二）冠关节扭伤

冠关节扭伤时多损伤关节内、外侧韧带和关节囊。临床特点基本同系关节扭伤。

（三）肩关节扭伤

奶牛常有发生，站立时患肢肩部弛缓无力、弯曲、以蹄尖着地。运动时，举扬困难、步幅缩小、弧形外划前进，呈混合跛行。触诊肩部有热痛，被动运动则剧痛不安。

（四）髋关节扭伤

站立时屈膝、跗关节，以蹄尖着地，患肢外展。运动时基本表现为混合跛行，患肢呈外展姿势，后退运动疼痛明显。触诊局部无明显变化，被动运动有疼痛反应，内收时疼痛反应更为明显。

三、治疗

本病的治疗原则是制止溢血和渗出，促进吸收，镇痛消炎，防止结缔组织增生，避免遗留关节机能障碍。

1. 制止溢血和渗出

急性炎症初期 1～2 d 内，用压迫绷带配合冷敷疗法，可用饱和硫酸镁盐水或 10%～20%硫酸镁溶液等。也可用云南白药喷剂进行治疗，必要时可静脉注射 10%氯化钙溶液或肌内注射维生素 K 等进行配合治疗。

2. 促进吸收

当急性炎症缓和，渗出减轻后，及时改用温热疗法，如温敷、温脚浴等，每日 2～3 次，每次 1～2 h。亦可涂抹中药四三一合剂（大黄 4 份、雄黄 3 份、冰片 1 份，研成细末，用蛋清调和）、扭伤散(膏)、鱼石脂软膏或用热醋泥疗法等。

如关节腔内积血过多不能吸收时，在严密消毒无菌条件下，可行关节腔穿刺排出，同时向腔内注入 0.5%氢化可的松溶液或 1%～2%盐酸普鲁卡因溶液 2～4 mL，并加入青霉素 80 万 IU，而后进行温敷配合压迫绷带；不穿刺排液，直接向关节腔内注入上述药液亦可。

3. 镇痛消炎

在采用局部疗法的同时配合封闭疗法，用 0.25%～0.5%盐酸普鲁卡因溶液 30～40 mL 加入青霉素 40 万～80 万 IU，在患肢上方穴位(前肢抢风、后肢巴山和汗沟等)注射，也可肌内或穴位注射安痛定或阿尼利定(安乃近)20～30 mL，还可全身肌内注射氟尼辛葡甲胺进行治疗。

局部炎症转为慢性时，除继续使用上述疗法外，亦可涂擦刺激剂，如碘樟脑醚合剂(碘片 20 g、95%酒精 100 mL、乙醚 60 mL、精制樟脑 20 g、薄荷脑 3 mL、蓖麻油 25 mL)、松节油、四三一合剂等，用毛刷在患部涂擦 5～10 min，若能配合温敷，则效果更好。韧带断裂时可装固定绷带。

子任务九　指(趾)部腱鞘炎和腱筒炎

此病主要发生于牛屈侧腱鞘和腱筒，伸侧腱鞘很少发病。

牛指(趾)浅屈肌腱在上籽骨上方分成两支，与骨间中肌的腱板形成两个腱筒，分别包着第三、四指(趾)的指(趾)深屈肌腱。腱筒形成后，走向上籽骨滑车沟内，其掌侧的腱筒壁变宽、变厚，过滑车沟后又变窄、变薄，并在第一指(趾)节骨近端形成缺口，为“A”形，约呈 60°。缺口边缘逐渐在掌侧消失，腱筒背侧壁至上籽骨滑车沟也开始变厚，嵌在上籽骨滑车沟上方。腱筒背侧壁在沟内的中下部形成不同大小和形状的孔洞，牛一般为裂隙或裂孔。腱筒背侧壁至第二指(趾)节骨近端并与系部背侧的组织相连接。腱筒在上籽骨上缘指(趾)深屈肌腱背侧形成大小不同的憩室，憩室壁很薄，可扩延至指(趾)深屈肌腱两侧。

各种家畜的指(趾)腱鞘结构都相似，腱鞘的壁层将腱筒和指(趾)深屈肌腱包在其内，腱鞘壁层在掌(跖)指(趾)关节后上方与腱筒壁掌侧面相连接，下面直至指(趾)深屈肌腱抵止处。腱鞘的脏层分别包在腱筒内面和外面以及腱筒憩室内、指(趾)深屈肌腱和腱系膜上，腱鞘在上籽骨上方两侧也形成盲囊，但比腱筒憩室要低。

由于腱筒和腱鞘关系密切，且覆盖的滑膜层是相连接的。腱筒腔和腱鞘腔也是相通的。所以，有炎症过程时，可同时发病。

一、病因

腱鞘和腱筒的外伤性感染可引起腱鞘炎或腱筒炎，但多发于蹄部和指(趾)间的化脓性过程，如指(趾)间蜂窝织炎、化脓性蹄关节炎、化脓性下籽骨滑膜囊炎、蹄底溃疡和潜洞等。

外伤性非化脓性炎症也可在腱鞘和腱筒看到，这多半由于腱剧伸，特别是腱系膜受到牵引时易发生渗出性腱鞘炎和腱筒炎。

二、临床症状

无败血性腱鞘炎和腱筒炎，可看到其盲囊或憩室积液，有时因渗出液体压迫组织，可引起临床机能障碍。

临床上更多见的是化脓性腱鞘炎和腱筒炎，在牛更是如此，常常侵害后肢的外侧趾。患指(趾)球节部出现一致性肿胀，慢性时呈棒槌状，除腱鞘和腱筒被侵害外，其周围结缔组织也可出现增殖。

初期在腱鞘盲囊和腱筒憩室可出现波动性肿胀，其壁逐渐增厚。并与附近的组织发生粘连，腱鞘和腱筒内的脓汁变得浓稠，其中含有大量的纤维蛋白，腱鞘壁也可能坏死，脓汁外流形成鞘外脓肿，或形成瘘管向外不断排脓。

如由外伤引起的腱鞘炎或腱筒炎，开始从伤口流出清亮的滑液。继而变成混浊的液体，并含有絮状的纤维蛋白。

三、诊断

根据症状可以确定，必要时穿刺和收集其间液体化验确诊，应注意与蹄关节炎、蜂窝织炎和脓肿做鉴别诊断。

四、预后

除了已侵害到关节或不能及时治疗的外，一般预后是好的。慢性时预后应慎重。

五、治疗

首先应排出感染的腱鞘液或腱筒液，然后用消毒液或加抗生素的液体大量冲洗。如不存在开口时，应人为做一切口，插入硬塑料管灌洗。

如腱已有坏死或存在指(趾)间和蹄底的原发病，应采取彻底的措施治疗这些病。如切除坏死的腱组织，扩开蹄底的病变，使之能彻底引流。

腱组织切除时，由于破坏了腱的支持作用，可将两指(趾)的指(趾)尖部钻洞，用金属丝连接起来，固定指(趾)的活动。

局部治疗的同时，应注意配合全身疗法和抗生素疗法。

子任务十　牛肩胛上神经麻痹

肩胛上神经来自臂神经丛较粗的神经，由 C6～C7 颈神经组成，从肩胛下肌和冈下肌之间，绕过肩胛骨前缘的切迹转到外面，分布到冈上肌和冈下肌，在前肢负重时，这些肌肉起制止肩关节外展的作用。因这根神经短而粗，易遭受损伤。牛常发生一侧性麻痹，很少两侧发病。肩胛上神经麻痹是牛肩部损伤的一种，常表现一些相似的症状，故俗称“脱膊”。

一、病因

由于肩胛上神经起源和位置易被牛舍分隔栏损伤，或肩胛骨前缘下 1/3 处受到撞击或打击，损伤该神经。牛在前进过程中，肩部剧烈外展，神经过度牵引损伤。牛横卧保定或局部注射局麻药也可引起暂时性神经麻痹。

二、临床症状

当肩胛上神经损伤时，因肩关节失去制止外展的机能，故动物站立时，其肩关节外展，与胸壁间形成一掌大的凹陷，肩关节突出，同时肘关节向外突出。病肢肩胛骨下陷，紧贴胸壁，不能随肢的运动而前后摆动，中兽医称之为“云头不翻”。当行走时，患肢提举没有障碍；悬垂阶段，外展的关节可恢复到正常的位置，凹陷完全消失，但在肢着地的瞬间，关节外展现象重新出现，并表现明显的支跛。病后1～2周，冈上肌、冈下肌发生萎缩。

急性病例可出现患肢不愿负重现象，应与肩胛骨、肱骨骨折、二头肌黏液囊炎相区别。

三、治疗

轻度神经损伤病例，不用任何治疗，4～6周内可完全恢复，肌内注射氟尼辛葡甲胺可有效促进功能恢复。

针对冈上肌和冈下肌进行按摩，2次/d，20 min/次。按摩后，局部涂擦四三一合剂或云南白药喷雾剂或红花油搽剂。

可进行局部理疗，包括脉冲电疗、感应电疗、红外线照射及电针疗法等，配合应用维生素B_1，每次肌内注射500～1 000 mg，以促进局部血液循环，加速其机能恢复，提高肌肉张力，防止肌肉萎缩。

子任务十一　牛桡神经麻痹

桡神经为混合神经，是臂神经丛中最大的一支，由C7～C9颈椎和第1胸神经组成。桡神经从臂神经丛分出之后，分支至臂三头肌和前臂筋膜张肌，然后经臂二头肌长头和内侧头进入臂骨臂肌沟向下、向外分桡浅、桡深两根神经。桡浅神经分布于前臂背外侧皮肤，桡深神经分布于前肢腕指伸肌。桡神经因其特殊的解剖部位而易受损。临床上，牛桡神经麻痹较为多见。

一、病因

牛桡神经麻痹可由直接损伤、臂骨骨折和分隔栏损伤所致。但多数发生于手术或修蹄时不合理的保定。在地面侧卧或手术台保定时，臂部远端（此处桡神经浅在）受地面不平物或粗绳索的压迫。修蹄时，前肢站立保定，臂部绳索系缚过紧也可压迫桡神经，引起神经麻痹。臂骨骨折时，其锐利断端可部分或完全损伤桡神经，但临床上不多见。

二、症状

由于支配肘关节、腕关节、指关节伸展机能的肌肉部分或全部失去作用，病牛站立时，病肢似乎变长。因关节不能固定，故肘关节下沉，腕以下关节屈曲，以蹄尖着地。运步时，因患肢不能充分上举，前伸困难，蹄前壁曳地而行，前方短步。由于患肢伸展不自由，不能越过障碍，甚至在平地行走也易跌倒。如人为固定腕关节，不让腕以下各关节屈曲，也能短时负重，但手一松开，上述症状又重新出现。

三、治疗

多数奶牛桡神经麻痹治疗有效，有的不需特殊治疗，牛放在牛舍，限制活动，以防进一步损伤，会自行好转。如确认牛在手术台或地面造成急性桡神经麻痹，应迫使牛站立并在铺垫的地方走几步，许多牛在几分钟内恢复正常。

治疗时，可在桡神经通路上按摩及用拳锤击，2 次/d，每次 10～15 min。轻者 1～2 d 好转。如患病牛未妊娠，可静脉或肌内注射地塞米松 20～50 mg，肌内注射氟尼辛葡甲胺 1～2 mg/kg，每日一次。

对严重者也可在桡神经通路涂擦 10% 樟脑酒精等刺激剂，皮下注射士的宁 10～20 mg，1 次/d，7 d 为一疗程，针刺和电针疗法通常有效。

臂骨骨折引起的桡神经麻痹预后不良。

本病的发生主要由不良的倒卧保定引起。因此，手术前应在手术台或地面铺倒牛（马）垫，并在肩部至腕部另加软垫，垫子至少 20 cm 厚。另外，卧侧前肢应放在厚垫子上，并将其前肢向前拉，确保卧侧时肘突不在躯体下，以防桡神经受压。

子任务十二　牛风湿病

风湿病是常反复发作的急性或慢性非化脓性炎症，以胶原结缔组织发生纤维蛋白变性为特征，病变主要发生于骨骼肌、心肌和关节囊中的结缔组织，该病常侵害对称性的肌肉、关节、蹄，还有心脏。我国各地的奶牛时有发生。

一、病因

风湿病的发病原因迄今尚未完全阐明。近年来研究表明，风湿病是一种变态反应性疾病，并与溶血性链球菌（医学已证明为 A 型溶血性链球菌）感染有关。已知溶血性链球菌感染后所引起的病理过程有两种：一种表现为化脓性感染，另一种则表现为延期性非化脓性并发病，即变态反应性疾病。风湿病属于后一种类型，这得到了临床、流行病学及免疫学方面的支持。

（1）风湿病的流行季节及分布地区，常与溶血性链球菌所致的疾病，如咽炎、喉炎、急性扁桃腺炎等上呼吸道感染的流行与分布有关。风湿病多发生在冬春寒冷季节。在我国北方及比较寒冷地区，溶血性链球菌感染的机会较多，风湿病发病率增高，二者在流行病学上甚为一致。

（2）风湿病发作时，病例的鼻咽部拭子培养，可获得 A 型溶血性链球菌。血清中各种链球菌抗体均增高，在风湿病静止期培养转阴性，抗体滴度也下降。至今，在临床上仍以检测抗链球菌溶血素作为风湿病的诊断指标之一。

（3）链球菌感染后 10 d 内，使用青霉素可以预防急性风湿病的发生。

（4）动物试验提供了有力的证据。把大量的链球菌抗原包括蛋白、碳水化合物及肽聚糖注入兔子后，可产生风湿病的表现和病变。

（5）风湿病发病虽然与 A 型溶血性链球菌感染有密切关系，但是并非 A 型溶血性链球菌直接感染所引起。因为风湿病的发病并不是在链球菌感染的当时，而在感染之后的 2～3 周发作。病例的血液培养与病变组织中也均未找到过溶血性链球菌。目前多数人认为，风湿病是一种由链球菌感染引起的变态反应或过敏反应。在链球菌感染后，其毒素和代谢产物成为抗原，机体对此产生相应的抗体，抗原和抗体在结缔组织中结合，从而发生了无菌性炎症。

综上所述，风湿病的发生要有下列 4 个条件：

（1）A 型溶血性链球菌感染；

（2）病原菌持续存在或反复感染，可能因含不同类型 M 蛋白链球菌感染；

（3）机体对链球菌存在产生抗体；

(4)感染必须在上呼吸道，而其他部位的链球菌感染不会引起风湿病。

此外，在临床实践中证明，风、寒、潮湿、过劳等因素在风湿病的发生上起着重要的作用。如畜舍潮湿，阴冷，受“贼风”特别是“穿堂风”的侵袭，夜卧于寒湿之地或露宿于风雪之中，以及管理不当等都是发生风湿病的诱因。风湿病的病理变化是全身性结缔组织的无菌性炎症。

二、分类及症状

风湿病的主要症状是发病的肌群、关节及蹄的疼痛和机能障碍，疼痛表现时轻时重，部位多固定但也有转移的现象。风湿病有活动型的、静止型的，也有复发型的。根据其病程及侵害器官的不同可出现不同的症状。临床上常见的分类方法和症状如下。

(一)根据发病组织和器官划分

1.肌肉风湿病(风湿性肌炎)

主要发生于活动性较大的肌群，如肩臂肌群、背腰肌群、臀肌群、股后肌群及颈肌群等。其特征是急性经过时发生浆液性或纤维素性炎症，炎性渗出物积聚于肌肉结缔组织中；而慢性经过时则出现慢性间质性肌炎。

因患病肌肉疼痛，故表现运动不协调，步态强拘，不灵活，常发生1～2肢的轻度跛行。跛行可能是支跛、悬跛或混合跛行。其特征是随运动量增加和时间延长而有减轻或消失的趋势。风湿性肌炎常有游走性，一个肌群好转而另一个肌群又发病。触诊患病肌群有痉挛性收缩，肌肉表面凹凸不平有硬感，肿胀。急性经过时疼痛症状明显。

多数肌群发生急性风湿性肌炎时可出现明显的全身症状。病畜精神沉郁，食欲减退，体温升高1～1.5 ℃，结膜和口腔黏膜潮红，脉搏和呼吸增数，血沉稍快，白细胞数稍增加。重者出现心内膜炎症状，可听到心内性杂音。急性肌肉风湿病的病程较短，一般经数日或1～2周即好转或痊愈，但易复发。当转为慢性经过时，病畜全身症状不明显。病畜肌肉及腱的弹性降低。重者肌肉僵硬，萎缩，肌肉中常有结节性肿胀。病畜容易疲劳，运步强拘。

2.关节风湿病(风湿性关节炎)

最常发生于活动性较大的关节，如肩关节、肘关节、髋关节和膝关节等。脊柱关节(颈、腰部)也有发生。常对称关节同时发病，疼痛有游走性。

本病的特征是急性期呈风湿性关节滑膜炎症状。关节囊及周围组织水肿，滑液中有的混有纤维蛋白及颗粒细胞。患病关节外形粗大，触诊温热、疼痛、肿胀。运步时出现跛行，跛行可随运动量的增加而减轻或消失。病畜精神沉郁，食欲不振，体温升高，脉搏及呼吸均增数，有的可听到明显的心内性杂音。

转为慢性经过时则呈现慢性关节炎症状。关节滑膜及周围组织增生、肥厚，因而关节肿大、轮廓不清，活动范围变小，运动时关节强拘，他动运动时能听到噼啪音。

3.蹄风湿病(风湿性蹄炎)

可发生于两前蹄或两后蹄或四蹄同时发病，站立时两前蹄向前伸，蹄尖翘起，以蹄踵部着地负重，同时头高抬、弓腰，后躯下沉，两后肢尽量伸于腹下。四蹄同时发病者常卧地不起。

4.心脏风湿病(风湿性心肌炎)

主要表现为心内膜炎的症状。听诊时第一心音及第二心音增强，有时出现期外收缩性杂音。对于家畜风湿性心肌炎的研究材料还很少，有人认为风湿性蹄炎波及心脏的最多，也最严重。

(二)根据发病部位划分

1.颈风湿病

常发生于奶牛，主要为急性或慢性风湿性肌炎，有时也可能累及颈部关节，表现为低头困难（两侧同时患病时，俗称低头难）或风湿性斜颈（单侧患病）。患病肌肉僵硬，有时疼痛。

2.肩臂风湿病（前肢风湿）

主要为肩臂肌群的急性或慢性风湿性炎症。有时亦可波及肩、肘关节。病牛站立时患肢常前踏，以减负体重。运步时则出现明显的悬跛。两前肢同时发病时，步幅短缩，关节伸展不充分。

3.背腰风湿病

主要为背最长肌、髂肋肌的急性或慢性风湿性炎症，有时也波及腰肌及背腰关节，临床上最常见的是慢性经过的背腰风湿病，病畜驻立时背腰稍拱起，腰僵硬，凹腰反射减弱或消失。触诊背部最长肌和髂肋肌等发病的肌肉时，僵硬如板，凹凸不平。病畜后躯强拘，步幅短缩，不灵活。卧地后起立困难。

4.臀股风湿病（后肢风湿）

病程常侵害臀肌群和股后肌群，有时也波及髋关节。主要表现为急性或慢性风湿性肌炎的症状。患病肌群僵硬而疼痛。两后肢运步缓慢而困难，有时出现明显的跛行症状。

(三)根据病理过程划分

1.急性风湿病

发生急剧，疼痛及机能障碍明显。常出现比较明显的全身症状。一般经过数日或1～2周即可好转或痊愈，但容易复发。

2.慢性风湿病

病程拖延较长，可达数周或数月之久。患病的组织或器官缺乏急性经过的典型症状，热痛不明显或根本见不到。但病畜运动强拘，不灵活，容易疲劳。

三、诊断与鉴别诊断

到目前为止风湿病尚缺乏特异性诊断方法，在临床上主要还是根据病史和上述的临床表现加以诊断。必要时可进行下述的辅助诊断。

(1)测定红细胞沉降率。这是一个古老但有效的鉴别炎性及非炎性疾病的简单方法。

(2)测定C反应蛋白。当发生风湿病时蛋白含量升高，病情好转时，迅速降至正常。若再次升高，可能风湿病又复发了。

(3)测定抗核抗体。针对细胞核成分所产生的抗体，可用间接免疫荧光法测定。

(4)血清抗链球菌素O测定，高于500 IU的为阳性。可通过测定证明牛是否患有风湿病。

在临床上，风湿病除注意与骨质软化症进行鉴别诊断外，还要注意与肌炎、多发性关节炎、神经炎，颈和腰部的损伤及牛的锥虫病等疾病做鉴别诊断。

四、治疗

风湿病的治疗要点是：消除病因、加强护理、祛风除湿、解热镇痛、消除炎症。除应改善病畜的饲养管理以增强其抗病能力外，还应采用下述的治疗方法。

(一)应用解热、镇痛及抗风湿药

在这类药物中以水杨酸类药物的抗风湿作用最强。这类药物包括水杨酸、水杨酸钠及阿司匹林等。临床经验证明，应用大剂量的水杨酸制剂治疗风湿病，特别是急性肌肉风湿，疗效较高，而对慢性风湿病则疗效较差。可使用含有水杨酸的针剂进行治疗，将10%水杨酸钠溶液250～300 mL，10%葡萄糖酸钙溶液300～400 mL，分别静脉注射，每天1次，连用5～7次。如果配合肌内注射氟尼辛葡甲胺每千克体重1～2 mg，每日一次，也可得到较好的治疗效果。

(二)应用皮质激素类药物

这类药物能抑制细胞的许多基本反应，因此有显著的抗炎和抗变态反应的作用。它还能缓和间叶组织对内外环境各种刺激的反应性，改变细胞膜的通透性。临床上常用的有：醋酸可的松注射液、氢化可的松注射液、地塞米松注射液、醋酸氢化可的松注射液、醋酸泼尼松(强的松)、泼尼松龙(氢泼尼松)注射液、醋酸氢化泼尼松注射液、氟美松磷酸钠盐注射液及注射用促皮质素等，它们都能明显地改善风湿性关节炎的症状，但容易复发。

(三)应用抗生素控制急性风湿病过程的链球菌感染

风湿病急性发作期，无论从咽部是否证实有链球菌感染，均需使用抗生素。首选青霉素，肌内注射每天2～3次，一般应用10～14 d。不主张使用磺胺类抗菌药物，因为磺胺类药物虽然能抑制链球菌的生长，却不能预防急性风湿病的发生。

(四)应用碳酸氢钠、水杨酸钠和自家血液疗法

其方法是，每天静脉内注射5%碳酸氢钠溶液500 mL，10%水杨酸钠溶液300 mL。自家血液的注射量为第1天80 mL，第3天100 mL，第5天120 mL，第7天140 mL。每7 d为一疗程。每疗程之间间隔一周，可连用两个疗程。对急性肌肉风湿病疗效显著，慢性风湿病可获得一定的好转。

(五)针灸疗法

应用针灸治疗风湿病有一定的治疗效果。可根据病情的不同采用电针、水针和火针。前肢常用抢风、冲天、肩颙、肩井；后肢常用百会、肾俞、肾角、巴山大胯等穴。

(六)物理疗法

物理疗法对风湿病，特别是慢性经过者有较好的治疗效果。可使用红外线(热红灯)局部照射，每次20～30 min，每天1～2次，至明显好转为止。

电疗法，如中波透热疗法、中波透热水杨酸离子透入疗法、短波透热疗法、超短波电场疗法、周林频谱疗法及多源频谱疗法等对慢性经过的风湿病均有较好的治疗效果。

在急性蹄风湿初期的炎性渗出阶段时，以止痛和抑制炎性渗出为目的，可以使用冷蹄浴、用醋调制的冷泥敷蹄等局部冷疗法。

除上述的疗法外，还有人应用以10%水杨酸钠溶液为抗凝剂的相合血液500～1 000 mL进行输血，以治疗各种风湿病，取得了一定的治疗效果。

子任务十三　牛指(趾)间蜂窝织炎

指(趾)间蜂窝织炎是指(趾)间皮肤及皮下组织的炎症,特征是皮肤坏死及裂开,常包括指(趾)间皮肤、蹄冠、系部肿胀,有明显跛行,并有体温反应。坏死杆菌、产黑色素杆菌、普利沃菌是最常见的病原微生物,所以本病又称指(趾)间坏死杆菌病。此病具有明显的传染性,也叫腐蹄病、瘭疽。

此病是许多国家的奶牛常见病之一,在我国较为常见,此病可发生于各年龄阶段的牛,但2～4岁的牛多发,多发生于产前和产后50 d。

在澳大利亚和比利时等国家,用坏死杆菌甲醛苗接种免疫已获成功;我国尚无预防本病的疫苗。

一、病因

指(趾)间隙由于异物刺伤或粪尿、泥污浸渍,使指(趾)间隙的皮肤抵抗力下降,微生物可从指(趾)间隙侵入。趾部皮炎、指(趾)间皮肤增殖和黏膜病可并发本病。美国用从腐蹄病活体标本上分出的坏死杆菌和产黑色素杆菌,混合接种于划破的指(趾)间皮肤或皮内,引起典型的腐蹄病病变。

指(趾)间皮炎、球部和蹄冠部皮炎、疣性皮炎、指(趾)间皮肤增殖和黏膜病可并发坏死杆菌感染(图7-16)。

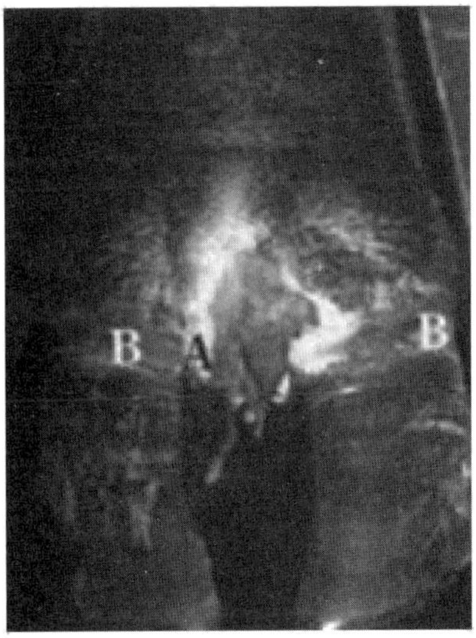

图7-16　腐蹄病

(规模化牧场奶牛健康保健与疾病防治,侯引绪)

奶牛泌乳期是机体强代谢时期。当营养不良,机体满足不了产奶所需营养需要时,则动用骨骼、血液及其他组织的矿物质、蛋白质和维生素。因此,饲料日粮成分对奶牛蹄健康影响很大。如干物质不足,钙、磷比例失调,导致泌乳期动用蹄角质的钙、磷及矿物质,会引起蹄质疏松和不坚固,从而促进了此病发生。

二、临床症状

在此病变发生几小时内,观察力敏锐的畜主,可发现病牛一肢或几肢有轻度跛行,系部和球节屈曲,以蹄尖轻轻负重。此病大约75%发生于后肢。临床观察发现成年牛的右后蹄较多发病。

18～36 h后,指(趾)间隙和蹄冠部出现肿胀,皮肤出现小裂口,甚至脱落,有难闻的气味,表面有伪膜形成。

36～72 h后,病变可更为显著,指(趾)明显分开,指(趾)部、甚至球节有明显肿胀,患病牛此时有剧烈疼痛,病肢常提起。系关节及蹄冠部明显肿胀、发红、疼痛,系部变直好似木蹄。

患病牛体温常常升高,食欲减退,喜卧,泌乳量下降。再过1～2 d,指(趾)间组织出现皮肤剥脱、坏死。

转归好的病牛，以后出现机化或纤维化，有些病例趾间的皮肤损伤可持续很长时间。某些患病牛其坏死可持续发展到深部组织，出现各种并发症，甚至蹄匣脱落。

目前，此病有由传染性群发向散发性、零星性发展，并呈现全身症状减轻，以局灶性坏死为特点的变化趋势。

三、诊断

根据临床症状和实验室检查可以确诊，但应与引起的并发症和蹄部化脓性疾病做鉴别诊断。

四、预后

及时发现并采取科学的治疗措施，预后良好。延误的病例或治疗不当的病例，预后应慎重。发展到深部组织的病例，预后不良。

五、治疗

（一）全身治疗

肌内注射盐酸头孢噻呋 20 mL；体温高于 39.5 ℃者，配合肌内注射氟尼辛葡甲胺每千克体重 2 mg。每天 1 次，连用 3～5 d。

（二）局部治疗

用 4%硫酸铜或 0.1%新洁尔灭溶液浸泡、清洗患蹄，清除病灶部的脓汁，除去坏死组织；再用过氧化氢冲洗病灶 → 0.1% 新洁尔灭溶液冲洗 →蹄炎膏 + 木瓜酶粉（或土霉素粉 + 松馏油）。每天或隔天局部治疗处理 1 次。

对于患病较轻者来说，每天用 4%硫酸铜或消毒防腐液冲洗或蹄浴 2 次，也可获得较好的防治效果。

另外，口服锌制剂可取得一定疗效，每日口服硫酸锌 16 g，连续一周饲料内添加乙二胺二氢碘化物对此病有预防作用。

（三）注意事项及护理

（1）对于症状较重者要采用全身治疗 + 局部治疗方式。

（2）对于症状较轻者可每天用 2%戊二醛溶液或 4%硫酸铜冲洗 2 次；或每天涂抹蹄炎膏（或土霉素粉 + 松馏油）1～2 次。

（3）治疗期间，要给患牛提供干燥、清洁的生活场地与运动场地。

子任务十四　牛指(趾)间皮肤增殖

此病是指（趾）间皮肤或皮下组织的增殖性反应，在文献上有不同的名称，如指（趾）间瘤、指（趾）间结节、指（趾）间赘生物、指（趾）间纤维瘤、慢性指（趾）间皮炎、指（趾）间穹窿部组织增殖等。各品种的牛均可发生，荷兰牛和海福特牛多发，中国荷斯坦奶牛发生也很普遍，对北京地区荷斯坦奶牛的调查表明，一些牛场指（趾）间皮肤增殖的发生率高达 27.5%。

一、病因

(1)此病与品种及遗传因素有一定相关性。

(2)此病与指(趾)间皮肤过度紧张和剧伸有关。

(3)此病与泥浆、粪尿及异物的异常刺激有关。

(4)饲料中缺锌也是导致此病发生的一个原因。

二、临床症状

此病多发生于后肢,可以是单侧性的也可是双侧性的。较小时不引起跛行,趾(指)间隙皮肤红肿、脱毛,有时可看见破溃面。进一步增殖,可在指(趾)间形成"舌状"突起(图 7-17、图 7-18)。随病程的进一步发展,突起会不断增大、变厚,其表面会由于挤压、摩擦而破溃,引起感染时可见表面有渗出物,并有恶臭气味,同时会出现不同程度的跛行。

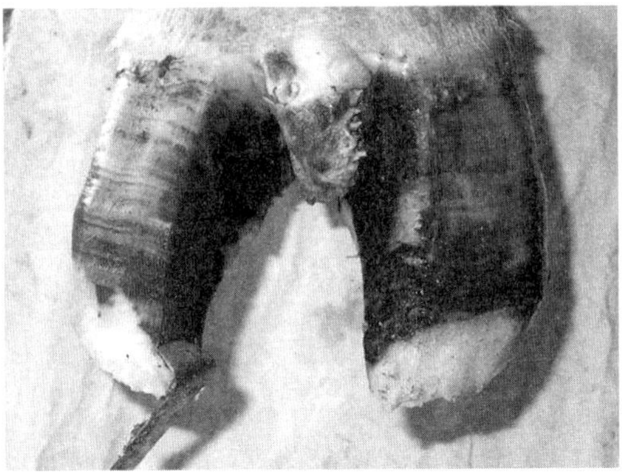

图 7-17 指(趾)间皮肤增殖

(齐长明摄)

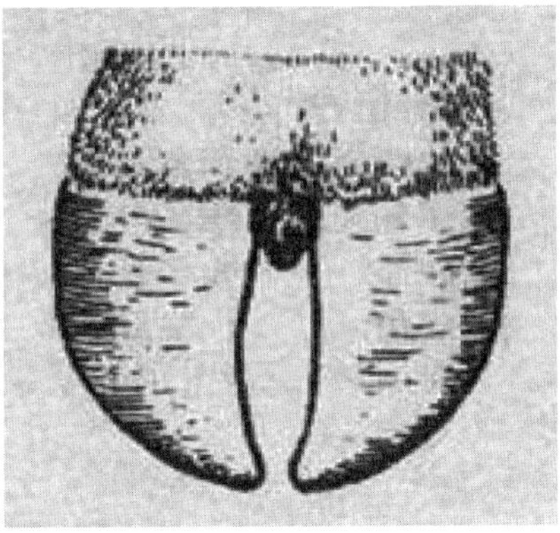

图 7-18 指(趾)间皮肤增殖示意图

进一步增殖、破溃,可在指(趾)间形成"草莓"状突起,疼痛和跛行会进一步加重,疼痛剧烈,患畜行走或站立时会非常小心,泌乳量会显著下降,还会导致变形蹄。

三、诊断

肢蹄保定后检查指(趾)间隙,一般容易确诊,通过肉眼观察相应的增生物就可做出诊断,但应和指(趾)间隙的炎性肿胀做鉴别诊断。

四、预后

及时进行治疗,一般预后良好。个别牛手术切除治疗后,还可能再发。

五、治疗

(一)手术治疗

(1)保定 → 在掌骨或跖骨的中部的掌侧面、背侧面皮下分别注射 20 mL 1%～3%的盐酸普鲁卡因进行局部麻醉 → 0.1%新洁尔灭清洗消毒 → 在腕关节或跗关节下方绞压止血 →

以菱形切口切开指(趾)间增生物基部两侧皮肤 → 分离增生物及下面的脂肪 → 切除 → 止血 →敷药(蹄炎膏或土霉素粉)→ 包扎→ 去除绞压力止血绷带或胶管。

(2)手术后换药1～2次。

(二)保守治疗

对于较小的指(趾)间皮肤增殖可以用保守疗法,也叫腐蚀疗法。

保定 → 0.1%新洁尔灭清洗消毒指(趾)间及增生物 →用犊牛去角器采用烧烙的方式将指(趾)间的增生物去除。这一方式比用腐蚀药物治疗更为省事、省力。

(三)注意事项及护理

(1)手术治疗可以根治此病,主要针对增生物较大的病例;保守治疗适合增生物较小阶段的治疗。

(2)治疗期间,要给患牛提供干燥、松软的活动场地。

(3)有些病牛由于指(趾)间隙开张过大,手术后会影响伤口愈合。对于这种情况,可以用金属丝将二蹄尖固定在一起,缩小指(趾)间隙过大的问题(图7-19)。

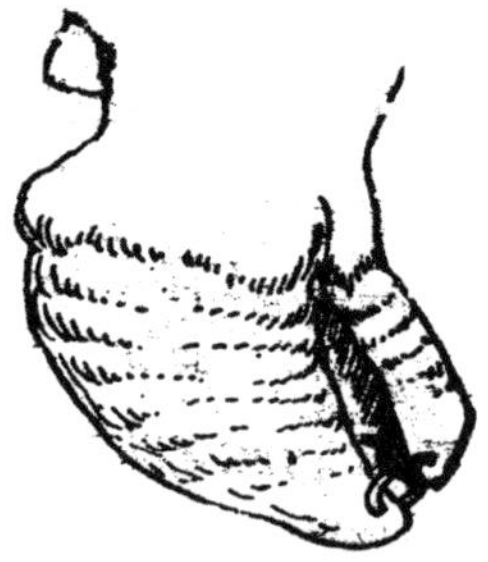

图7-19　蹄尖固定术

(奶牛修蹄工培训教材.侯引绪)

在切除增殖物的同时,要切除部分增生物下面的脂肪,如脂肪留得过多,可在创缘之间突出,影响愈合;如切除过多,空隙太大,也会影响愈合。手术过程中尽可能做好止血。

子任务十五　牛疣性皮炎

奶牛疣性皮炎以指(趾)间隙背侧或掌(跖)侧皮肤出现疣状增殖物(菜花样)为特征。本病为慢性经过,其病变为真皮乳头状纤维瘤,病变可侵害牛的指(趾)间隙背侧或掌(跖)侧、蹄球或系部。

一、病因

此病病因尚不十分清楚。多数人认为这是一种病毒感染所引起的疣性增生性疾病,此病常继发于牛的指(趾)间皮炎和蹄糜烂,厩舍不洁常为病因之一。可从自然病例分离出坏死杆菌、真菌和一些其他微生物,也曾从典型的“疣”中分离到病毒,但其致病性未得到证实;也有人怀疑螺旋体为病原。牛群中一旦引入此病,将会在牛群中传播,短期内很难清除。因此,在引进行奶牛时要防止引入此病。

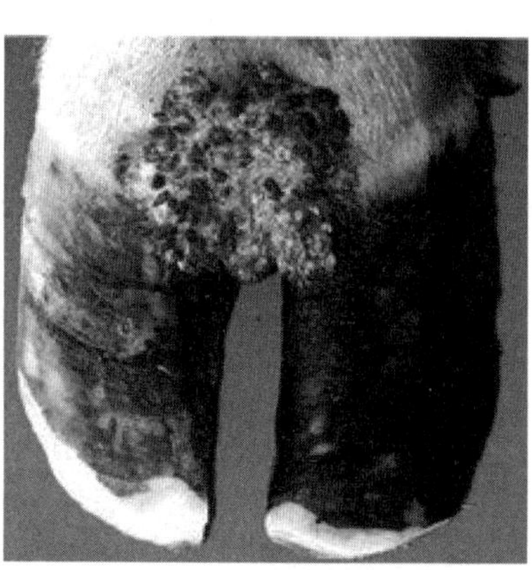

图7-20　疣性皮炎

(齐长明摄)

二、临床症状

此病常发生于后肢,初期可见局部皮肤肥厚和肿胀,活动性降低,继而出现乳头状增殖,呈菜花样(图7-20)。如继发于奶牛的蹄糜烂,蹄角质先剥离,然后出现疣性增殖。

在增殖的乳头上附有恶臭渗出物，有时形成干痂附在隆起的组织上，在增殖物之间的小沟内或病变周围，可残留被毛或长的毛干。疣状物的大小有所不同，有的呈典型的肉芽肿，有时易出血；慢性增殖时，有的可角质化。由于增殖部位不同，可有不同程度的跛行，有的不出现跛行；一般不出现全身症状。

三、诊断

依据临床病理变化特点即可做出诊断。

四、预后

一般预后良好。但范围大、增殖物向恶性发展时，预后慎重或不良。

五、治疗

（一）手术治疗

先将患部用0.1%新洁尔灭溶液进行清洗、消毒→擦干→紧贴健康皮肤表面、平行切除疣状增生物→切面撒布土霉素粉→用脱脂棉及绷带包扎。

（二）保守治疗

（1）每天用2%戊二醛药浴患部1次，一周为一个疗程。此保守疗法以防止感染、破溃，促进疣增生物坏死脱落为目的。

（2）也可选择烧烙的方式进行治疗，可设计一下烧烙面比较大的烙铁，结合定期的修蹄过程进行烧烙治疗。

（三）注意事项及护理

（1）手术治疗相对于保守治疗而言效果确实，但也有个别可复发。

（2）对于病变较小的疣生皮炎病例可采用保守治疗方式，因为病变较小者不会对牛运动机能及全身功能造成明显影响。

六、预防措施

（1）定期用2%戊二醛药浴牛蹄可减少此病发生。

（2）此病有一定的地方性发生特点，也表现出传染性倾向，在购入奶牛过程中应该加以防控，防止通过购买奶牛将此病带入自己的牛群。

子任务十六　牛蹄底溃疡

蹄底溃疡又称局限性蹄皮炎，是指牛蹄的底球结合部发生角质缺失、真皮裸露，进而发生肉芽组织增生，甚至引起蹄深部组织感染的一种常见蹄病。

此病多发生在前蹄的内侧指和后蹄的外侧趾，病变局限于底球结合部（通常靠近近轴侧），并有一定的对称性。高产奶牛与分娩后产奶高峰期发病较多，长期站立在水泥地面的奶牛发病率高。潮湿季节和冬季发病率高；发病年龄一般为5～8岁。

一、病因

发病机制尚无定论。一般认为奶牛蹄底溃疡与外伤以及病原微生物感染的关系不大，主要是营养代谢紊乱所致。已知下列因素可引起此病：

(1)有人认为，固有指(趾)动脉终支和内、外指(趾)动脉之间的吻合支血栓，引起局部缺血性坏死，是引起此病的一个原因。

(2)慢性瘤胃酸中毒或高精料导致瘤胃内革兰氏阴性细菌大量崩解释放内毒素，或体内组胺水平增高，作用于蹄真皮，导致微循环障碍从而导致此病发生。

(3)削蹄不合理，蹄底角质削得过多或不够，易形成对该部位的过度压迫引起此病。

(4)牛舍或运动场过度潮湿，易引起角质软化，有助于此病的发生。

(5)骨质疏松也是导致此病发生的一个原因，临床发现骨质疏松病牛在后期往往伴有蹄底溃疡发生。

(6)不良的肢势和蹄形，有助于此病的发生，如“X”状肢势、直腿、小蹄、卷蹄、大外侧趾、延蹄和芜蹄等。

(7)饲料中锌缺乏也可使蹄底溃疡的发病率升高。

(8)此病的发生还与长期站立水泥地面或站立和运动在炉灰渣、小石子铺的地面和运动场上有关。

(9)远端指(趾)节骨近端受到过分压力而使深屈腱向一侧牵拉，易引起局限性蹄皮炎。这是由不正肢势造成的，通常为“X”状肢势。

二、临床症状

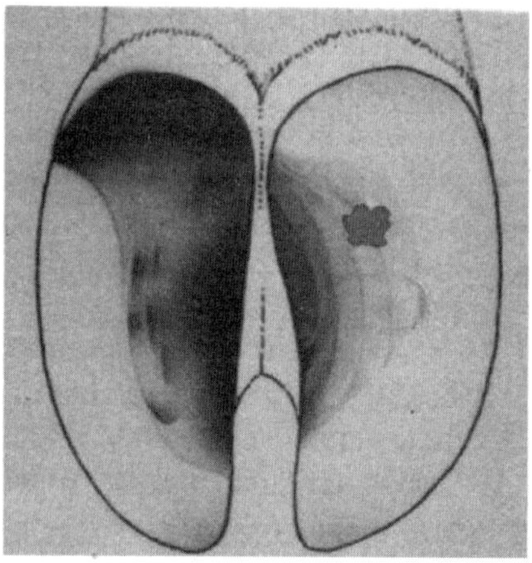

图 7-21　牛蹄底溃疡发病部位示意图

发病部位多为前肢内侧指和后肢外侧趾，表现为底球结合部的角质变软、崩解、缺损(图 7-21)，蹄底真皮外露。患侧蹄壳可感到温度升高，动脉的搏动可增强。早期的病例底球结合部角质脱色，压迫时感觉角质变软，动物表现疼痛。病情进一步发展时，角质可出现缺损，暴露出真皮，或者也长出菜花样或莲蓬样肉芽组织。角质缺损后，粪尿和污泥等异物容易进入角质下引起感染，球部、冠部出现炎性肿胀，并在蹄底角质下形成不同方向的潜道和化脓性蹄皮炎，或并发深部组织的化脓性过程，甚至在蹄冠形成蜂窝织炎和脓肿。有时引起蹄骨骨髓炎，致使深屈腱抵止点处断裂。

后肢外侧趾发病时，患病肢外展，用内侧趾负重。有的牛也用患趾尖负重，使底球结合部架空。有时也可看到患肢抖动，在硬地上运步时跛行可增重。

两肢同时患病时，不易被发觉，因为两肢交互休息和负重，只是看到牛卧的时间比以前多，同时显得运步笨拙。两前肢内侧指同时发病时，还会出现前肢交叉站立的姿势。

由于病变和感染的程度不同，可出现不同程度的跛行，跛行可持续很长时间，明显影响产奶量，并且体质下降，甚至被迫淘汰。

三、治疗

用4%硫酸铜或0.1%新洁尔灭溶液浸泡、清洗患蹄、溃疡灶；切除溃疡灶的坏死角质，或过度生长溃烂肉芽，再用4%硫酸铜或0.1%新洁尔灭溶液冲洗溃疡灶→蹄炎膏+木瓜酶粉(或土霉素粉+松馏油)→打绷带；治疗期间换药2～3次。

如感染化脓时，肌内注射盐酸头孢噻呋20 mL；配合肌内注射氟尼辛葡甲胺，每千克体重2 mg。每天1次，连用3～5 d。

注意事项及护理：

(1)为了减少患指(趾)负重，也可在健蹄下粘一木制蹄掌(图7-22)，这样更有助于提高治疗效果。

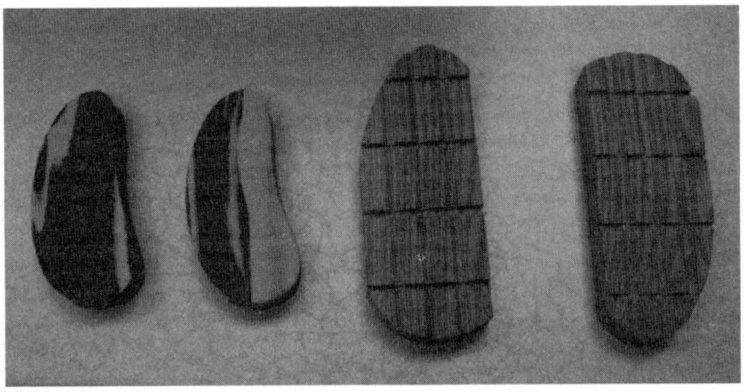

图7-22　木制蹄掌

(侯引绪摄)

(2)口服硫酸锌对此病也有一定疗效，每天每头5～8 g，连用1周。精饲料中添加0.01%～0.02%硫酸锌对此病有一定预防作用。

(3)治疗此病时，首先应改变病牛的饲料配比，减少精饲料给量，增加优质粗饲料，改善瘤胃内环境，提高瘤胃内容物的pH，降低血浆内毒素含量 。

子任务十七　牛蹄糜烂

蹄底糜烂是奶牛常见的一种蹄病，以蹄底和蹄球负面角质的糜烂为病理变化特征，又称坏死性蹄皮炎，严重时可继发角质深层组织疾病。

此病是欧洲和北美洲最常见的蹄病。颜色浅的蹄角质比有色素的蹄角质容易发病，后肢比前肢多发，内侧指(趾)比外侧指(趾)多发。在英国此病占蹄病的9%。

一、病因

(1)牛舍和运动场潮湿、不卫生，运动场内污水积存、粪污堆积，奶牛蹄长期在污泥、粪尿中浸渍，角质变软，感染所致。

(2)蹄形不正，蹄底负重不均，如延蹄、芜蹄、蹄叶炎等易诱发此病。

(3)修蹄时不合理的修削或损伤蹄踵、蹄球部也是导致此病发生的一个原因。

(4)有人认为结节丝状杆菌与此病有关。

二、临床症状

此病进展很慢,除非继发角质深层组织疾病和感染,一般不引起跛行。此病只在蹄底或球部出现小的深色小洞,有时小洞联合在一起形成大洞或沟,浅颜色角质比有色素的角质易被侵害。角质糜烂形成的小洞,也可向深层发展,引起不同的继发症,轴侧沟处最易向深层蔓延,往往在深部组织形成潜道,管道内充满污灰色、污黑色或黑色液体,有腐臭难闻气味。当炎症蔓延到蹄冠、球节时,关节肿胀,皮肤增厚,失去弹性,疼痛明显。化脓后关节破溃,流出乳酪样脓汁,病牛呈现全身症状,体温升高,食欲减退,乳产量下降,消瘦,运步呈“三脚跳”。

后肢比前肢多发,内侧趾比外侧趾多发,患慢性蹄叶炎和蹄有变形的牛容易发生本病。

三、诊断

此病属于一种外科疾病,根据其蹄底角质糜烂、出现黑色小洞、流出黑色腐臭液体,即可做出临床诊断。

在诊断时要注意与蹄底溃疡、蹄底外伤性蹄皮炎鉴别诊断。

四、治疗

第 1 步:用 4%硫酸铜溶液彻底清洗患病牛蹄。

第 2 步:削除不正常的角质及糜烂组织,用 2%戊二醛溶液或 4%硫酸铜溶液或其他防腐消毒剂浸泡,也可用 3%过氧化氢反复冲洗病灶。

第 3 步:对于糜烂较重者,涂抹蹄炎膏或土霉素粉 + 松馏油包扎。

对于患糜烂较轻者,保持地面干燥、松软,在处理之后每天用 2%戊二醛溶液或 4%硫酸铜溶液蹄浴;每天给病变部位喷涂植物精油或用植物精油泡蹄也是一种较好的治疗方法。

第 4 步:当深部组织感染化脓,并伴有体温升高、食欲废绝时,在局部治疗的同时可用磺胺、抗生素、氟尼辛葡甲胺等进行全身治疗,对症治疗。

注意事项及护理:

治疗期间给患牛提供干燥、松软的生活、运动场地;也可对牛蹄进行石灰浴(干浴)。

子任务十八　牛蹄冠蜂窝织炎

蹄冠蜂窝织炎是蹄冠部皮下组织、蹄冠和蹄缘真皮以及邻近蹄壳皮肤真皮的弥散性化脓性或化脓坏疽性炎症。

一、病因

(1)蹄冠部外伤是导致本病的一个主要原因。微生物从受伤的皮肤侵入蹄冠部组织可引起感染发病。当蹄冠部受伤后,奶牛站在泥泞、积粪的运动场或圈舍地面上,更容易引发本病。牛蹄部长期浸渍于粪尿或污水中,可使皮肤软化,皮肤抵抗能力下降,也可导致微生物侵入引发本病。

(2)饲养不科学,为催奶大量饲喂精料,引起瘤胃酸中毒及急性蹄叶炎,如不及时处置,容易继发蹄冠蜂窝织炎。

(3)尖硬异物如铁钉、铁丝等引起牛蹄皮肤受损，造成坏死杆菌、化脓性棒状杆菌、链球菌、结节状梭菌等细菌的感染，可继发蹄部蜂窝织炎等蹄病。

(4)此病还可继发于牛的指(趾)间疾病和蹄底溃疡、白线疾病、深部化脓性炎症(如化脓性蹄关节炎)、指(趾)腱鞘炎、球后脓肿等。

二、临床症状

蜂窝织炎发生的初期常伴有全身性症候，如体温可升高到 40 ℃，甚至更高，食欲减退，精神沉郁，出汗，肘部肌肉震颤。奶牛泌乳量明显下降，呼吸和脉搏增数，血液检查，可见白细胞总数增加，嗜中性白细胞比例也增加。

急性病例发病突然，患肢不愿意负重，或仅以蹄尖着地，走路跛行。患肢蹄冠部肿胀，蹄壁叩诊疼痛敏感，也可见指(趾)间隙也肿胀。蹄冠部可看到被毛逆立，有的部位可表现脱毛，颜色浅的皮肤可看到发红，甚至发紫，皮肤紧张发亮。压迫蹄冠处动物表现明显疼痛。

若前蹄患病，站立时两后肢伸于腹下，患肢向前伸出，以蹄踵着地，头颈高举，运步时步幅小而迅速；若后蹄患病，站立时两前肢后踏，患肢抬起，避免负重，头颈下低，运步时步幅短缩，患肢着地时间短而迅速提起；患牛运动时呈明显支跛，甚至“三脚跳”。

在病程发展过程中，蹄冠部的炎性水肿可局限形成几个大小不等的肿胀，除脓肿处有肿胀和波动外，其他部位也会出现肿胀，如不治疗，脓肿成熟后也可自溃，脓肿破溃后全身症状可明显好转，跛行也可减轻。脓肿破溃后流出不同颜色和稠度的脓汁，脓汁的性状决定于所感染微生物的性质。

蹄冠蜂窝织炎也可向深部蔓延，引起蹄球后脓肿；15～20 d 后放射学检查，指(趾)骨可呈现骨膜增殖；蹄冠蜂窝织炎破溃后，如治疗不合理，可形成蹄冠部溃疡，长满肉芽，久治不愈。

三、诊断

根据全身和局部症状此病不难诊断，但应区别是否为其他疾病的继发症状，因为蹄冠蜂窝织炎往往是蹄内各组织化脓性过程在蹄冠形成的局部表现。

四、预后

此病的预后慎重，因为往往是继发病，特别是继发于深部组织的化脓性过程，如化脓性蹄关节炎时，不易治愈。

(一)治疗

此病泌乳奶牛多发，如不及时治疗，可致蹄匣脱落，全身症状恶化，卧地不起，继而发生脓毒败血症而被迫淘汰。

此病的治疗原则是消除病因、解除疼痛、改善循环、促进愈合。

(1)清除腐败、化脓、坏死组织。首先应该清理蹄部污染物，用消毒液(0.1%新洁尔灭、4%硫酸铜、3%过氧化氢等)清洗病变部位、剪除被毛，广泛涂以碘酊，包括蹄壳；然后认真进行清创处理，清除其坏死组织和相应脓汁；向创内投放磺胺粉、蹄炎膏或其他消炎促进愈合药物，然后包扎，每天换药 1 次。

(2)局部封闭疗法。氢化可的松注射液 20 mL，青霉素钠 400 万 IU，3%盐酸普鲁卡因

20 mL 混合，在蹄冠上方做环形皮下封闭注射，以消炎镇痛，防止病灶扩散。

(3)全身应用抗生素控制感染。在局部治疗处理的同时，肌内注射头孢、磺胺等药物进行全身治疗。另外，可应用各种支持疗法，如输液、注射维生素 C 和碳酸氢钠液等进行全身治疗。

(4)注意事项及护理：

①患蹄要与污染物隔离，将其隔离于干燥洁净圈舍内，饲喂易消化、富营养的饲草料，做好患部护理。

②如果脓肿已经成熟，或肿胀过分压迫组织时，可以切开，切口应该斜向，因为水平切口易破坏角质生长，而垂直切口易引起蹄裂。切开后可保证渗出物充分排出，同时可用防腐消毒液或抗生素溶液清洗后除去可见的坏死组织，为了促进渗出物排出，可以应用吸湿绷带包扎。

子任务十九　白　线　裂

白线是蹄底角质和蹄壁的结合部(图 7-23)。白线由不含角小管的角质构成，与含角小管的蹄底和蹄壁相比，更为薄弱；另外，白线部位也最易藏污纳垢、发生感染的地方。

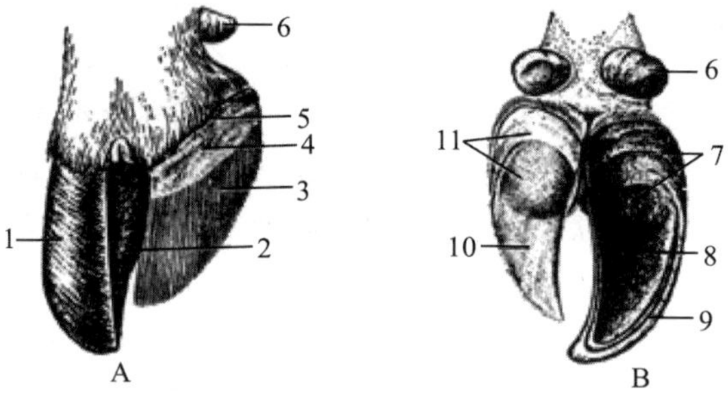

A. 背面　B. 底面

1. 蹄的远轴面　2. 蹄壁的轴面　3. 肉壁　4. 肉冠　5. 肉缘　6. 悬蹄(副蹄)
7. 蹄球　8. 蹄底　9. 白线　10. 肉底　11. 肉球

图 7-23　蹄底与蹄壁结构

(牛跛行，保罗・格里诺)

一、病因

白线病的发生主要是由真皮疾病引起角质结构挫伤所致。许多病因可引起真皮炎，包括损伤(如圈舍地面、牛只长期站立、采食和挤奶时间过长)、饲料和环境等因素。奶牛在坚硬地面或在有尖利石片的通道上行走、异物刺伤等都可以引起此病。

二、临床症状

此病在后肢的外侧趾较多发，白线病早期可见白线角质变黄或红染(出血)，严重的病例白线缺损处形成裂隙，石子和其他脏物成为填塞物(图 7-24)，进一步使白线分离。侵入真皮的感染可向蹄底蔓延或沿小叶向上蔓延。后肢外侧趾的远轴侧白线最为常发，这是因为在运动过程中，坚硬的蹄壁和具有弹性的蹄踵的相对运动，使该处的白线受到了机械性牵张。

由于感染的最初部位和蔓延的方向不同，可发生各种白线脓肿。蹄尖处白线感染，有淡灰

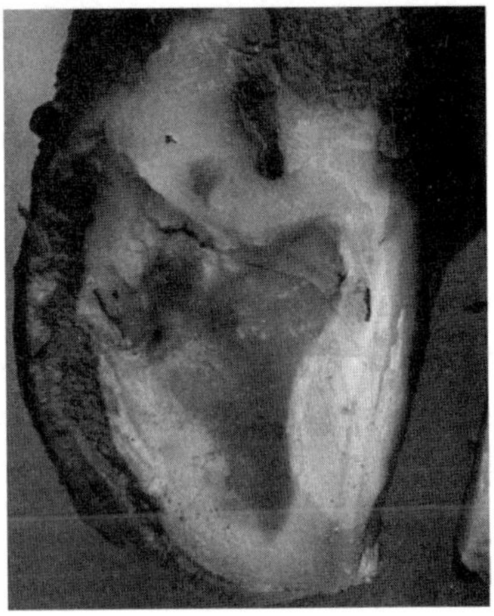
图 7-24　白线裂隙中填充粪便等异物
（齐长明摄）

色脓汁流出。脓汁在蹄底角质下存留，可使角质与其下方的真皮分离，患畜严重跛行。感染可不断向深部延伸可导致真皮发生糜烂，症状会进一步加剧。

蹄部一般检查时常常有发热表现，压迫时疼痛。早期的病例很难诊断，病变很小容易忽略。蹄壳必须仔细削切，并清除松散的脏物。在外侧白线区有一段黑色的污迹，通常说明有感染。如进一步检查，可发现蹄壳内比较深的东西，实际上可暴露出一缺损处聚积有泥沙，并与感染渗出物混合在一起。

更进一步发展的病例检查时，冠部可明显地形成窦，并导致对这种病变的怀疑，或者在病例的蹄肿胀更为严重时可扩展为化脓性关节炎。

一些病例可暂时平静下来，新生出的角质覆盖原来的缺损。逐渐变化，病变慢慢成熟，引起蹄冠脓肿形成，但没有明显的底缺损。

三、诊断

病变在位置上具有特征性，它的进程是固定的。在蹄尖的例外，该部位上行性感染似乎不到蹄冠。

鉴别诊断包括蹄底的化脓性刺创，深部蹄皮炎、局限性蹄皮炎、蹄壁裂或远端指（趾）节骨骨折。

四、治疗

第 1 步：用 4%硫酸铜溶液或 0.1%新洁尔灭溶液清洗整个患病蹄部。

第 2 步：用蹄刀扩开白线裂的裂隙，取出其中的异物、脏物、脓汁，形成一个“V”形新鲜创；再用 0.1%新洁尔灭清洗，土霉素粉或磺胺粉 + 松馏油，打蹄绷带包扎。治疗期间换药 1～3 次。

注意事项及护理：

在治疗处理时，蹄尖的病变应使之暴露、并检查深部真皮和远端指（趾）节骨被侵害的情况，后者的一部分也可严格地刮除，在此阶段也允许保留该骨，作为肉芽和新角质生长后的一个功能实体。

子任务二十　牛指（趾）间皮炎

指（趾）间皮炎是一种没有扩延到皮下组织的指（趾）间皮肤的急性或慢性炎症。此病可发生于各种牛，奶牛多发。

一、病因

一般认为结节状杆菌和螺旋体为本病的病原微生物；粪便、泥污长时间浸渍是重要诱因。

牛舍及运动场地面潮湿，粪尿积聚，卫生情况差，粪尿污物粘在蹄上不及时清除是此病的主要原因。

二、临床症状

此病四蹄都可发生，后蹄较为严重。许多病例可看到牛划腿，表现出蹄不舒服，运步时不自然，有轻度跛行。发病初期，病变局限在表皮，表皮增厚和充血，指(趾)间隙内有一些渗出物，出现皮肤表层湿性皮炎(图7-25)，与坏死杆菌病不同，本病并不侵及更深的组织。有的在发现时，病已发展到与球角质相邻皮肤肿胀而使角质与皮肤分离阶段，分离的角质和真皮之间很快进入泥土、粪便和褥草，出现明显跛行，局部有组织增殖，增殖可向指(趾)间隙掌(跖)侧发展，有的在球角质下形成潜洞，严重者可引起踵部与蹄底连接处横向断裂。

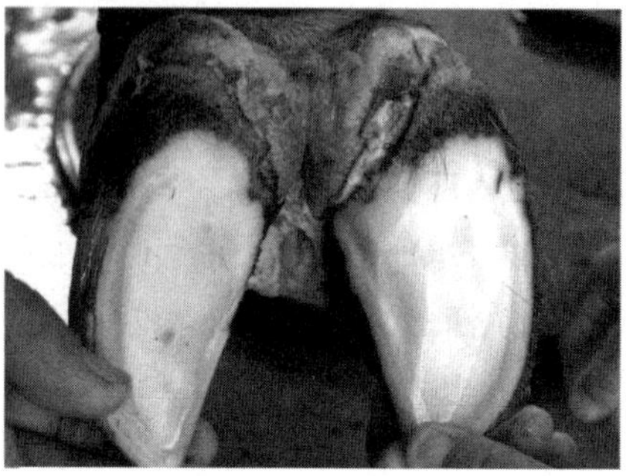

图 7-25　趾间皮炎

(齐长明摄)

病变也可能平静下来转为慢性，常常发展为慢性坏死性蹄皮炎(蹄糜烂)，有轻度跛行。

此病可并发角质下潜洞，引起化脓性蹄皮炎、局限性蹄皮炎(蹄底溃疡)、角质不规则消失等。

患此病的牛也可能同时存在乳房或其他部位的湿疹。

三、诊断

根据本病特征可以确诊，但应与口蹄疫、指(趾)间坏死杆菌病和蹄皮炎进行鉴别诊断。

四、预后

及时发现并采取防治措施，预后良好。

五、治疗

第1步：用0.1%新洁尔灭溶液清洗指(趾)间、蹄底、蹄踵，清除蹄踵部分离角质与真皮间的泥土、粪便，清洗、开放潜洞。

第2步：2%戊二醛溶液或4%硫酸铜或浸泡药浴5 min，也可用含植物精油成分的药浴液泡蹄。

第3步：在局部病变上涂蹄炎膏+木瓜酶，或土霉素粉+松馏油；可以包扎，也可以开放治疗。

注意事项及护理：

①对继发感染的可配合肌内注射头孢噻呋进行全身治疗，每天1次，连续3～5 d。

②治疗期间给患牛提供干燥、松软的生活、运动场地。

子任务二十一　牛 蹄 空 壁

空壁也叫蚁洞，这是蹄壁的部分角质与真皮分离，白线裂是从蹄底面沿蹄壁向上蔓延。而空壁是从蹄壁上部向下扩延。

一、病因

继发于蹄叶炎和蹄冠损伤，由于破坏了奶牛角质层或使蹄壁上部角质和真皮分离，真皮和角质生长不一致，其间可形成空洞。

蹄的干湿剧变、蹄负缘削得高低不平、地面对蹄壁角质的机械撞击是此病的发生因素。

二、临床症状

空壁如已达蹄负缘，清洗蹄后可以看到裂隙，如尚未到达蹄负缘，则从蹄底检查不出异常。在蹄壁面仔细视诊时，可看到空壁所在的蹄壁向外突出，叩诊时，凸起的蹄壁有空洞音，由于空洞局限在蹄内，不会发生感染，所以，一般也不产生功能障碍，临床上多无跛行，重症时也可出现支跛。

分裂如扩延到整个蹄壁时，蹄底可能下垂，临床症状也会更明显。

三、诊断

诊断上一般不会有什么困难，但应注意与白线裂区分。

四、预后

此病一般预后良好。

五、治疗

没有临床功能障碍时，一般不必治疗，但如扩展到蹄负面时，要防止粪土等异物进入裂口内，以免造成进一步的感染，治疗方法同白线裂。

子任务二十二　牛假蹄底

假蹄底也叫夹层蹄底，是蹄底真皮在炎症、感染等因素作用下，蹄底角质暂时停止生长，导致蹄底与新生蹄底之间分离、出现空隙或夹层的一种病理现象。

一、病因

(1)急性蹄叶炎(急性真皮炎)是导致奶牛发生此病的一个重要原因。

(2)蹄底刺创、感染也可能是导致此病发生的又一原因。

二、临床症状

此病一般无可见的跛行等异常表现，往往在修蹄时，去除松解的角质后露出覆盖在真皮表面的一薄层上皮样角质，而发现蹄底角质异常，蹄底与新生蹄底之间分离、出现空隙或夹层这一病理现象，临床上也有人将新生蹄底称为第二蹄底。

三、治疗

病理变化往往在发病后相隔一段时间的修蹄过程中发现，属于既往性病理变化，不存在治疗的问题。

但在修蹄时如果能正确对待假蹄底病例、合理修蹄，对预防不合理修蹄而继发其他蹄病有重要意义。

在修蹄时如遇到假蹄底，在蹄底修削时要让蹄壁修削面稍高于新生蹄底（第二蹄底），因为新生蹄底的硬度和负重能力较差，如果蹄壁修削面与新生蹄底面齐平，新生蹄底负重加重，容易出现蹄底角质受损的问题。

子任务二十三　牛粉蹄病

粉蹄是奶牛患严重代谢性疾病、真皮炎症等情况下，蹄底角质暂时生长异常，生成的病理性蹄底角质疏松、易碎、呈粉末状，从而在蹄底与新生正常蹄底之间出现一层疏松、粉末状蹄底角质的病理现象。

一、病因

（1）饲料中的矿物质缺乏，尤其是钙、磷含量不足或比例不当是导致此病的一个原因。

（2）奶牛患较严重的代谢性疾病（例如，低钙血症、低磷血症、高酮血症、消化功能紊乱等）是导致奶牛发生此病的重要病因。

（3）奶牛摄入的可利用蛋白质不足或过瘤胃蛋白不足可导致此病发生。

（4）蹄叶炎是导致奶牛发生此病的又一个原因。蹄叶炎过程中可导致新生蹄底角质成分异常，从而使新生角质疏松、呈粉末状。

（5）圈舍潮湿、通风不畅，牛舍内产生的氨气侵蚀，蹄底角质蛋白在氨的作用下，分解成氨基酸，再进一步降解为粉状物。

（6）蹄底细微刺创、感染也可能是导致此病发生的原因之一。

二、临床症状及诊断

此病一般无可见的跛行等异常表现，往往在修蹄、去除蹄底陈旧角质时，发现下面有一层疏松、粉状的角质，清除粉状角质后下会露出一层新生角质蹄底。也描述为在两层新旧蹄底之间夹了一层粉质蹄底。

三、治疗

此病理变化往往在发病后相隔一段时间的修蹄过程中发现，属于既往性病理变化，不存在治疗的问题。

但在修蹄时如果能正确对待假蹄底病例、合理修蹄，对预防不合理修蹄而继发其他蹄病有重要意义。

在修蹄时如遇到粉蹄现象，在清除掉疏松的粉状角质层后，其修削注意事项与治疗假蹄底相同。

子任务二十四　蹄　叶　炎

此病又称弥散性无败性蹄皮炎，是蹄真皮的弥散性、非化脓性炎症。通常侵害几个指（趾），在急性和亚急性阶段有全身症状。奶牛发生本病与产犊有密切关系，多发生于产犊后，头胎牛发病率高于经产牛。随着我国奶牛生产性能提高，此病发病率呈增长趋势，对奶牛业造成了日趋严重的危害。有人把乳房炎、子宫内膜炎和蹄叶炎并称为奶牛“三炎”。

一、病因

长期以来认为蹄叶炎是全身代谢紊乱的局部表现。但确切的原因还不清楚，蹄叶炎的发生似乎与许多因素有关，包括分娩期间和泌乳高峰后采食过多的碳水化合物，运动不足，遗传和季节因素等，初步的研究结果表明，蹄叶炎的发生与如下几个因素有较密切的关系：

（1）体内组织胺蓄积可引起奶牛蹄叶炎。实验表明，给牛皮下注射二磷酸组胺每千克体重 200 μg，可引起急性蹄叶炎发生；指（趾）动脉注射组织胺也可在短时间（24 h）引起急性蹄叶炎。

（2）内毒素可引发奶牛蹄叶炎。已经证实，给奶牛注射革兰氏阴性杆菌内毒素，可成功地诱发蹄叶炎。

（3）日粮中精料过多，或粗饲料品质不良，或日粮结构不科学常常会引起奶牛蹄叶炎发生。

（4）蹄形不正，运动场设计问题也是引起奶牛蹄叶炎发生的一个重要原因。

（5）蹄叶炎还常常继发于酸中毒、乳房炎、子宫炎等疾病。

二、症状

蹄叶炎可同时侵害几个指（趾），前肢内侧指、后肢外侧趾多发。对奶牛而言，两后蹄发生蹄叶炎的概率显著高于两前蹄。

急性蹄叶炎时，病畜运步困难，沿硬地或不平地运步时常小心翼翼，愿意在软地上行走；站立时四肢收在一起，弓背，有减负体重的表现，疼痛，跛行，不愿站立。体温升高，脉搏加快，出汗，肌肉震颤。患病牛在牛舍内常用后趾尖站在粪沟沿上，减轻负重的疼痛。

两后蹄发生蹄叶炎时，患病牛低头、两前肢后踏，两后肢前伸，重心前移，愿意选择前低后高的地势站立，不愿行走。强迫运动时呈支跛；用蹄钳敲打蹄尖，疼痛敏感。

两前蹄发生蹄叶炎时，患病牛两前肢前伸，以蹄踵着地，蹄尖向上；两后肢前移，重心后移，抬头，不愿意走路。用蹄钳钳夹蹄尖，疼痛敏感，支跛。

四蹄同患蹄叶炎时，患病牛站立时四肢频繁交替换步，不愿运动、喜卧，强迫运动时步幅急促短促，呈紧张步样。

慢性蹄叶炎临床症状不如急性时严重，常无全身症状。站立时肢势异常，运步强拘，球部下沉，蹄底负重不确实，泌乳性能下降，可导致变形蹄、蹄骨移位。急性蹄叶炎如不及时治疗会变为慢性蹄叶炎，有些牛的蹄叶炎常反复发生于每个固定的泌乳时期。

三、诊断

根据临床症状可以做出临床确诊，慢性蹄叶炎易与变形蹄的卷蹄、延蹄和扁蹄相混淆。

用 pH 试纸或便携式酸度测定仪通过检测奶牛尿液 pH，间接诊断是否是酸中毒引起的蹄叶炎，也是临床上诊断蹄叶炎的一个实用方法。

另外，也可以通过测定血液中组胺、碱储备等来诊断奶牛蹄叶炎。

四、预后

一般急性蹄叶炎早期经过及时治疗，预后良好；慢性蹄叶炎治愈困难，预后谨慎。

五、治疗

消除病因、缓解疼痛、防止蹄骨转位是治疗此病的基本原则。

(1)减少疼痛。可进行冷水蹄浴，也可用 3%盐酸普鲁卡因 20～30 mL 进行趾(指)部神经封闭；注射 5%氟尼辛葡甲胺每千克体重 2 mg，进行治疗。

(2)静脉注射 5%碳酸氢钠注射液 500～1 000 mL、10%葡萄糖 500～1 000 mL。

(3)同时，配用氢化可的松或地塞米松等抗组胺药物进行治疗。一日一次，连续 3～5 d。

六、预防措施

控制此病要重视预防，预防此病应注意以下几点：

(1)科学搭配日粮，日粮中要保证足够的优质粗饲料。

(2)精料中添加 1%碳酸氢钠及 0.5%氧化镁对此病有一定预防作用。

(3)产前、产后保证充足运动，运动场不可太硬。

(4)加强蹄部保健，定期修蹄、护蹄。

(5)加强子宫内膜炎、酮病、酸中毒、乳房炎的防治。

(6)对产后奶牛进行尿液 pH 监测，保证奶牛尿液 pH 不低于 7.2。

(7)育成牛阶段要防止精料比例过高，头胎牛产后蹄叶炎与育成牛阶段的日粮结构密切相关。

子任务二十五　奶牛羊茅草中毒性蹄坏疽

一、病因

羊茅草中毒性蹄坏疽由麦角样毒素引起，奶牛采食有内寄生霉菌的高大羊茅草后发病。美国、新西兰、意大利、澳大利亚等地均有本病发生。

二、临床症状

发病牛后肢系部(球节)发生黑色干性坏疽，坏死裂开线常将正常皮肤和死亡皮肤分开；蹄冠带处的皮肤也可由于坏死而分离开，露出下面已感染的皮下组织。耳尖和尾也发生坏疽。

三、诊断

诊断此病时要注意与麦角中毒、冻伤、创伤等病理变化区分。

四、治疗

立刻停喂有内寄生霉菌的羊茅草，对局部病理变化按外伤进行治疗处理。一般如果奶牛已经发病，则治疗效果不佳。

【思考与练习】

一、填空题

1. 修蹄的种类包括 ________、________。
2. 正常成年奶牛前蹄的蹄前壁的长度为________，后蹄蹄前壁长度为________。
3. 正常成年牛前蹄蹄前壁与蹄踵壁长度之比为________，蹄角度为________。
4. 正常的成年牛指间隙长约________ cm 、两蹄尖的距离约为________ cm，开蹄的指/趾间隙呈“八”字形，两蹄尖的距离可达________ cm。
5. 开蹄牛易患____________。

二、简答题

1. 粉蹄是怎么形成的？
2. 牛夹层蹄底是怎么形成的？
3. 牛白线裂是怎么形成的？
4. 蹄底溃疡的病理变化特点是什么？
5. 用于牛蹄浴的药浴液有哪些？

三、综合分析题

1. 请总结牛蹄溃疡的治疗处理步骤。
2. 牛指(趾)间皮肤增殖如何进行手术治疗，请写出具体步骤。
3. 牛患指(趾)间皮炎后有哪些临床症状表现？
4. 请总结修蹄的具体步骤和注意要点。
5. 牛的修蹄在什么季节或时间进行较为合适？
6. 牛疣性皮炎的临床病理表现是什么？
7. 牛疣性皮炎的发病机理及病因是什么？
8. 请分析导致犊牛屈腱挛缩的病因。

项目七答案

课程思政

奶牛肢蹄病是奶牛的四大疾病之一；多年来修蹄、护蹄，有效防控牛肢蹄病，一直是规模化牛场面对的一个难题。本节内容要求学生学习掌握牛蹄结构特点，修蹄、护蹄基础知识，牛传染性蹄病的流行病学特点和蹄病防控技术流程、技术要点。通过本节内容学习，重在培养学生严谨的科学态度和良好的职业操守，培养好学敬业，不断学习、不断成长的学习精神。培养学生吃苦耐劳，不怕脏、不怕累的劳动精神。

党的二十大报告指出：广大青年要坚定不移听党话、跟党走，怀抱梦想又脚踏实地，敢想敢为又善作善成，立志做有理想、敢担当、能吃苦、肯奋斗的新时代好青年，让青春在全面建设社会主义现代化国家的火热实践中绽放绚丽之花。

项目八

牛病防治用药原则及治疗技术

任务一　牛病防治用药原则与注意事项

【知识目标】

- 掌握牛病防治过程中基本的用药原则。
- 掌握临床主要常用药物的治疗机理。
- 掌握牛病治疗过程中科学用药的基础知识。
- 掌握牛病防治过程中不科学用药对公共卫生安全的影响。

【能力目标】

- 能熟练掌握不同类型药物的给药技术、技能及方法。
- 能较好地利用联合用药方式治疗不同牛病。
- 能够按药品使用说明书确定治疗剂量、给药方法。

【素质目标】

- 培养爱护环境和关心公共卫生安全的专业素养。
- 培养严谨科学的职业素养和保障畜产品质量安全的责任感。
- 培养好学敬业、不断成长的良好素养。

项目八彩图

【相关知识】

子任务一　药物滥用及残留的危害

在中国现代化乳业产业链上，消费者最关心的是乳品质量安全，奶牛养殖者最关心的是奶牛疾病，奶牛得了病必须进行治疗（重大人兽传染病例外），治疗牛病就得用药，用药就会存在公共卫生安全和经济效益方面的问题，不科学的用药会带来更大的生产损失和公共卫生安全危害，肉牛疾病防治也是如此。因此，在奶牛疾病防治上我们必须深刻认识药物残留的危害；

深刻认识不科学用药对牛病治疗的危害；科学掌握奶牛疾病临床防治用药原则与注意事项。

做好生鲜乳中抗生素残留控制、防止有害的非抗生素类物质残留（如激素、硫代硫酸钠、驱虫药等）是每个奶牛场必须面对的问题。乳中抗生素残留及有害的非抗生素类成分残留是严重危害人类健康及环境安全的一大公害。

一、乳中药物残留对公共卫生安全的危害

（1）乳中药物残留可导致人体过敏。例如，青霉素、链霉素、左氧氟沙星、头孢噻呋、西咪替丁、黄色素等可引发人体过敏。

（2）持续食入乳中的残留药物可对人的肾脏、肝脏、神经等组织器官造成损害。例如，庆大霉素有肾毒性、耳毒性，卡那霉素有肾毒性、第 8 脑神经毒性，氯霉素有抑制骨髓造血功能的毒副作用，关木通（中药材）、龙胆泻肝丸可引起肾脏损害（肾衰）。

（3）乳中药物残留可导致机体代谢紊乱。例如，地塞米松等肾上腺皮质激素可影响人体的糖代谢和脂肪代谢。

（4）乳中药物残留对幼儿发育会造成不良影响。例如，甲硝唑可导致胎儿畸形，土霉素、四环素可造成胎儿短肢畸形、先天性白内障。

（5）持续食入乳中残留的抗生素可导致二重感染。例如，持续食入含抗结核类药物的乳可引发真菌感染。

（6）乳中的激素类药物可导致生长发育异常及致癌。例如，雌激素、孕激素有致癌和影响人体正常发育的副作用。

（7）乳中的抗生素可使细菌产生耐药性、产生超级细菌，动物体内的耐药病原体及耐药性可以通过动物源性食品向人体转移，从而影响急重感染病人的治疗。

（8）奶牛体内的药物可通过粪尿污染土壤、水源等，对环境造成不良影响，从而对生态及人体健康造成间接危害，例如，含氯离子的消毒剂、驱虫药等。

二、不合理的兽医临床用药对牛的危害

药物的治疗作用是通过引起机体的生理功能加强（兴奋）或减弱（抑制）这一方式来达到清除侵入机体内的病原体或有害物质来实现的。同时，药物的作用又具有二重性，在起治疗作用的同时，也会产生一定的毒副作用或其他不良反应，也会影响奶牛养殖效益。不科学的临床用药对奶牛养殖业所造成的危害主要表现在如下几个方面：

（1）延误奶牛疾病治疗。

（2）促生耐药菌株产生。

（3）对奶牛心血管、神经、消化系统、呼吸系统器官造成毒害（包括急性毒害和蓄积性毒害）。

（4）导致繁殖机能紊乱或障碍。

（5）饲养日药费增加。

（6）生鲜乳因药物残留被拒收，造成重大经济损失。

因此，作为一个临床兽医工作者，必须深刻认识抗生素等药物残留对畜牧业及对人民健康的危害；健康是幸福的载体，身体健康与否是决定生活质量高低的最重要元素，生鲜乳生产过程中的不科学用药会对我国现代化乳业的健康可持续发展造成严重危害。

子任务二　牛临床科学用药原则及注意事项

牛患了病就得治，治病就得用药，药到才能病除。不科学的用药会带来相应的问题和危害，解决这一问题的关键就是要科学用药。

一、正确的诊断是科学用药的前提条件

对奶牛疾病不认识、不了解，对奶牛疾病的发展过程认识不清楚，这种情况下的药物治疗就是无的放矢或盲目治疗，诊断错误必然会导致用药错误或滥用，就谈不上科学用药。在这种情况下，不但会耽误治疗、浪费资源，也会导致药物滥用，从而危害公共卫生安全和奶牛健康。

所以，兽医要重视临床诊断水平的不断提高，与时俱进地更新知识、更新观念，必须树立终身学习理念，不断提高诊断、治疗水平。

二、牛病治疗方案的制订要坚持"标本兼治"

对因治疗就是我们所说的"治本"，是针对致病因素进行的治疗。例如，用抗生素杀灭、清除体内相应的病原微生物；用解毒药物消除或中和体内的毒物等。

对症治疗就是我们所说的"治标"，是针对疾病的临床表现所采取的治疗。例如，针对疼痛进行的镇痛治疗，针对发烧进行的解热治疗，针对心力衰竭进行的强心治疗等。

治标和治本一样重要，治病必求其本，根据患病动物的具体情况我们在临床治疗时必须坚持"急则治其标、缓则治其本、标本兼治"的原则。这样才能用相应的药物获得理想的治疗效果。

三、临床科学用药剂量原则

兽药剂量：指药物产生治疗作用所需要的剂量。

最小有效量：当剂量增加至开始出现治疗作用的剂量。

极量：治疗量达到最大的治疗作用，但并不引起毒性反应的剂量。

治疗量（有效量）：最小有效量到极量之间的剂量。

要对疾病产生治疗作用，就必须给予一定的剂量，药物用量小于最小有效量起不到治疗作用；药量在治疗量这一范围内，剂量越大，防治作用就越强；但如果用量超过极量，就会对奶牛有毒害作用。青霉素和链霉素是大家非常熟悉的药物，在此就以这 2 种药为例，介绍一下不按规定剂量用药可产生的危害。

［**例 1**］治疗奶牛疾病时，青霉素的肌内注射规定用量为每千克体重 4 000～8 000 IU。对于体重 500 kg 的奶牛来说，其总用量为 200 万～400 万 IU，如果肌内注射青霉素的量小于 200 万 IU 则起不到治疗作用，而且还可以使细菌产生耐药性；如果治疗用量高于 400 万 IU 就会对病牛产生相应的毒害作用或副作用；用药量在 200 万～400 万 IU，随着剂量增大，治疗作用也随之增强。

另外，由于每 100 万 IU 青霉素钾中含有钾离子 66.3 mg，如果过量使用青霉素钾来治疗奶牛疾病，会对奶牛心脏功能造成不良影响。

［**例 2**］奶牛大剂量静脉注射链霉素可引起阵发性惊厥、呼吸抑制、肢体瘫痪和全身无力。如果我们在治疗奶牛产后瘫痪时，错误地配合使用大剂量的链霉素，就可能会导致病牛产后瘫

疾症状加重、疗效下降。

四、临床科学用药的疗程原则

大多数疾病必须按一定的剂量、时间间隔给药一段时间才能达到治疗效果，这就是疾病治疗的疗程。

在使用抗生素类药物治疗奶牛疾病时，必须保证疗程正确，这样才能发挥药物的治疗作用。对于大多数疾病，我们不能在给药 1～2 次，见到一点效果时就停药。这样不但易引起疾病反复，还可促使病原微生物产生耐药性。

用抗生素药物治疗奶牛疾病的疗程一般为 2～3 d。

用磺胺类药物治疗奶牛疾病的疗程一般为 3～5 d。

如果治疗效果不佳，应该在一个疗程内调整剂量或更换药物。如果治疗有效，一般在症状消失后再巩固治疗 2～3 d，然后结束治疗。

五、联合用药的注意事项

在兽医临床上同时使用两种以上药物治疗疾病称为联合用药。

在联合用药时，要充分了解药物的药理作用，联合用药时如果忽视药物之间的相互作用，可能会导致疗效下降，还不如用单一药物进行治疗。

如果能了解药物的理化性质、药理作用，科学地联合用药就可以协同作用、减少副作用、提高治疗效果。

1.抗生素类药物的分类和配伍原则

抗生素类药物可分为四大类：

第一类：繁殖期杀菌剂或速效杀菌剂（青霉素、头孢类等）。

第二类：静止期杀菌剂或慢效杀菌剂（氨基糖苷类、多黏菌素类）。

第三类：速效抑菌剂（四环素类、大环类酯类、氯霉素类等）。

第四类：慢效抑菌剂（磺胺类等）。

抗生素类药物的配伍原则：

第一类和第二类合用一般可获得增强作用。

第一类和第三类合用，可出现拮抗作用。

第二类和第三类合用常表现相加作用或协同作用。

第一类和第四类合用一般无明显影响。

2.临床用药注意事项

（1）葡萄糖中加入磺胺会出现结晶。

（2）解磷啶与碳酸氢钠注射液配伍可产生微量氰化物。

（3）泰妙菌素与盐霉素同时用会出现中毒。

（4）碳酸氢钠与氯化钙合用会出现沉淀。

（5）磺胺药物不宜与维生素 C 混合用。

（6）诺氟沙星、恩诺沙星、氧氟沙星不能与钙、镁等金属离子混用，会发生络合反应。

（7）氯化钙不要与安钠咖同时用，会对心脏功能造成不良影响。

对于不清楚是否有拮抗作用、是否会发化学反应的药物，建议均采取单独注射的方式使用。

3.具体病例治疗过程中的联合用药思路

随着奶牛生产水平、生产模式的不断变化，随着疾病因素的复杂性提升，为了提高治疗效果，针对具体的疾病治疗，在联合用药思路上应该充分发挥相应器官的协同作用，不能简单地缺糖补糖、缺钙补钙。在此以奶牛酮病治疗为例，阐述一下具体病例治疗过程中的联合用药思路。

奶牛酮病的主要病理表现是低血糖、高血酮。为缓解这一病理变化，兽医一般都会给奶牛静脉输注葡萄糖注射液、灌服丙二醇。静脉输注葡萄糖可有效缓解患病牛由于低血糖所引起的一系列临床表现；同时，灌服一定量的丙二醇为病牛提供了相应的生糖物质，丙二醇可在瘤胃中转化为丙酸，丙酸通过奶牛肝脏的糖合成作用转变成了相应的葡萄糖，从而起到了升高血糖的作用，减少了通过脂肪分解而产生大量酮体的副作用，这一治疗思路是恰当的。但如果治疗思路只停留于此，就属于一种在治疗过程中未能系统性促进相应器官功能提升的简单治疗。

在由丙二醇转化为葡萄糖的过程中，肝细胞需要维生素 B_{12} 参与其中，如果维生素 B_{12} 不足，这一转化过程就会受到严重影响，所以，为了提升患病牛肝脏合成葡萄糖的能力，应该在治疗过程中注射一定量的复合 B 族维生素，还可以在治疗处方中添加一定量的硫酸钴，因为钴是机体合成维生素 B_{12} 的一个重要元素。另外，患酮病的奶牛往往可能存在不同程度的脂肪肝问题，脂肪肝会降低奶牛肝脏糖原合成和糖原分解的功能，所以针对这一问题，在治疗过程中再添加一定量的氯化胆碱就可以达到进一步提升奶牛肝细胞的糖原合成和分解能力的目的。这一综合治疗思路就很好地体现了具体病例治疗过程中的联合用药，有利于治疗效果提升。

4.口服抗生素治疗奶牛疾病的原则

瘤胃是奶牛消化饲料、饲草的重要器官，瘤胃的消化功能依赖于其中的众多微生物及瘤胃微生物区系平衡。4 月龄前犊牛的瘤胃发育尚未完善，真胃承担着主要的消化功能，因此，4 月龄以前犊牛可口服抗生素进行疾病治疗。

4 月龄以上的牛及成母乳牛瘤胃结构及微生物区系已经完善，食入的饲料、饲草主要靠瘤胃消化，因此不能采用口服抗生素的方式进行疾病治疗，口服抗生素会严重影响瘤胃中的微生物区系平衡，甚至可导致抗生素中毒。

任务二　牛病治疗基础技术技能

【知识目标】

- 掌握重点牛病手术治疗的基本知识、理论。
- 掌握主要牛病手术治疗的麻醉基本知识。
- 掌握常见外科手术的基本理论知识及手术适用情况。

【能力目标】

- 可以承担常见牛病外科手术治疗的方案设计。

- 能掌握牛病外科手术治疗主要环节技术、技能 。
- 能掌握牛病手术治疗过程中局部麻醉及全身麻醉技术。

【素质目标】

- 培养严谨的科学态度和良好的职业道德。
- 培养谨慎认真、细致入微的职业素养。
- 培养好学敬业、乐于提高的发展精神。

【相关知识】

子任务一　牛腰旁神经干传导麻醉技术

局部麻醉是指利用某些药物有选择性地暂时阻断神经末梢、神经纤维以及神经干的冲动传导,从而使其分布或支配的相应局部组织暂时丧失痛觉的一种麻醉方法。麻醉也是一种化学保定方法,在奶牛临床疾病治疗上,许多手术(包括腹腔手术)可以在局部麻醉下进行。牛腰旁神经干传导麻醉是局部麻醉方法中的一种,对心、肺、肝、肾功能及全身影响小,是一种良好的麻醉和保定方法。由于传导麻醉在操作上要求有一定的解剖学知识,要求注射部位要精准,这样才能起相应的麻醉作用,所以也限制了本方法在临床上的广泛使用。但从治疗角度或动物福利保障角度来看来,传导麻醉技术是兽医人员应该熟练掌握的一个技术。

一、牛腰旁神经干传导麻醉的适用情况

牛腹腔手术,如真胃变位整复手术、瘤胃切开手术、剖宫产手术、肠扭转手术等。

二、牛腰旁神经干传导麻醉操作步骤

(一)注射部位

此麻醉注射点为体侧三点。

第一点:第一腰椎横突游离端前角下方。

第二点:第二腰椎横突游离端后角下方。

第三点:第四腰椎横突游离端前角下方。

注射部位选定好后,对注射点局部进行剪毛、消毒。

(二)麻醉药物注射

(1)所用麻醉药为 2%～5%盐酸普鲁卡因注射液。

(2)先垂直进针达第一腰椎横突游离端前角缘,再将针头向下刺入,感觉针头正好处在第一腰椎横突下面的腹壁组织中。

(3)回抽确定针头未进入腹腔,在此处注入 2%～5%盐酸普鲁卡因 10 mL,再将针头回提到第一腰椎横突游离端上面推入 2%～5%盐酸普鲁卡因 10 mL,然后拔出针头,第一点麻醉操作结束。

(4)第二点和第三点的麻醉操作与第一点相同。

此麻醉方法一般于注射后 15 min 产生麻醉作用。

子任务二　自家血疗法

自家血疗法是一种刺激性的蛋白疗法，它能增强机体全身和局部的抵抗力，强化机体的生理功能和保护性病理反应，促进疾病恢复。

自体血液注入病畜的皮下或肌内后，红细胞被破坏。该红细胞将被网状内皮系统的细胞吞噬，从而刺激、增强了网状内皮系统的吞噬作用，提高了机体的抗病能力；同时还刺激、加强了机体的造血能力和机体吸附血液内毒素的能力。

一、适用情况

主要用于治疗风湿病、某些眼病、创伤、淋巴结炎、睾丸炎、恶性溃疡等疾病治疗。

二、方法

(1)由患病牛自身的静脉中采集血液 60～120 mL，也可为了防止血液凝固，在注射器中提前加入一定量的抗凝剂。

(2)迅速将采出的血液注射到病灶周围的健康组织中，也可注射到患病牛的颈部或胸部皮下或臀部肌肉中。

(3)隔 2 d 注射 1 次，4～5 次为一个疗程。

子任务三　牛断尾术

奶牛尾椎外伤性损伤也是奶牛场常见的一个外科性疾病，虽然尾椎外伤不属于严重的损伤性疾病，但当其感染化脓后也会影响奶牛的健康状况，靠近尾根处的尾椎损伤发生上行感染还可导致脊髓炎。对于严重的奶牛尾椎化脓性感染，一般的外科性治疗费时、费力，通过断尾手术进行治疗处理是一个行之有效的根治办法。

一、手术准备

(1)将牛充分保定于柱栏或保定架上。

(2)在牛的第一、二尾椎间隙取 2%～5%的盐酸普鲁卡因 10 mL，做硬膜外腔注射麻醉。

(3)以病变上方的第 1 或第 2 尾椎间隙作为手术切断部位。

(4)对术部进行剃毛及消毒处理。

(5)在近尾根部进行绞压止血。

二、手术操作步骤

(1)在预定的手术切断部位的稍下方处，尾的背腹面分别做对称的“V”形切口，切开皮肤，并剥离。

(2)从选定的尾椎间隙切断。

(3)对背腹面皮肤进行修整后，用结节缝合法缝合皮肤。

(4)在牛尾的断端涂上消炎药并包扎,去掉绞压止血带。

(5)术后 7～10 d 拆线。

三、手术治疗效果

经过正规手术方法完成的断尾术,出血少,操作简单,对化脓性尾椎感染的治愈率可达99%,伤口愈合后,断端上下皮肤愈合,可长出正常被毛,手术后也不需要特殊护理。

子任务四　牛剖宫产手术

剖宫产就是切开腹壁、子宫取出胎儿的一种手术助产方法。当难产发生后,异常的胎位、胎势、胎向无法矫正,无法截胎,无法进行牵引助产,胎儿无法从产道中取出;或用上述方法的助产后果还不如剖宫产好,这时我们就可以选用剖宫术进行助产。

一、牛剖宫产的价值与意义

剖宫产手术会使牛的繁殖性能受到一定影响,因此大家觉得剖宫产手术没有太大的实际意义。但随着奶牛胎次产奶量的不断增加,规模化奶牛场的胎次产奶一般达到 8 000 kg 以上,如果通过剖宫产手术能抢回一个胎次的产奶量,其经济意义也是可观的。另外,通过剖宫产手术可挽回母牛生命或胎儿生命,使难产牛由被动淘汰变成主动淘汰,随着肉牛价格的大幅升高,一头主动淘汰的剖宫产奶牛经过适当育肥,其经济价值一般在一万元人民币之上。因此,对于大型奶牛场来说,其剖宫手术也是很有经济价值的一个治疗手段。

母牛施行剖宫产后的存活率与难产持续的时间,助产处理情况,子宫的感染情况及母体全身状况有着密切的关系。如果能把握好剖宫助产的时机,奶牛剖宫产后母体的成活率可达95%以上。如果延误了手术治疗时机,施行剖宫产的母牛子宫损伤和感染严重,全身状况不良,就会严重影响术后奶牛的成活率。另外,剖宫产术对母体繁殖性能的影响,主要取决于子宫的感染和损伤情况。

如果能掌握好时机,及时进行剖宫产手术,在剖宫产手术过程中严格操作,大多母牛在手术后 4 d 食欲会恢复到正常水平,一周后产奶量也会恢复到近乎正常的水平。

二、手术切口部位选定

剖宫产手术的切口部位不是固定不变的,可以在牛右肷窝切口,也可以在母牛腹中线左侧上方切口,也可以在右季肋部切口。在此介绍如下 2 种选位方法:

(1)在右侧髋结节到脐孔的连线上切口,一般在髋结节下方 10～15 cm 处,向下做一平行于肋弓的弧形切口。

(2)在腹壁触摸胎儿,胎儿突起最明显的地方就是切口的地方。

三、剖宫产手术过程中牛的保定

根据切口部位选择相应的左侧卧或右侧卧保定,临床上也有采用站立保定开展剖宫产手术的情况。手术前要充分保定好前、后肢,以免手术过程中母牛挣扎乱动而影响手术操作或手术过程的无菌状况。

四、麻醉

牛剖宫产多选用腰旁神经干传导麻醉，每点各注射2%～5%的盐酸普鲁卡因20 mL。

(一)术部消毒处理

(1)术部除毛。

(2)清水刷洗术部。

(3)用0.1%新洁尔灭清洗术部。

(4)术部涂抹碘酊消毒。

(5)用酒精棉球脱碘。

(6)固定好创巾。

(二)手术操作步骤

(1)切开腹壁。切口一般为30 cm左右，腹壁肌肉可锐性切开，也可钝性分离，并切开腹膜。

(2)切开子宫。打开腹腔后，将大网膜充分向前牵拉，以便能暴露子宫，充分拉出子宫，用浸有生理盐水的敷料衬垫在子宫壁和腹壁切口之间，并让助手做好子宫固定。先在子宫上切一小口，排出胎水，然后将切口扩大。

在子宫上切口时，选择血管少，无子叶，又便于将胎儿拉出的地方作为切口部位。

(3)取出胎儿。取出胎儿后，要及时做好胎儿的救助和处理工作。

(4)缝合子宫。先用螺旋缝合，再用胃肠缝合法对子宫做二层缝合，子宫缝合用羊肠线为好，如果没有羊肠线也可用手术用丝线缝合。缝合子宫时要剥离子宫切口处的胎膜，对子宫内要做初步的清理，并要检查子宫内腔以防双胎，向子宫中投入抗生素。子宫缝合结束后，要对创口进行冲洗，并涂以油剂抗生素，然后将其还纳于腹腔中。

(5)缝合。腹膜用螺旋缝合法，肌肉、皮肤用结节缝合法，均用丝线即可。

(6)切口打上结，系绷带。

(7)注射止血药及缩宫素50～100 IU。

子任务五　牛瘤胃切开术

一、牛瘤胃切开术的适应证

牛瘤胃切开术主要用于牛食入异物(如塑料布、偷食大量精饲料)、制作实验研究用的瘤胃瘘、网瓣阻塞、肠扭转、牛创伤性网胃炎治疗及牛瘤胃取物器由于使用不当而被吸入瘤胃无法取出等情况。

二、手术准备过程

(1)将牛于柱栏内站立保定。

(2)手术切口部位及术部处理。

(3)手术切口部位选在左肷窝处，以左肷窝三角形的中心为切口的中点，切口大小为20～

30 cm。

(4)手术切口部位先进行除毛，接着用清水冲洗，然后用 0.1%的新洁尔灭溶液冲洗术部，然后在术部涂 3%～5% 的碘酊消毒，用酒精棉球脱碘后，盖上创巾准备手术。

(5)麻醉采用腰旁神经干传导麻醉法进行手术麻醉。分别在左侧第 1 腰椎横突游离端前角下上方、第 2 腰椎横突游离端后角下上方、第 4 腰椎横突游离端前角下上方各注射 3%盐酸普鲁卡因 10 mL，3 点共注射 3%盐酸普鲁卡因 60 mL 。

三、瘤胃切开手术操作步骤

(一)腹壁切开

用手术刀依次切开皮肤、筋膜，钝性分开腹肌，切开腹膜。

(二)瘤胃固定

将瘤胃壁部分拉出到切口外，在瘤胃背囊上选好切口部位。用 12 号手术缝合丝线将胃壁沿腹壁切口形状，用螺旋缝合法缝合固定一圈，缝合固定瘤胃时缝针不能全层穿透瘤胃壁。

(三)切开瘤胃

切开瘤胃前要在胃壁和腹壁切口之间用敷料做好隔离和衬垫工作，以防瘤胃内容物污染腹腔。在选定好的瘤胃背囊切口处纵向切开瘤胃，切口大小一般为 20 cm 左右。

(四)治疗处理

取出瘤胃内异物，检查处理瘤胃内的具体问题或病理变化、诊断或冲洗瘤胃网胃等。

(五)瘤胃缝合

取出瘤胃内异物、处理完瘤胃内相应病理性问题或诊断后，先清理瘤胃切口，采用螺旋缝合法及库兴氏缝合法用羊肠线依次缝合瘤胃。用加抗生素的生理盐水充分冲洗瘤胃切口，拆除腹壁切口与瘤胃之间的固定缝线，将瘤胃还纳于腹腔。

(六)缝合腹壁

用加抗生素的生理盐水充分冲洗腹壁切口后，向腹腔内投入适量青霉素和链霉素粉，然后用 7 号医用丝线采用螺旋缝合法缝合腹膜，用 12 号医用丝线采用结节缝合法依次缝合腹肌和皮肤。

(七)术后护理要点

术后护理以防止伤口感染和促进瘤胃功能恢复为重点。术后连续 3 d 肌内注射青霉素、链霉素；根据情况肌内注射甲硫酸新斯的明或静脉注射 10%浓盐水等促进瘤胃运动，并进行相应的对症治疗。

子任务六　牛真胃扭转手术治疗技术

一、保定及术前注意事项

(一)保定

选用柱栏内站立保定，为防止牛在手术中卧下，可在胸部或腹部下方横系一胸绳和腹绳。

(二)术前注意事项

(1)手术前禁食 1～2 d,不限制饮水。

(2)清洁牛体表,减少手术过程感染风险。

(3)防踢,注意人、牛安全。

二、麻醉

采用腰膀神经干传导麻醉,也可配合局部浸润麻醉实施麻醉。

(1)麻醉注射点为右侧第一腰椎横突游离端前角。

(2)麻醉注射点为右侧第二腰椎横突游离端前角。

(3)麻醉注射点为右侧第四腰椎横突游离端前角。

(4)注射麻醉药物对麻醉注射点进行剪毛及局部涂抹碘酊消毒及酒精棉球消毒。

(5)将针头垂直沿第一腰椎横突游离端后角刺入,在腰椎横突前角上方和下方分别注入2%～5%普鲁卡因 10 mL。

(6)将针头垂直沿第二腰椎横突游离端后角刺入,在腰椎横突前角上方和下方分别注入2%～5%普鲁卡因 10 mL。

(7)将针头垂直沿第四腰椎横突游离端前角刺入,在腰椎横突前角上方和下方分别注入2%～5%普鲁卡因 10 mL。完成整个腰旁神经干传导麻醉操作。

三、手术切口部位选定及术部处理

(1)手术切口部位为右肷窝。

(2)术部处理。

(3)手术部位除毛。

(4)清水清洗手术部位。

(5)用 0.1%新洁尔灭清洗术部。

(6)碘酊棉球涂擦进行术部消毒。

(7)酒精棉球涂擦术部脱碘。

(8)术部盖上创巾。

四、打开手术通路

(1)竖向切开术部皮肤。

(2)手术切口长度一般为 20～30 cm。

(3)用手术刀切开肌肉表面的筋膜。

(4)顺着腹外斜肌的肌束走向,切开或钝性分离腹外斜肌、腹内斜肌、腹直肌(图 8-1)。

(5)切开腹膜,完成整个手术通路打开过程。

(6)手术过程中做好结扎止血、按压止血工作(图 8-2)。

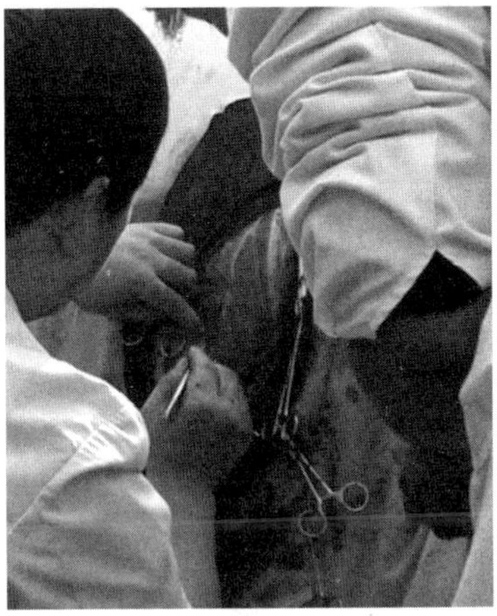

图 8-1　腹壁肌肉分离与切开

（侯引绪摄）

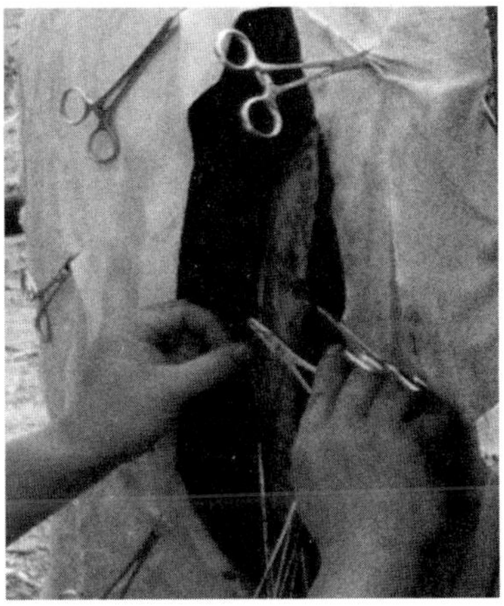

图 8-2　手术过程中的结扎止血

（侯引绪摄）

五、真胃扭转整复与复位

（1）右肷窝手术通路打开后，再次确诊牛真胃扭转，确诊为真胃扭转后，用羊肠线在真胃上做一口袋缝合，剩余缝线作为牵引固定线，然后在口袋缝合的中央做一切口，将胃管由此插入真胃内，拉紧口袋缝合的缝线，以防胃内容物从切口流出污染腹腔；通过胃管将真胃中的大量液体及内容物尽可能多地放出。

（2）然后取出胃管，同时收紧口袋缝合缝线、打结；并清理切口处，在真胃切口处外涂红霉素软膏等抗生素。

（3）复位、固定。术者将手通过手术通路进入右侧腹部前下方，将扭转的真胃充分复位后，用 18 号丝线贯穿靠近真胃的大网膜，然后将此牵引线的另一端缝合固定于右侧切口前内侧下方的肌肉上，固定线应该有一定的拉力，不可太松。并向腹腔投入抗生素（如青霉素、链霉素等），然后关闭手术通路，用 16 号缝合线依次缝合腹膜及肌肉、皮肤。然后检查整理手术切口，扎上绷带。

六、术后护理

（1）对症治疗。

（2）防止创口感染，每天检查处理伤口 2 次。

（3）灌服液状石蜡、静脉注射 10%浓盐水，清理胃肠内容物，促进胃肠内容物排出。

（4）防止术后摔伤。

【思考与练习】

一、填空题

1. 兽药剂量，药物产生________所需要的剂量。

2. 最小有效量，当剂量增加至 ____________ 的剂量。

3. 极量，治疗量达到最大的治疗作用，但并不引起________的剂量。

4. 治疗量（有效量），________到________之间的剂量。

5.对因治疗,对因治疗就是我们所说的“治本”,是针对________进行的治疗。

6.用抗生素类药物治疗牛病的疗程一般为________天。

7.用磺胺类药物治疗奶牛疾病的疗程一般为________天。

8.抗生素药物分为 4 大类

第一类:繁殖期杀菌剂或速效杀菌剂(主要包括________、________等)。

第二类:抗生素属于静止期杀菌剂或慢效杀菌剂(主要包括________、________)。

第三类:速效抑菌剂(主要为________、________等)。

第四类:慢效抑菌剂(主要为________等)。

二、判断题

1.葡萄糖中加入磺胺会出现结晶。(　　)

2.解磷啶与碳酸氢钠注射液配伍可产生微量氰化物 。(　　)

3.泰妙菌素与盐霉素同时用会出现中毒 。(　　)

4.碳酸氢钠与氯化钙合用会出现沉淀 。(　　)

5.磺胺药物不宜与维生素 C 混合用。(　　)

6.诺氟沙星、恩诺沙星、氧氟沙星不能与钙、镁等金属离子混用,会发生络合反应。(　　)

7.氯化钙不要与安钠咖同时用,会对心脏功能造成不良影响。(　　)

三、简答题

1.口服抗生素治疗奶牛疾病的原则是什么?

2.为什么四月龄以上的牛不能口服抗生素进行疾病治疗?

项目八答案

课程思政

牛患病了就得治疗(重大人兽传染病例外),治疗牛病就得用药,用药就会存在公共安全和经济效益方面的问题,不科学用药会造成更大的生产损失和公共卫生安全危害。因此必须科学掌握牛病临床防治的用药原则和注意事项,以提升治疗效果,保护牛体健康,防止医疗事故发生。本节内容要求学生学习掌握牛病防治过程中的用药原则和用药技术,做到精准用药、科学用药、安全用药。学生必须树立严谨认真的学习态度、工作态度。通过本节内容学习,重在培养学生爱护环境、科学严谨的职业素养,保障畜产品质量安全,保障民众健康,促进产业高质量发展,高度重视公共安全的职业品德。

党的二十大报告指出:推进健康中国建设。人民健康是民族昌盛和国家强盛的重要标志。把保障人民健康放在优先发展的战略位置,完善人民健康促进政策。

参考文献

[1] 赵兴绪.兽医产科学.北京:中国农业出版社,2005.
[2] 王春璈.奶牛疾病防控治疗学.北京:中国农业出版社,2013.
[3] 齐长明.奶牛疾病学.北京:中国农业科学技术出版社,2006.
[4] 肖定汉.奶牛病学.北京:中国农业大学出版社,2012.
[5] 侯引绪.规模化牧场奶牛保健与疾病防治.北京:中国农业科学技术出版社,2006.
[6] 侯引绪.画说奶牛常见病防治.北京:中国农业科学技术出版社,2019.
[7] 黄功俊,侯引绪.奶牛繁殖新编.北京:中国农业科学技术出版社,2015.
[8] 鲁琳,侯引绪.奶牛环境与疾病.北京:中国农业大学出版社,2014.
[9] 侯引绪.奶牛修蹄工培训教材.北京:金盾出版社,2008.
[10] 侯引绪.奶牛防疫员培训教材.北京:金盾出版社,2008.
[11] 侯引绪.奶牛繁殖技术.北京:中国农业大学出版社,2007.
[12] 侯引绪.牛场疾病防治实训教程.北京:中国农业出版社,2010.
[13] 黄功俊,侯引绪.奶牛繁殖新编.北京:中国农业科学技术出版社,2015.
[14] 侯引绪,胡晗.犊牛维生素C缺乏症临床诊治研究.中国乳业,2021(10):125-128.
[15] 侯引绪,刘小明.两种剂型钙制剂预防奶牛产后低血钙症临床研究试验.中国奶牛,2018(03):40-43.
[16] 侯引绪,刘小明.奶牛产后瘫痪精准化诊断与治疗.中国奶牛,2018(01):30-32.
[17] 侯引绪.犊牛真胃溃疡临床防治总结.中国奶牛,2018(04):38-40.
[18] 侯引绪.奶牛产后截瘫临床诊治研究.中国奶牛,2017(01):39-42.
[19] 侯引绪,李永清.一起疑似犊牛传染性鼻气管炎的诊断分析.当代畜牧,2016(06):17-18.
[20] 侯引绪.奶牛妊娠毒血症临床诊疗研究总结.中国奶牛,2016(7):38-40.
[21] 侯引绪,葛长城.奶牛疾病临床防治用药原则与注意事项解析.中国奶牛,2015,12(11):23-26.
[22] 侯引绪,李永清.犊牛化脓性隐秘杆菌病临床防控研究.中国奶牛,2015(8):30-32.
[23] 侯引绪,魏朝利.一起犊牛坏死性喉炎的诊治与分析.中国奶牛,2014(13):56-57.
[24] 侯引绪,魏朝利,王艳.荷斯坦奶牛分娩过程中产道检查时机及难产判定技术.当代畜牧,2013(12):45-47.
[25] 侯引绪,魏朝利.奶牛干奶期乳房炎精细化防控技术措施.中国奶牛,2013(13):53-54.
[26] 侯引绪.奶牛尾椎变形与产后低血钙症临床研究试验.中国奶牛,2015(1):35-37.
[27] 侯引绪.奶牛乳房葡萄球菌病诊疗报告.中国奶牛,2011(21):38-39.
[28] 侯引绪,张玉仙.奶牛真菌性乳房炎研究报告.当代畜牧,2008(8):28-30.
[29] 侯引绪,魏朝利.犊牛副伤寒防治措施探讨.中国奶牛,2007(3):40-41.

[30] 侯引绪.牛肝脓肿临床防治研究.亚洲兽医病例研究,2021,10(2):15-19.
[31] 侯引绪.奶牛低血钾性产后瘫痪与低血镁性产后瘫痪临床鉴别诊治.亚洲兽医病例研究,2021,10(2):20-27.
[32] 侯引绪,孙健.奶牛胎衣不下发生原因分析与防控措施.中国奶牛,2019(6):4.
[33] 侯引绪.规模化饲养模式下的奶牛流行热与综合防治.中国乳业,2020(11):120-122.
[34] 侯引绪,孙健.犊牛大肠杆菌病临床防治研究.亚洲兽医病例研究,2020,9(2):14-19.